电弧炼钢炉实用工程技术

徐立军 编著

北 京

冶 金 工 业 出 版 社

2013

内 容 简 介

本书介绍了电弧炼钢炉的基本组成、辅助工艺装备和公辅设施,对电弧炼钢炉作了比较详细的分类和对比;通过对电弧炉炼钢操作工艺常用术语和传统的三期操作工艺的解析,浅显地讲解了电弧炉炼钢生产的冶金原理和基本工艺技术;概述了电弧炉工程建设的工作程序、电弧炉炼钢车间工艺设计及初步设计的内容和要求;并收录了一些与电弧炉工程相关的常用计算公式、工具图表、单位换算和电弧炉工程图纸资料。

本书可以作为电弧炉工程建设的参考资料,供从事电弧炉工程建设和技术改造的工程技术人员以及企业决策者们参考阅读,也可以作为电弧炉炼钢生产企业职工培训教材的参考资料。

图书在版编目(CIP)数据

电弧炼钢炉实用工程技术/徐立军编著 . —北京:冶金工业出版社,2013.2

ISBN 978-7-5024-6092-1

Ⅰ.①电… Ⅱ.①徐… Ⅲ.①电弧炼钢炉—职业培训—教材
Ⅳ.①TF748.41

中国版本图书馆 CIP 数据核字(2012)第 309133 号

出 版 人 谭学余
地 址 北京北河沿大街嵩祝院北巷 39 号,邮编 100009
电 话 (010)64027926 电子信箱 yjcbs@ cnmip. com. cn
责任编辑 于昕蕾 美术编辑 李 新 版式设计 孙跃红
责任校对 石 静 责任印制 牛晓波
ISBN 978-7-5024-6092-1
冶金工业出版社出版发行;各地新华书店经销;三河市双峰印刷装订有限公司印刷
2013 年 2 月第 1 版,2013 年 2 月第 1 次印刷
787mm×1092mm 1/16;14 印张;7 插页;399 千字;212 页
65.00 元

冶金工业出版社投稿电话:(010)64027932 投稿信箱:tougao@cnmip. com. cn
冶金工业出版社发行部 电话:(010)64044283 传真:(010)64027893
冶金书店 地址:北京东四西大街 46 号(100010) 电话:(010)65289081(兼传真)
(本书如有印装质量问题,本社发行部负责退换)

序

近几十年来，世界电弧炉炼钢生产技术发展很快，目前世界电炉钢的产量已占总钢产量的1/3左右。在美国和西欧一些老牌工业化国家，电炉钢产量约占其钢产量的一半。电炉钢的生产技术和工艺装备等各方面也得到了迅速的发展。

我国电炉炼钢生产技术和工艺装备近年来同样也得到了较快的发展，但由于我国工业化比较晚，钢的积累量较低，能提供的废钢少，受废钢原料数量的限制，我国电炉钢在钢产量中占的比例较低。

在科学发展观和可持续发展战略的指导下，以废钢为主要原料的电弧炉炼钢流程与以铁矿石为原料的高炉—转炉炼钢流程相比，具有能耗低、环境污染少、建设费用低、建设周期短、劳动生产率高、生产灵活性好等一系列的特点。自20世纪末以来，我国钢产量一直稳居世界第一位，未来钢铁积累量和废钢原料供应量也会以极快的速度增加，电弧炉炼钢这一钢铁资源循环利用的再生工艺流程必将在我国得到更为迅速的发展，并在钢铁生产中占据重要位置，在生产技术、科学研究和工厂建设、工艺装备等方面迅速赶超世界先进水平。

本书作者徐立军长期从事有关电弧炉炼钢工艺装备、生产技术的科研技术工作和电弧炉炼钢工程的设计和建设工作，对国内外电炉炼钢工业的生产技术、科学发展和工厂设计建设等方面的技术成就，进行了认真细致的分析和总结。

本书系统地介绍了国内外电弧炉炼钢工业现代生产技术和工艺装备的发展状况、电炉炼钢工厂设计和建设工作的经验，对可能出现的问题进行了分析并提出了建议。对于从事电弧炉炼钢生产技术工作和电炉钢厂工程设计及建设工作的科技人员和企业决策人士有一定的参考价值。

期望《电弧炼钢炉实用工程技术》一书的出版，能对我国迅速发展的电弧炉炼钢工业发挥积极作用。

2012 年 8 月

前　言

　　电弧炼钢炉工程技术涵盖了冶金工艺、机械传动、电力供应、液压控制、测量计控、给排水工程及环境保护等诸多专业技术领域。作者在多年的工作实践中，深切体会到电弧炉工程是一个系统工程，每一个电弧炉炼钢工程项目的竣工投产，都是这些相关专业技术的综合体现。纵观电弧炉炼钢技术发展的轨迹，充分印证了炼钢工艺技术与工程装备技术是密不可分的，应该相互促进、共同发展。

　　本书以介绍电弧炉炼钢设备及工程技术为主，并从非炼钢专业的企业经营管理者、工程技术人员和现场操作人员应通晓的基础知识这个角度，讲述了电弧炉炼钢的基础知识、工程建设特点和电弧炉工程项目建设的一般工作程序、方法及要求。

　　希望能够通过本书的介绍，使正准备要涉足电弧炉或刚刚接触电弧炉的朋友们，对电弧炉炼钢的基本原理、设备选型原则、辅助工艺装备的特点以及配套公辅设施的作用和要求等有一个概略的了解；能够初步掌握电弧炉炼钢车间设计和工程初步设计的基本方法和内容要求；对在规划建设或改造电弧炉生产线时，解决所遇到的问题能有所帮助。

　　本书共分为 8 章：第 1 章综合评述了电弧炉炼钢的起源、主要特点、可以生产的钢种，并讲述了钢的标准与牌号，以及合金对钢性能的影响；第 2、3 章讲述了电弧炼钢炉的分类、设备组成；第 4、5 章讲述了电弧炉炼钢的辅助工艺装备及公辅设施；第 6、7 章通过讲解电弧炉炼钢常用工艺操作术语和电弧炉炼钢的三期操作工艺，重点讲述了电弧炉炼钢的基础知识和基本工艺技术，并对目前几种常见的电弧炉与其他冶炼设备的组合操作工艺进行了介绍；第 8 章主要讲述的是电弧炉工程项目建设的前期工作，着重讲述了工作程序要求、条件、选型配置原则、电弧炉炼钢车间的工艺设计和工程初步设计的内容及范围。在本书的附录中还收集了部分常用计量单位、物理量的表示方法和换算关系，工程材料的物理性能以及实用速查表和部分工程图实例，以供读者参考。

　　罗启泷与徐立军共同完成本书的全部插图，并完成了全书的文字整理工作；翟静芳、夏粟平承担了本书审校工作；梁慧媛对本书的电气部分进行了审校并编写了 5.2 节。感谢大家为本书出版所付出的辛勤工作。

　　在本书的编写过程中得到了我国工模具钢专家、原首钢特殊钢公司总工程师徐进先生的具体指导和热情帮助，在此表示由衷的感谢！

　　本书的出版得到了中国钢研科技集团刘浏总工程师的大力支持，在此表示感谢。

　　马绍弥先生对本书编著的全过程都给予了无私的支持和帮助，在此表示感谢。

　　感谢中国钢研科技集团先进钢铁流程及材料国家重点实验室齐渊洪常务副主任为本书提供图片资料。

　　在此还要特别感谢首钢特殊钢公司、临安冶金成套设备公司、中冶迈克公司等单位为本书提供有关资料和数据，对上述单位领导的支持表示诚挚的感谢。

　　鉴于作者水平有限，如有不妥和疏漏之处，望读者批评指正。

作　者
2012 年 8 月

目　　录

1 电弧炉炼钢综述

1.1 引言

冶金工作者往往会探究"钢铁是怎样被人类开发出来的"这个问题。由于铁容易氧化，所以考古发掘中见不到远古的铁器，也因而对人类制造铁器无从了解，无法界定冶炼铁器的起始年代，更不知我们的先人最初是如何得到铁器的。

在中国广播电视出版社 2009 年版的赵恩语先生所著《我们早已忘记了的童年——华夏文明渊源要论》一书中论及："制陶与冶金的关系，有点像用火与制陶。因为没有制陶过程的控制或积累的经验，是不可能产生作为原始冶金所用的耐高温的容器如坩埚之类，也就无法冶炼出金属来……"他根据传说和史籍的记载以及其后我国与同时代外国制作的铁器水平相比，认为中国至晚在 4000～7000 年前就应该能制铁器了。所以，应该认为铁器是在上古时代陶器技术日渐成熟的基础之上不经意间发展起来的。当初因铁易锈、易脆断且禁不起锤打加工制造，因此这种既没有使用价值而且外观又远不如真金和青铜的副产品，就被称之为"恶金"，而弃之于不顾；后来，由于有兵器和农具方面的需要，经多少代人的刻意钻研，才开发出来钢铁这个产品。

1.2 电弧炼钢炉发展简史

法国海洛尔特（P. L. T. Héroult）于 1888～1892 年利用电极的电弧高温，开发出煤的代替能源，发明了工业性直接冶炼的电弧炉。起初电弧炉只用于电石和铁合金的生产，到 1906 年才发展用来炼钢，并因而使废钢得以实现经济化、规模化的回收利用。电弧炉通过石墨电极的端部和炉料之间发生的电弧，将电能转换为热能进行熔化炉料并完成其后的高温冶金反应。由于它使用电能，便于调整炉内的气氛，因此可以冶炼包括含易氧化元素在内的各种类型的合金钢。随着电力工业的发展、工艺设备的不断改进以及冶炼技术的提高，电弧炉应用日趋广泛，生产能力与规模越来越大。20 世纪 30 年代电弧炉的最大容量为 100t，50 年代为 200t，70 年代初已有 400t 的电弧炉投入生产。

尤其是在近 50 年的时间里，电弧炼钢炉的技术性能逐步提高，生产成本明显下降，欧美发达国家电炉钢的比例已超过 50%。

现代电弧炉冶炼技术的发展随时代进步。20 世纪 60～70 年代主要是发展超高功率供电及相关技术，高功率电弧炉（HP）和超高功率电弧炉（UHP）是相对于一般的普通功率电弧炉（RP）而言的。它们主要是按每吨炉容量所配变压器容量的多少来区分，近年来有越来越高的趋势。这意味着单位时间内输入电弧炉的热能大幅度增加，使熔化时间显著缩短，从而提高生产能力，降低电极消耗，减少热损失，降低电能消耗，结果是使产能再提高的同时，成本也大幅度下降。

与超高功率电弧炉相配套的高压长弧操作、水冷炉壁、水冷炉盖、泡沫渣技术、使用外热源助熔等已被广泛采用，钢包精炼及强化用氧也已被采用。20 世纪 80 年代，LF 及 EBT 技术的开发使电弧炉冶炼加炉外精炼的现代电弧炉炼钢流程基本成熟。值得注意的是，自此以后，人们关注的焦点已不再是用直流还是交流供电的方式，而是二次燃烧和烟气显热的利用，即废钢预热的问题。不同的废钢预热方式产生了不同类型的现代电弧炉，它们包括用料篮废钢预热的普通电弧炉、带托爪的烟道竖炉、双壳电弧炉和 Consteel 电弧炉等。

目前，电弧炉的设备和生产技术仍然在继续发展之中。

1.3 电弧炼钢炉可以生产的钢种

电弧炼钢炉的原料主要是固体的废钢并配加合金料、调整碳含量用的生铁等，也可以使用直接还原铁或配一部分热铁水，原料的选择范围广阔；因此，除一些超低碳品种钢，或者必须采用诸如真空处理等特殊手段的品种、特殊合金材料之外，大部分钢种几乎都可以冶炼。

1.4 钢的标准、牌号与分类

1.4.1 标准

各种钢的性能、成分、用途以及交货条件和热处理状态等各自不同，为了识别而被赋予特定的名称，称为牌号（也就是钢号）。

标准则是把成分、性能、用途等相类似的钢号按既定的原则归并分类，并以统一格式编排，集成系统。

没有钢号就无法建立标准系统；没有标准系统，生产、选用以及买或卖就没有依据。所以，世界各国都非常重视钢的分类和标准的制订。目前广泛应用的标准有国际标准化组织（ISO）标准、各国的国家标准以及一些知名品牌的企业标准。

通常标准的内容包括钢种的化学成分、主要力学性能、热处理规范及金属的组织结构、主要用途、交货条件等，仅将主要标准体系列举在表 1-1 中。

表 1-1 标准体系例举

国家或地区	标准体系	钢号示例(18-8 型不锈钢)	国家或地区	标准体系	钢号示例(18-8 型不锈钢)
中　国	GB	1Cr18Ni9	俄罗斯	ГOCT	12X18H9
国际标准化组织	ISO	X10CrNiS18-9	瑞　典	SS	2337
法　国	NF	Z10CNT18.00	英　国	BS	302S25
德　国	DIN	X12Cr1 NiTi18-8	美　国	AISI	S30200
日　本	JIS	SUS302	美　国	SAE	302
韩　国	KS	STS302	附:中国台湾地区	CNS	302

1.4.2 钢号

钢号的表示方法和标准密切相关，钢号不仅可区别钢材的具体品种，而且往往还可据以大致判断钢的特性，不同标准的钢号具体表示方法因标准的不同而各自有所规定，因此无法概括出一个通则来，读者有需要时，请查阅标准原件或相关的标准手册。

1.4.3 钢的分类

我国钢种的分类方法如表1-2所示。

表1-2 钢的分类方法 （%）

钢的分类	举 例
按钢中所含化学成分含量分类	1. 碳素钢，其中： 低碳钢：碳含量≤0.25%； 中碳钢：碳含量0.25%~0.60%； 高碳钢：碳含量≥0.60%。 2. 合金钢，其中： 低合金钢：合金元素总含量≤5%； 中合金钢：合金元素总含量5%~10%； 高合金钢：合金元素的总含量≥10%
按脱氧程度分类	1. 镇静钢：用锰铁、硅铁、铝进行完全脱氧，钢中氧含量低，因而浇铸时不会发生碳－氧间的沸腾反应，故称镇静钢。一般合金钢和优质碳素结构钢都为镇静钢。 2. 沸腾钢：沸腾钢在熔炼末期，钢液仅用弱脱氧剂锰铁进行不完全脱氧，钢液中保留相当数量的FeO，在浇铸时钢液在锭模内因C和FeO反应，析出CO而发生沸腾，故称沸腾钢。沸腾钢成本低、延展性好，常用来制作末端结构用材或深冲用板材。 3. 半镇静钢：脱氧程度介于沸腾钢和镇静钢之间，目前生产量较少
按合金元素种类分类	碳素钢、硅钢、锰钢、铬钢、铬镍钢、硅锰钢、硼钢……
按品质分类	1. 普通钢：硫含量≤0.05，磷含量≤0.045； 2. 优质钢：硫含量≤0.035，磷含量≤0.035； 3. 高级优质钢（钢号后加"A"）：硫含量≤0.030，磷含量≤0.030
按专业用途分类	结构钢、工具钢、特殊性能用钢（如：轴承钢、不锈钢、弹簧钢、模具钢、高温合金钢、低温钢、焊条钢等）
按冶炼方法分类	电炉钢、平炉钢、转炉钢
按加工方法分类	热轧钢、冷轧钢、锻钢、铸钢、冷拔钢等
按金相组织分类	亚共析钢、共析钢、过共析钢、铁素体钢、奥氏体钢、珠光体钢、马氏体钢、贝氏体钢、莱氏体钢、双相钢等

注：表中的含量均为质量分数。

1.5 合金元素对钢性能的影响与作用

由于钢的性能取决于其组织与状态，而钢的组织是由其成分所决定的。因此要根据对不同牌号的各钢种的性能要求、元素的物理性质和化学性质对钢液进行成分设计，并使用各种合金元素按设定的比例进行"合金化"，以冶炼出合格的钢。由于纯元素价格昂贵，所以通常加入钢中的合金元素都被制成铁合金，现将一些主要的合金元素对钢材性能的影响，列于表1-3。

表 1-3　合金元素对钢材性能的主要影响

元素名称	对钢材性能的主要影响
C （碳）	钢中碳含量对于冶炼、轧制和热处理的温度制度均有极大影响。碳含量在 0.25% 以下的低碳钢塑性很好，没有淬硬倾向，焊接性也好。碳含量为 0.25% ~ 0.60% 的中碳钢综合性能良好（即强韧性均好），碳含量 ≥0.60% 属高碳钢，硬度高、塑性差。碳在轴承钢和工、模具钢中，形成多种高硬度碳化物，可提高钢的硬度和耐磨性
Si （硅）	硅在炼钢过程中是主要的还原剂和脱氧剂，镇静钢一般含有 0.15% ~ 0.30% 的硅。在室温下钢中的硅溶于铁素体，对钢有一定的强化作用。如果钢中硅含量超过 0.50% ~ 0.60%，可显著提高钢的弹性极限、屈服点和抗拉强度，故可被用于弹簧钢。硅和钼、钨、铬等结合，有提高抗腐蚀性和抗氧化的作用，能用以制造耐热钢。硅含量 1% ~ 4% 的低碳钢，具有极高的磁导率，是电工硅钢片的原料。硅含量较高时，易导致冷脆，存在于中碳钢和高碳钢里回火时易产生石墨化
Mn （锰）	锰在碳素结构钢中的含量为 0.50% ~ 1.50%，在优质碳素结构钢中为 0.20% ~ 1.20%。锰是主要脱氧、除硫元素。对于镇静钢来说，锰可以提高硅和铝的脱氧能力，钢中的锰形成的氧化物有部分可与硫结合而生成球形、高熔点的硫化锰，它在高温下具有一定塑造性，从而可减轻硫所造成的热脆性，在一定程度上可消除硫在钢中的有害影响。另一部分锰溶于铁素体引起固溶强化，使钢在轧后冷却时得到比较细且强度较高的珠光体，可提高钢热轧后的硬度和强度，对断面收缩率（Z）和冲击韧性（A_{KV}）略有影响。锰是一种强烈扩大 γ 相区的元素，可用于高锰奥氏体耐磨钢、高强度无磁钢、奥氏体不锈钢和耐磨钢
P （磷）	磷随原料进入钢中，磷有极强的固溶强化作用，能全部溶于铁素体中，使钢的强度、硬度增加，而显著降低其塑性和韧性。这种脆化现象在低温时更为严重，称"冷脆"。特别是磷在结晶过程中，由于容易产生晶内偏析，使局部磷含量偏高，致使冷脆转变温度升高，危害更大。此外，磷的偏析还使钢材在热轧后形成带状组织。在钢中要尽量降低磷的含量（一般钢小于 0.045%，优质钢则要求磷含量更低）。在一定条件下，磷与铜的共同使用会提高低合金高强度钢的耐大气腐蚀性能
S （硫）	硫是随原料及燃料进入钢中的。在固态下，钢中的硫以 FeS 的形态存在，其溶解度极小，由于 FeS 的塑性差，使含硫较高的钢脆性大。尤其是 FeS 与 Fe 可形成低熔点的共晶体分布在奥氏体的晶界上，当钢加热到 1200℃ 进行压力加工时，由于晶界处共晶体溶化，晶粒间结合被破坏，使钢材在加工过程中沿晶界开裂，这种现象称为"热脆"。为了消除硫的有害作用，要严格限制硫的含量，并适当增加钢中锰含量。通常情况下硫被认为是有害成分，但硫含量较多的钢，因为能形成较多的 MnS，在切削加工中，能起润滑和断屑作用，可改善钢的切削加工性，所以是易切削钢的常用添加剂
Cr （铬）	铬是贵重金属，它有固溶强化的作用，使钢具有热硬性，能提高高温性能、抗氧化性和耐腐蚀性，是高温合金及超硬高速钢的重要合金元素。 在结构钢和工具钢中，铬能显著提高强度、硬度和耐磨性，但会降低塑性和韧性。铬能提高钢的抗氧化性和耐腐蚀性，因而也是不锈钢、耐热钢的重要合金元素
Ni （镍）	镍对酸碱有较高的耐腐蚀能力，在高温下有防锈和耐热能力，但价格昂贵，是我国的稀缺资源，常在高级合金钢中与铬、钼联合使用，为热强钢及不锈钢以及高温合金的主要合金元素。镍能提高钢的强度并保持良好的塑性和韧性
Cu （铜）	铜含量高时，对热变形加工不利，如超过 0.3%，在热变形加工时会导致高温铜脆现象，含量高于 0.75% 时，经固溶处理和时效后可产生时效强化作用。在低碳合金钢中，特别是铜与磷同时存在，可提高钢的抗大气腐蚀性，2% ~ 3% 的铜在不锈钢中可提高对硫酸、磷酸及盐酸的抗腐蚀能力

元素名称	对钢材性能的主要影响
W （钨）	钨熔点高，密度大，是中国储量丰富的合金。钨与碳形成碳化钨有很高的硬度和耐磨性。在工具钢里加钨，可显著提高红硬性和热强性，适宜制造工、模具钢及硬质合金等
Mo （钼）	钼能使钢的晶粒细化，提高淬透性和热强性能，在高温时保持足够的强度和抗蠕变能力。结构钢中加入钼，能提高力学性能，还可以抑制合金钢由于回火而引起的脆性，在工具钢中可提高红硬性、耐磨性
V （钒）	钒固溶于铁素体中产生极强的固溶强化作用，可以细化晶粒；钒固溶于奥氏体中可提高钢的淬透性，提高低温冲击韧性。但化合状态存在的钒，会降低钢的淬透性、增加钢的回火稳定性，并有很强的二次硬化作用。碳化钒是一种硬度极高、耐磨性极好的金属碳化物，可明显提高工具钢的寿命，提高钢的蠕变和持久强度
Ti （钛）	钛是钢的强脱氧剂，它能使钢的内部组织致密，细化晶粒，降低时效敏感性和冷脆性。钛的固溶强化作用强，固溶于奥氏体中提高钢的淬透性，但又会降低固溶体的韧性。钛化合物会降低钢的淬透性、改善回火稳定性并有二次硬化作用，能提高耐热钢的抗氧化性和热强性、蠕变和持久强度，对于改善钢的焊接性有良好的作用
Nb （铌）	近年来发展起来的微合金钢（合金元素含量小于0.1%的钢），主要使用铌、钒、钛为合金元素，其中铌对于提高钢的强度有突出的作用。它的特点是能与碳、氮结合成氮化物和碳氮化物。这些化合物在高温下溶解，在低温时析出。其作用是加热时阻碍原始奥氏体晶粒长大、在轧制过程中抑制再结晶及再结晶后的晶粒长大，在低温时析出起强化的作用。微合金钢所加入的微量元素能提高强度，但必须采用控轧工艺进行压力加工，否则韧性反而变坏。这是因为控轧工艺可使晶粒细化，从而抵消因析出强化而引起的韧性恶化
Al （铝）	铝是化学性质极为活泼的元素之一，和氧、氮都有很强的亲和力。为了脱氧，炼钢通常都要加入铝，它可以细化晶粒、阻抑低碳钢的时效，提高钢在低温下的韧性；当被用作合金元素时能提高钢的抗氧化性，也可用以改善钢的电磁性能、提高渗氮钢的耐磨性和疲劳强度。因此被广泛应用于渗氮钢、耐热不起皮钢、磁钢、电热合金中
B （硼）	硼是化学性质极为活泼的元素之一，和氮、氧、碳都有很强的亲和力，加入钢中主要是为提高淬透性，在300~400℃进行回火能提高冲击韧性，常用来生产齿轮钢、弹簧钢、耐热钢等。但用于高碳钢或钢中的残余氧含量高时，会影响其应有的作用
N （氮）	钢中的氮来自炉料，在冶炼、浇铸时钢液从炉气和大气中会吸收氮。氮引起碳钢的淬火和形变时效，从而对碳钢的性能发生显著的影响。由于氮的时效作用，钢的硬度、强度虽然有所提高，但是塑性和韧性却会降低，特别是在形变时效的情况下，塑性和韧性的降低很显著。对于普通低合金钢来说，时效现象是有害的，因而，氮被视为有害元素。 但应用于某些细晶粒钢及含钒、铌钢，超级不锈钢时，则由于氮化物有强化和细化晶粒的作用，因此近年来又发现了它的有益作用。另外，作为合金元素，氮被用在一些不锈耐酸钢中以及氮化处理中，氮化处理能使机器零件获得极好的综合力学性能，延长零件的使用寿命，所以氮化处理是工具钢用来提高硬度的一种方法
Pb （铅）	铅的熔点很低，在钢中以低熔点的细小金属颗粒形态分布于晶界，造成脆性，对于一般钢而言它是有害元素。然而用以制造铅易切钢时，由于铅会附着于硫化物的周围，当切削时熔融铅渗出，起润滑和断屑作用，减少缠绕刀具；而且，在提高钢的切削性的同时它对常温力学性能的影响不大

续表 1-3

元素名称	对钢材性能的主要影响
RE （混合稀土元素）	稀土元素是指元素周期表中原子序数为 57～71 的 15 个镧系元素，以及钇、钪在内的共 17 个元素。稀土元素可以改善钢的铸造组织，改变钢中夹杂物的组成、形态、分布和性质，从而改善钢的各种性能，如韧性、焊接性、冷加工性能，并可以提高抗氧化性、高温强度及蠕变强度，增加耐腐蚀性
H （氢）	钢中的氢是由含水或锈蚀的炉料带入的，或者从含有水蒸气的空气中吸收得到的。氢对钢的危害很大，会引起"氢脆"，即在低于钢材许用应力的情况下，经一定的运行时间后，钢材在无任何预兆的情况下会突然断裂，造成灾难性的后果；也会造成钢材内部产生大量细微裂纹——白点，即在钢的横断面上出现光滑的银白色斑点，在酸洗后的纵断面上呈现发丝样的裂纹。这种发纹使钢材的伸长率、断面收缩率和冲击韧性显著下降，这类缺陷常发生在合金钢中，危害严重
O （氧）	氧在钢中的溶解度很低，几乎全部以氧化物夹杂形式存在于钢中，如 FeO、Al_2O_3、MnO、CaO、MgO 等。除此之外，钢中还存在 FeS、MnS、硅酸盐、氮化物及磷化物等。这些夹杂物破坏了钢基体的连续性，在静载荷和动载荷的情况下都会成为裂纹源。这些非金属夹杂物的各种状态不同程度地影响钢的塑性、韧性、疲劳强度和抗腐蚀的性能

1.6 电弧炉炼钢的主要特点和发展趋势

电弧炼钢炉以电能为主要能源。电能通过石墨电极与炉料放电拉弧，产生高达 2000～6000℃以上的高温，以电弧辐射、温度对流和热传导的方式将废钢原料熔化。在炉料熔化时的大部分时间里，高温热源被炉料所包围，高温废气造成的热损失相对较少，因此热效率高于转炉等其他炼钢设备。此外，电加热容易精确地控制炉温，可以根据工艺要求在氧化气氛或还原气氛、常压或真空等任何条件下进行加热操作。

电弧炉炼钢工艺流程短，设备简单，操作方便，比较易于控制污染，建设投资少，占地面积小，不需要像转炉炼钢那样必须依托于庞杂的炼铁系统。

电弧炉炼钢对炉料的适应性强，它以废钢为主要原料，但同时也能使用铁水（高炉或化铁炉铁水）、海绵铁（DRI）或热压块（HBI）、生铁块等固态和液态含铁原料。

由于电弧炉炼钢炉内气氛可控、炉渣调整或更换的操作比较易行，而且能够在同一套操作系统之中来完成熔化、脱碳、脱磷、去气、除夹杂，温度控制、成分调整（合金化）等各阶段的复杂工艺操作。电弧炉炼钢可以间断性生产，在一定范围内可以灵活地调换生产品种。此外，现代电弧炉还可以大量使用辅助能源，如喷吹重（轻）油、煤粉、天然气等。因此，电弧炉炼钢工艺适应性强，操作灵活，应用广泛。

电弧炉不仅能够冶炼磷、硫、氧含量低的优质钢，而且可以用多种元素来进行合金化（包括铝、硼、钒、钛和稀土等易被氧化的元素），来生产各种优质钢和合金钢，诸如滚珠轴承钢、不锈耐酸钢、工具钢、电工用钢、耐热钢、磁性材料以及特殊合金等。

虽然电弧炉炼钢有诸多优点，但是，由于我国目前废钢和电价成本的问题，电弧炉炼钢无法在普钢和长线产品上和转炉炼钢比拼。电弧炉炼钢仅在小批量、多品种、高合金比的特殊钢生产领域里占据主导地位。

目前国际上一些短流程的电炉生产企业，一般都是采用高输出功率的电弧炉。并且，传统的带还原期的经典三期操作工艺已逐渐被炉外精炼等组合工艺技术所取代，电弧炉及其公辅设施装备也更为完善与合理。世界上电炉钢产量的比例在逐年上升。

我国是发展中国家，基本建设刚刚起步，大规模的废钢回收期还没有到来，并且，我国的电力发展也不平衡，目前的电价还处于一个比较高的阶段。因此，电弧炉炼钢在我国的发展速度受到了限制，没有转炉炼钢发展得快。虽然电炉钢的总量也在增多，但是电炉钢产量占总钢产量的比例却逐年下降，这与世界电弧炉的发展趋势相反。

随着我国电力设施的发展和废钢资源的积累，以及国家对环境保护和矿产资源管理力度的强化，我国电弧炉炼钢的发展趋势将会提升。届时，我国的电弧炉炼钢技术将会得到更加全面的发展。

1.7 电弧炉的主要技术参数

电弧炉的设备技术参数体现了电弧炼钢炉机电设备的类型、结构形式、生产能力、操作方式和操作范围，是电弧炉设备固有工作能力的真实评价。表 1-4 列举了电弧炉的主要技术参数项目和单位。

表 1-4 电弧炉主要技术参数

序号	项 目	单 位	序号	项 目	单 位
1	设备类型		19	驱动方式	
2	数量	台	20	电极升降速度	m/min
3	公称容量	t	21	电极升降最大行程	mm
4	单炉平均出钢量	t	22	电极调节系统响应时间	s
5	最大出钢量	t	23	电极卡紧装置夹放行程	mm
6	留钢量(对留钢工艺操作的电弧炉而言)	t	24	电极卡紧把持力	N
7	熔化速率(理论)	t/min	25	最大出钢倾角(后倾)	(°)
8	熔化电耗(理论)	kW·h/t	26	最大出渣倾角(前倾)	(°)
9	炉壳直径	mm	27	炉体后倾动速度	(°)/s
10	变压器容量	MV·A	28	炉体前倾动速度	(°)/s
11	一次电压	kV	29	炉盖旋转角度	(°)
12	二次电压	V	30	炉盖旋转速度	(°)/s
13	二次额定电流	A	31	炉盖最大起升高度	mm
14	电抗器类型	台	32	炉盖升降速度	mm/s
15	三相不平衡系数	%	33	水冷方式	
16	短网阻抗	mΩ	34	冷却水最大耗量	m³/h
17	电极直径	mm	35	炉壳、炉盖质量	t
18	极心圆直径	mm	36	液压系统规格参数	

1.8 电弧炉生产的主要技术经济指标

电弧炉生产的技术经济指标体现了工艺技术水平、生产管理水平和生产装备的综合能力和使用效率，是构成或影响生产成本的具体要素。表 1-5 列举了电弧炉生产的主要技术经济指标的项目名称、单位和参考范围（由于不同炉型、不同操作工艺和生产条件的原因，电弧炉技术经济指标实际数据的差别很大，表1-5中仅列出部分项目的参考范围）。

表1-5 电弧炉生产的主要技术经济指标

序 号	指标项目名称	单 位	参 考 范 围
1	电炉公称容量	t	
2	电炉平均出钢量	t	
3	电炉平均冶炼周期	min	60~200
4	电炉作业天数	d/a	
5	炉体连续使用寿命	炉次	
6	炉盖连续使用寿命	炉次	
7	电炉年产钢水量	t/a	
8	废钢至钢水的收得率	%	90~95
9	钢铁料消耗	t/a	
10	冶炼电耗	kW·h/t	250~500
11	车间电耗	kW·h/t	50~100
12	耐火材料消耗	kg/t	3~8
13	渣料消耗	kg/t	100~200
14	电极消耗	kg/t	1.2~4.5
15	铁合金（含铁矿石）消耗	kg/t	
16	还原剂消耗	kg/t	
17	冷却水耗	m^3/t	
18	氧气消耗（标准状态）	m^3/t	25~45
19	氩气消耗（标准状态）	m^3/t	
20	压缩空气消耗（标准状态）	m^3/t	

2 电弧炼钢炉的分类比较

对于电弧炼钢炉的分类，目前还没有严格意义的统一分类划分。一般都是延续传统的习惯叫法，再补加上一些新开发的功能简称，或根据使用者对电弧炉某些功能和建设特点的关注程度来称呼分类。例如：高架式电弧炉、地坑式电弧炉、机械式电弧炉、全液压式电弧炉、开出式电弧炉、旋顶式电弧炉、酸性电弧炉、碱性电弧炉、直流电弧炉、交流电弧炉、左操纵电弧炉、右操纵电弧炉、偏心底出钢（EBT）电弧炉、连续加料（Consteel）电弧炉、超高功率电弧炉等（世界上还没有哪一种冶炼设备像电弧炉这样具有如此繁多的习惯称谓）。如此繁多的称谓，对于刚刚接触电弧炉的人来说，理解起来可能会有些不便。为了使大家对电弧炼钢炉有一个比较清晰和完整的了解，下面将我们以往在生产和技术交流过程中，常见的电弧炉称谓方法进行整理分类，并对其特点和适用范围进行简要介绍。

2.1 按冶炼能力的大小分类

时代不同，冶炼能力的标准尺度也会有所不同，这主要根据人们的认知习惯来界定。比如，在 20 世纪 60 ~ 70 年代，公称容量为 30t 的电弧炉在当时人们的心目中已经算是比较大型的了。而到了 21 世纪的今天，公称容量为 30t 的电弧炉作为中型电弧炉都比较勉强。因此，表 2-1 中按冶炼能力大小的分类，仅作为我国现阶段按冶炼能力分类的参考。

表 2-1 按冶炼能力的大小分类

类 型	简 介	适 用 范 围
小型电弧炉	容量小于 30t，建设投资少、吨钢能耗较高、冶炼品种广泛、工艺操作灵活机动，20 世纪 70 年代以前在我国应用较广	适用于小批量多品种的特种冶炼及高精尖品种的钢铁生产企业或铸造生产企业
中型电弧炉	容量在 30 ~ 70t 之间，建设投资适中，吨钢能耗适中，可批量冶炼各种钢号	此类电弧炉的品种调度、生产组织、工艺能耗等综合条件比较适中，在我国特殊钢企业使用较为广泛
大型电弧炉	容量大于 70t，综合投资较大，吨钢能耗低，自动化和智能化的程度较高，便于现代化生产的集中管理和新工艺技术的推广和应用。目前已有大于 400t 的超大型电弧炉在生产运行	目前国家产业政策推荐选用的类型，适用于品种简单并且产品批量较大的企业生产。但对于生产批量小，品种多，并且需要经常进行品种调换的中小型企业来说，生产组织和管理有一定难度，不宜盲目选用

2.2 按不同机构运行方式、设备基础位置、传动和结构类型分类

由于操作方式、场地条件以及设备传动形式的不同，形成了不同种类和结构特点的电弧炉，并且习惯称谓繁多。为了便于大家理解和掌握，我们将其归纳为三种不同：装料时

炉盖开启方式不同、电弧炉基座位置不同和电弧炉机构传动类型不同。在此基础上又进行了较详细的分类。在表2-2中，对这三种不同类型以及各种不同称谓的电弧炉进行了介绍和特点描述。

表2-2 按不同机构运行方式、设备基座位置、传动和结构类型分类

类　型		简　介	特　点
装料时炉盖开启方式不同	炉身开出式电弧炉	炉体坐放在台车或移动梁架上。倾动摇架、炉盖吊架和电极升降装置固定为一体。电极和炉盖升至规定位置后，再采用机械或液压驱动形式将炉身开出，完成装料工作	炉体开出动力较大，水冷母线相对较短，适用于小型电弧炉
	炉盖开出式电弧炉	炉体坐放在摇架上，电极和炉盖升至规定位置后，炉盖连同电极升降装置一同随炉盖吊架开出，完成装料工作	炉盖开出动力较小，但水冷母线相对较长，而且在电极随炉盖开出的过程中，容易受到振动而折断，目前应用较少
	炉盖旋转式电弧炉	炉体坐放在摇架上，炉盖吊架与电极升降装置连为一体，先由液压缸（拉杆式或立轴式）将炉盖升起，再由旋转机构（环形回转轴承或与立轴组合的旋转缸）将炉盖旋开（一般大于70°），完成装料工作	水冷母线长短适中，运行基本平稳，设备紧凑、简便、可靠，目前应用最为广泛
电弧炉基座位置不同	地坑式电弧炉	炉体倾动机构建在地平面以下，操作区在地平面上	厂房要求不高，综合投资相对较低，设备维护不太方便，适用于小型电弧炉，一般在铸造厂应用较多
	高架式电弧炉	所有设备建在地平面以上，操作区在高架平台上	厂房要求较高，设备维护和生产管理及工艺布局较为方便，是目前现代化钢厂的首选
	半高架式电弧炉	设备建在半地下，操作区在半高架平台上	其特点介于地坑式与高架式之间，在特定的条件下选择应用
电弧炉传动机构类型不同	机械式传动电弧炉	电弧炉的全部运行机构都由电机–减速机驱动	设备简单，工程量相对较小，适用于小型电炉及生产技术能力相对薄弱的生产企业
	全液压式传动电弧炉	液压系统是该型电弧炉动力装置的主体。由泵站提供动能，阀站负责控制电弧炉的全部动作，完成驱动这些动作的执行机构是液压缸。液压介质可以是液压油、专用的乳化液或水乙二醇	应用范围广，输出功率大，适用于各种大中型电炉，目前在我国应用最为广泛
	机械-液压组合式传动电弧炉	部分机构由电机-减速机驱动，另一部分机构采用液压-油缸驱动	有特殊要求或受条件所限，改造型电弧炉应用较多

2.3 按不同供电形式和供电能力分类

供电形式和供电能力是电弧炉的重要技术特征。表 2-3 对不同的供电形式和供电能力以及常见的习惯称谓进行了分类描述和介绍。

表 2-3 按不同供电形式和供电能力分类

类　型		特　点　简　介	适用范围
按供电形式分类	三相交流电弧炉	三相交流供电,三根石墨电极与炉料拉弧放电。设备比较简单,应用范围较广,技术较为成熟	适用范围广泛,不受冶炼工艺或炉型的限制
	单(石墨)电极直流电弧炉	主要由阳极(炉底)、阴极(炉顶)和直流电源等组成供电回路。主要特点是:技术经济指标较好,并且对电网的干扰和冲击较小	适用于"留钢操作"工艺的电弧炉
	双(石墨)电极直流电弧炉	由两根炉顶石墨电极、两套底阳极和两套直流供电系统组成。主要特点是:冶炼效率高,电弧稳定,综合经济指标较好	适用于大型、超高功率、连续作业、留钢操作工艺的电弧炉
按供电能力分类	普通(中低)功率电弧炉	变压器额定功率/电炉额定容量 = 200 ~ 400kV·A/t	适用于供电能力较弱的地区
	高功率电弧炉	变压器额定功率/电炉额定容量 = 400 ~ 700kV·A/t	适用于供电能力中等的地区
	超高功率电弧炉	变压器额定功率/电炉额定容量 = 700 ~ 1000kV·A/t。特点是:生产率高,热效率高,时间利用率高	适用于供电能力较强的地区

2.4 按不同工艺操作方式分类

在日常的技术交流和生产实践中,人们经常会根据不同的工艺操作方式来描述或称谓电弧炉,如出钢操作方式不同、除尘余热利用和加料操作方式不同以及操作方向不同。表 2-4 对电弧炉不同的工艺操作方式及常见习惯称谓进行了分类和介绍。

表 2-4 按不同工艺操作方式分类

类　型		特　点　简　介	适用范围
出钢操作方式不同	出钢槽式电弧炉	出钢口设在渣线上部,一般用于三期工艺操作,钢渣混出,并且出净。出钢倾动角一般大于 42°	适用于冶炼品种较多的中小型电弧炉并且是三期工艺操作
	偏心底出钢式电弧炉(EBT)(Eccentric Bottom Tapping)	出钢口设在炉底后侧,上方设有填料口,用于封堵出钢口。由于留渣留钢工艺操作,所以缩短了冶炼周期,损耗与能耗也相对较低。出钢倾动角一般不大于 15°,水冷母线长度相对较短。作为初炼炉时,应该同时配有 LF 钢包精炼炉或其他精炼装备	适用于大中型电弧炉的组合冶炼。单炉冶炼时,钢水合金比不宜太高,冶炼品种也不宜经常变换

类　型		特 点 简 介	适用范围
除尘余热利用和加料操作方式不同	双壳电弧炉	由一套供电系统和两套结构对称且除尘管道贯通的炉体组成，交替冶炼，充分利用烟气余热预热废钢原料，可大大缩短电炉的非通电时间，充分利用供电设施的能力	适用于供电能力受到一定限制但作业面积较为宽裕的生产企业
	竖炉电弧炉（Fuchs 公司研制）（Fuchs Shaft Furnace）	根据高温气体向上流动的原理，在炉体上方设置废钢预热竖井，竖井直接与炉体连通，分批集中供料。冶炼过程中产生的高温废气利用率较高，废钢预热较为彻底。建设占地面积较少，但厂房高度有一定的要求。主要问题是：竖井底部废钢易粘连，故障率高，维修不便	适用于厂房较高，作业面积较小，并且操作工艺要求出钢倾角较小的情况
	水平连续加料电弧炉（Consteel）	连续加料系统、除尘及预热系统组成一体，利用烟气余热和二次燃烧技术预热废钢，结合泡沫渣技术和留钢操作工艺，不开炉盖连续冶炼。生产率高、能耗低、电弧稳定、对原料的适应性强、噪声小并且烟尘捕集方便。由于无需用天车加料，所以，不仅降低了天车的作业频率并且对厂房要求也相对较低	适用于大型电弧炉，组合式冶炼工艺，场地比较富裕并且废钢料源较差（散碎、轻薄）的企业
操作方向不同	左操纵电弧炉与右操纵电弧炉	所谓左操纵、右操纵是指两台电炉对称布置，其判定方法是：按电弧炉变压器—电弧炉炉体—操作工的排列顺序，操作工面向电弧炉。如出钢方向在操作工的左侧，则称为左操纵电弧炉，相反则称为右操纵电弧炉。因为在电弧炉工程建设中，经常会有两套对称的电弧炉共用一套图纸进行施工，而仅在图纸上注明左操纵或右操纵，如不加以特别重视可能会造成工程施工的失误。所以，在电弧炉工程施工过程中，要加以注意	同一操作平台对称布置的两台电弧炉

2.5　三相交流电弧炉与单电极直流电弧炉的比较

2.5.1　交流电弧炉与直流电弧炉的发展史概述

　　如果追溯电弧炉的起源，距今已有一百多年。开始阶段主要是以直流电弧炉为主，但是由于受到当时加工制造水平和电源能力的约束，电弧炉的发展和普及受到了限制，只是在小型和实验型电弧炉上得以应用。1899 年三相交流电弧炉问世后，相应的配套技术迅速发展，电弧炉炼钢得以广泛普及。至今为止，三相交流电弧炉仍然占据着电弧炉炼钢的主导地位。

　　但是，由于交流供电本身固有的缺陷，如电弧稳定性差，电网电压闪变，三相负荷不均衡等问题，一直没有找到根本的解决办法。并且，随着大型高功率电弧炉的发展，这一问题显得尤为突出。为了保护电网的安全，提高电网的供电质量，人们不得不花费大量的金钱和精力，采用（无功）功率补偿的方式，来缓解上述问题。

　　20 世纪 70 年代以后，随着大功率直流电源设备制造技术能力的加强，特别是随着大功率晶闸管整流应用技术的进步和普及，为直流电弧炉技术的研究和发展提供了有利条件。同时，由于电弧炉炼钢工艺和相应配套技术的迅猛发展（如偏心底出钢技术、强供氧冶炼技术、泡沫渣冶炼技术等电冶金工艺及装备技术的日趋成熟），也使直流电弧炉炼钢的优势和特点得到了充分的体现。20世纪80年代以后，采用直流电弧技术的炼钢炉越来越多。仅十来年的时间，世界各地就新上或改造了50t以上的大型直流电弧炉七十多座。

我国直流电弧炉技术发展较晚，20世纪90年代初期开始起步，先是以试验型电弧炉和中小型交流电弧炉改造为主。其目的主要是研究分析和为以后大中型直流电弧炉的上马提供技术数据和决策依据，如上钢五厂试验车间的3t电炉改造、首特一炼的15t电炉改造、重钢三炼的10t电炉改造等。作者本人曾经参与了上述直流炉技术的研发和改造工作。改造后的技术统计数据确实令人兴奋，增强了企业决策层进行大型直流电弧炉建设的信心和决心。此后，我国先后又建设投产了多座大中型直流电弧炉，如成都无缝钢管公司的30t、首钢特钢公司的40t、上钢三厂的100t、兰州钢厂的70t、上钢五厂的100t、宝钢公司的150t、大冶特钢的70t、长城特钢的100t和苏兴特钢的100t等直流电弧炉。但是，由于受到当时设计制造能力问题的限制，50t以上的大型直流电弧炉基本都为国外公司制造。

从目前总体的发展形势来看，三相交流电弧炉和直流电弧炉各有利弊，旗鼓相当。直流电弧炉需要注意的问题是：偏弧现象的治理和底阳极技术的选择与完善，以及如何降低设备的维护成本。而交流电弧炉急需解决的主要问题是：如何能够降低生产消耗指标和有效并且低成本地完成供电系统的谐波治理。预计交流电弧炉与直流电弧炉齐头发展的形势还会持续很长一段时间。

电弧炉工程的决策者在"交流"和"直流"两者之间如何选择？这需要在明确企业自身条件、特点和工程目标以及实际要求的基础上，对交流电弧炉和直流电弧炉的特点有一个清晰全面的了解，通过仔细分析对比，权衡利弊之后再做出选择。

2.5.2　交流电弧炉与直流电弧炉的结构特点及性能比较

2.5.2.1　直流电弧炉的阴极结构特点

直流电弧炉阴极装置的结构外形与组成与交流电弧炉电极装置完全相同，只不过是存在"单相"与"三相"数量上的差别。虽然直流电弧炉只有一根石墨电极，但是由于不存在交流电的集肤效应，因此在直流条件下石墨电极的载流能力大于交流条件下石墨电极的载流能力。在实际工程中，单相直流电弧炉石墨电极直径一般为三相交流电弧炉石墨电极直径的1.1~1.2倍。

由于直流电弧炉的炉盖电极工艺开孔只需一个，而且位置是在炉盖中心部位。所以，单从这一结构特点分析，单电极直流电弧炉与三相交流电弧炉对比具有如下优势：

（1）熔炼环境内外空间相对较大，有利于各种工艺辅助设备的应用和技术特点的充分发挥（如加料、吹氧、测温等）。

（2）炉盖工艺孔少，有利于炉内冶炼气氛的保持和炉盖寿命的提高，并且也有利于烟尘的收集。

（3）高温热源在炉内的位置合理（中心部），对炉壁的热辐射相对比较均匀，有利于延长炉壁寿命。

（4）直流电弧炉的炉顶电极数量是交流电弧炉的1/3，总体质量较轻，对炉盖升降机构动力负荷的要求较低。

2.5.2.2　直流电弧炉底阳极的结构类型与特点

直流电弧炉的阳极装置设在炉体底部，习惯称之为"底阳极"。底阳极连通废钢或钢水形成一个大的阳极导体，这是与交流电弧炉最主要的差异。直流电弧炉底阳极的结构类型主要有：风冷触针式底阳极、铜钢复合水冷棒式底阳极、触片式底阳极、导电炉底式底阳极。表2-5介绍了几种不同类型底阳极的制作方式、结构特点和适用范围。人们可以根据这些特点，选择适合于本企业的底阳极。

根据直流电弧炉底阳极的结构特点和工作原理，直流电弧炉更适合留钢冶炼工艺。因此，EBT偏心底出钢并配备LF钢包精炼炉为直流电弧炉的最佳选择。

表 2-5　不同类型底阳极的简介

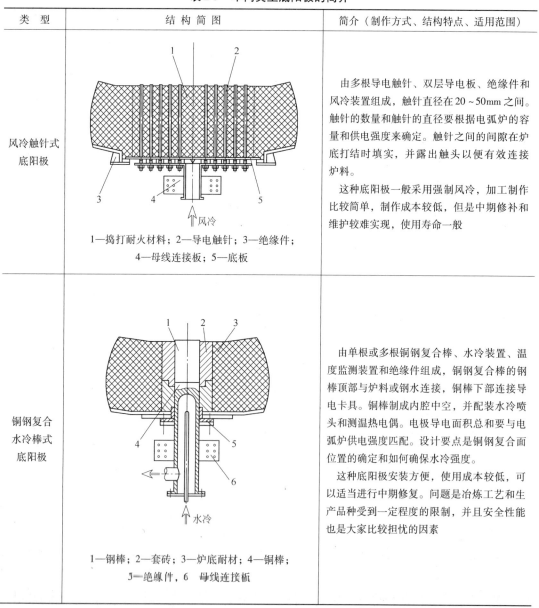

类　型	结　构　简　图	简介（制作方式、结构特点、适用范围）
风冷触针式底阳极	1—捣打耐火材料；2—导电触针；3—绝缘件；4—母线连接板；5—底板	由多根导电触针、双层导电板、绝缘件和风冷装置组成，触针直径在20~50mm之间。触针的数量和触针的直径要根据电弧炉的容量和供电强度来确定。触针之间的间隙在炉底打结时填实，并露出触头以便有效连接炉料。 这种底阳极一般采用强制风冷，加工制作比较简单，制作成本较低，但是中期修补和维护较难实现，使用寿命一般
铜钢复合水冷棒式底阳极	1—钢棒；2—套砖；3—炉底耐材；4—铜棒；5—绝缘件，6—母线连接板	由单根或多根铜钢复合棒、水冷装置、温度监测装置和绝缘件组成，铜钢复合棒的钢棒顶部与炉料或钢水连接，铜棒下部连接导电卡具。铜棒制成内腔中空，并配装水冷喷头和测温热偶。电极导电面积总和要与电弧炉供电强度匹配。设计要点是铜钢复合面位置的确定和如何确保水冷强度。 这种底阳极安装方便，使用成本较低，可以适当进行中期修复。问题是冶炼工艺和生产品种受到一定程度的限制，并且安全性能也是大家比较担忧的因素

类　型	结　构　简　图	简介（制作方式、结构特点、适用范围）
空冷触片式底阳极	 1—捣打耐火材料；2—导电触片； 3—导电母线；4—绝缘件 风冷	在铜钢复合的导电底板钢面一侧焊装上排列有序的导电触片，铜面一侧安装导电母线和散热片，安装在炉底中部的圆形区域，也可按扇形面分割成多个组块，拼装成导电炉底。触片采用低碳钢，触片厚度约1.5～2.5mm，触片间距约为80～100mm，触片之间的间隙充填捣打耐火材料。触片头外露，以便有效连接炉料。 　　这种底阳极的使用寿命高于上述两种底阳极，安全性能也非常可靠，最大问题是无法进行中期修复
导电炉底式底阳极	 1—导电捣打料；2—导电砖； 3—导电补偿器；4—绝缘件 风冷	采用导电性能良好的镁碳砖、石墨膏和导电捣打料按规定方式砌筑在铜质导电底板上，可将铜质导电底板分割成若干块，每块都焊有接线端子，端子穿出炉底孔通过补偿器连接铜排或母线。一般采用风冷对炉底进行降温。 　　这种底阳极的优点是：接触炉料的导电面积大，导电性能好，可修复，安全性能好。使用成本高是目前这种底阳极的最大遗憾

　　从另一个方面分析，由于直流电弧炉底阳极的存在，不可避免地增加了更换炉体的难度和作业时间。并且，生产运行期间的设备维护和管理也增加了一些难度和不便。但是由于直流电弧炉石墨电极相数的减少和炉盖起升负载的减轻，直流电弧炉与交流电弧炉的装备总量相比较，差别不是很大。

　　关于底阳极类型的选择，作者本人比较青睐空冷触片式底阳极。因为就目前国内的实际供应情况，导电炉底式底阳极所使用导电砖的价格还难以被大家所接受。而触针式和铜钢复合棒式底阳极在使用寿命和安全性能等方面都存在一定缺陷，目前也没有好的解决办法。虽然触片式底阳极无法进行中期修复，但是，其具有较长并稳定的使用寿命和可靠的安全性能，在一定程度上弥补了触片式底阳极的不足。

2.5.2.3　交流电弧与直流电弧电特性的差别

　　由于直流电弧不存在交变极性转换，电弧稳定性好，也不会像三相交流电弧那样，易造成三相负荷不平衡对电网形成干扰和冲击。有研究表明，直流电弧炉的闪变值仅为交流电弧炉的50%。此外，直流电弧炉较高的功率因数也有利于提高熔化效率和缩短熔化期时间。

　　交流电会形成交变磁场，磁场内的铁磁物质（如卡头、横臂、架构、电极水圈、炉盖等）会因此产生磁滞现象而发热，造成不必要的能量损耗甚至元部件损坏。

　　直流电弧阻抗的极限值大于交流电弧阻抗的极限值，因此直流电弧的最大稳定弧长要大于交流电弧的最大稳定弧长。

　　直流电弧的燃弧柱基本稳定在石墨电极的正下端并垂直于钢液面，这不仅有利于长弧工艺操作，而且，石墨电极下端基本为平头。而交流电弧由于相邻电极电磁力的干扰、交变电流以及集肤效应的影响，弧柱呈现不稳定的发散状并大多分散在石墨电极下部周边，因此造成交流炉的石墨电极下端尖细，易开裂，这也是直流电弧炉的电极消耗大大低于交流电弧炉的重要原因之一。

　　在短网截面积相同的情况下，直流比交流容许通过的电流值更高。这是因为直流电不存在集肤效应，导体截面积上的电流分布均匀，所以直流电弧炉比交流电弧炉短网的使用效率更高。

　　强大的直流电流穿过钢液所产生的电磁力会对钢液起到非常好的搅拌作用。有利于钢液的快速升温和冶金反应的顺利进行。

　　从上述电特性差别的比较来看，直流电弧炉的优势是显而易见的。但是值得注意的是，当二次短网（尤其是阳极短网）布置不合理时，直流电弧会因短网磁场力的影响发生偏弧现象，严重时会对炉壁造成损坏。

　　解决偏弧的方法有以下几种：

　　（1）合理布置二次短网，降低或抵消造成偏弧的磁场力。

　　（2）对较强磁场源进行局部屏蔽。

　　（3）调整底阳极分区电流，改善短网磁场对直流电弧的影响。

　　（4）加装炉底感应线圈，在加强钢水搅拌的同时改善偏弧现象，这种方法对钢水搅拌效果显著，但是对电弧纠偏效果有限。

2.5.3　交流电弧炉与直流电弧炉设备工程量的比较

　　根据电弧炉炼钢设备的基本组成分项对比如表2-6所示。

表2-6　三相交流电弧炉与单电极直流电弧炉设备的比较

分项名称	三相交流电弧炉	单电极直流电弧炉
炉体结构	较简单	由于炉底阳极的存在，生产准备较为复杂，工程量相对较大
炉盖结构	工艺孔较多	工艺孔较少
倾动机构	相同	相同
炉盖升降和旋转机构	承载负荷较大	承载负荷较小
电极升降和卡紧机构	三相	单相
炉门机构	相同	相同
高压供电系统	较简单	复杂

分项名称	三相交流电弧炉	单电极直流电弧炉
短网系统	为三相同步交流短网系统,存在集肤效应和交变磁场,短网截面积应加大,并适当选用中空水冷结构	为上阴极、下阳极的直流短网系统,无交变磁场和感应电损耗,短网通电利用效率高
电极自动调节系统	为三相电极调节系统,工程量相对较大	为单相电极调节系统,工程量相对较小
液压及动力系统	除电极升降装置数量不同外,其他动力装置的数量和控制方式与直流电弧炉基本相同	由于电极相数为交流电弧炉的1/3,所以执行机构的数量较少,并且当炉盖与电极升降滑架联动起升时,起升载荷较小
水冷系统	基本相同	基本相同
除尘系统	基本相同	基本相同
综合评述(谐波治理因素除外)	1. 高压供电系统工程量较少; 2. 三套电极的升降和卡紧机电系统较为复杂,并且安装和运行空间显得有些紧张; 3. 如不考虑谐波治理因素,总体来说,交流电弧炉工程量相对直流电弧炉较小,生产运营的维护成本也较低	1. 由于多了一套直流电源,所以高压供电系统较为复杂; 2. 电极升降系统工程量较少,但是由于底阳极工程量的增加,短网系统工程总量相差不大; 3. 总体来说,如不考虑谐波治理因素,直流电弧炉的工程量要大于交流电弧炉,而且,生产运行后的备件储量也会略大

3 电弧炼钢炉的基本组成

图 3-1 是高架式、全液压、偏心底出钢、三相交流电弧炉的立面总图。目前，这种电弧炉较为流行，应用较为广泛。图 3-1 涵盖了电弧炉基本组成的主要部件，以及部件之间的相对位置和装配关系。

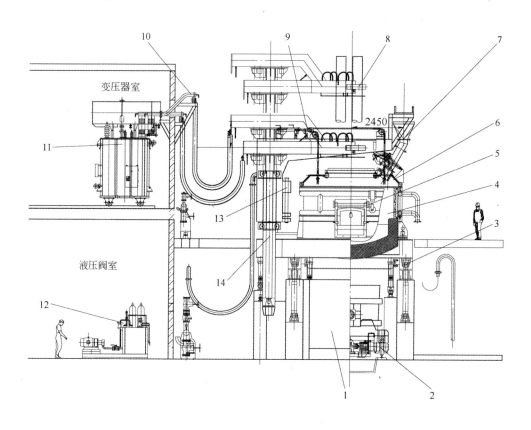

图 3-1　电弧炉立面总图

1—前渣坑；2—钢包车；3—倾动机构；4—炉体；5—炉门机构；6—炉盖；7—第四孔加料装置；
8—电极卡紧机构；9—炉盖升降机构；10—短网；11—电炉变压器；
12—液压阀台；13—炉盖旋转机构；14—电极升降机构

3.1　炉体结构

电弧炉的炉体主要由炉壳、炉衬、炉体冷却装置和出钢装置组成，是承载和冶炼钢水的主体，电弧炉的其他机构装置基本都是围绕着炉体进行设计的，冶金工艺的制订以及耐火材料的选取也和炉体结构形式紧密相关。因此，炉体结构类型的确定是电弧炉选型工作的第一步。根据出钢方式和冷却方式的不同，电弧炉炉体结构可以形成不同的类型，如槽式出钢、偏心底式出钢和管式水冷、箱体式水冷等结构形式。

　　图 3-2 和图 3-3 是两个典型的炉体结构图。图 3-2 是槽式出钢、箱体式水冷的电弧炉炉体结构示意图。其工艺特点是：电弧炉出钢时，一般都为钢渣混出，基本不存留钢水。出钢口的设计要大小适度，既要考虑封堵作业方便，又不能影响出钢效果。

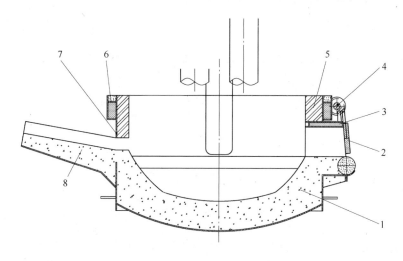

图 3-2　槽式出钢、箱体式水冷结构
1—炉衬；2—炉门；3—炉门水箱；4—炉门开启机构；5—炉壁；
6—加固圈；7—炉壳；8—出钢槽

　　在进行炉体结构设计时，除容量的大小、炉壁炉底的厚度、渣线的位置等工艺参数外，出钢槽的长度也是该结构形式的重点设计内容之一。为了减少夹杂物和空气对钢水的二次污染，应在确保合理顺畅出钢的前提下，尽量限制出钢槽的长度。

　　炉体上的水冷加固圈为箱型，炉壁为全耐材砌筑或吊挂箱体式水冷炉壁，并且，为了保持冶炼气氛，除必须设置炉门和封堵出钢槽外，在水冷加固圈的上部还应留有砂槽，与炉盖配合形成"砂封"。图 3-3 为炉盖与炉体扣合部位砂封示意图。

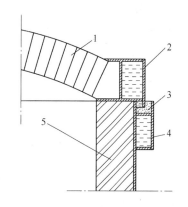

图 3-3　砂封
1—炉盖；2—炉盖水冷加固圈；3—砂封；
4—炉壳水冷加固圈；5—炉壁

　　这种炉体结构制作工艺简单，成本较低。老三期操作工艺出钢时，钢渣混出脱硫效果良好，所以早期的电弧炉大多为该种形式。目前，这种炉体结构还在被一些中小型电弧炉沿用。

　　图 3-4 是偏心底出钢、管式水冷的电弧炉炉体结构示意图。该炉体结构的特点是：可拆分为上、下炉体。渣线以上为上炉体，管式水冷框架结构，内侧配装可拆换的管式水冷挂渣炉壁和炉门装置以及 EBT 操作工艺孔。渣线以下为下炉体，一般为钢板结构，根据工艺要求打结或砌筑耐火材料，并在炉体后部安装偏心底出钢装置。

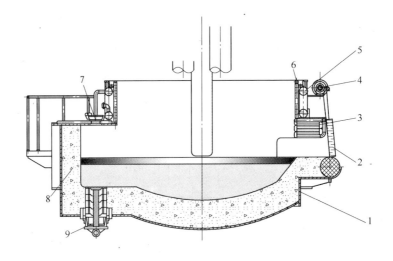

图 3-4   偏心底出钢、管式水冷结构

1—下炉壳；2—炉门；3—炉门水箱；4—炉门开启机构；5—炉壳加固圈；
6—水冷炉壁；7—工艺孔；8—炉衬；9—底出钢装置

其工艺特点是：偏心底出钢和留钢留渣操作。为保证 EBT 正常操作，出钢操作结束后，炉体应快速前倾，露出 EBT 口，通过其上部的填料工艺孔进行封堵工艺操作。较高的自流出钢率是 EBT 出钢操作所追求的目标。当受各种因素的影响，无法自流出钢时，应采用氧气引流操作。因此，为了配合 EBT 出钢操作，还应在相应位置设置便于操作的引流装置和确保安全的操作工位。

该炉型适用于大功率、短流程、组合式操作工艺、连续生产的电弧炉冶炼生产，是目前应用较为广泛的一种结构形式。

3.2   炉盖结构

电弧炼钢炉的炉盖由水冷盖体（或耐火砖盖体）、电极密封圈、加料水圈和水冷加固圈组成。炉盖的设计、制作和使用要注意三个问题：第一是电极工艺孔、加料工艺孔和除尘工艺孔的位置设计要合理；第二是炉盖应具有一定的承受高温、运行振动和内外压力的能力；第三是要注意各工艺孔和与炉壳接口处的密封。

电弧炉炉盖的主要工艺参数是：D 为炉盖直径；ϕ 为电极心圆直径；d 为电极孔直径；h 为炉盖拱高。

下面介绍几种不同结构形式的电弧炉炉盖。

3.2.1   具有独立电极水圈型的全砖体炉盖

图 3-5 是最为传统的电弧炉砖体炉盖，是用耐火砖，在拱形胎具上，按照一定的砌筑工艺砌筑成的电弧炉炉盖。在心圆直径上，按照等边三角形分布，开设电极工艺孔，一般是在靠近炉门或 2 号电极对面的位置开设加料孔和除尘孔。所有工艺孔都要配备相应的水冷防护圈，每个水冷圈结构自成一体，互不干涉。为了降低磁回滞现象造成的影响，电极水冷圈和电极封闭圈还应制作成开路型，如图 3-6 和图 3-7 所示。

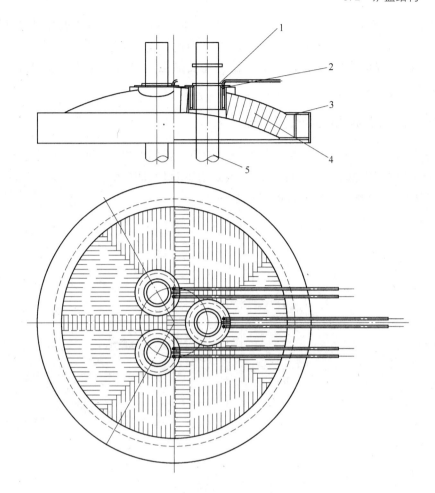

图 3-5　具有独立电极水圈的砖体炉盖

1—电极密封圈；2—电极水圈；3—炉盖水冷加固圈；4—炉盖砖；5—电极

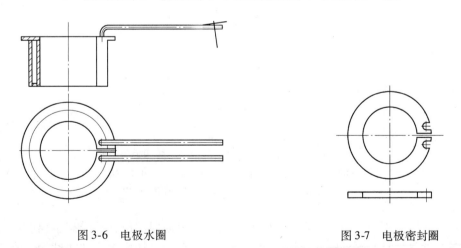

图 3-6　电极水圈　　　　　　　　　图 3-7　电极密封圈

　　由于各种因素的影响，电弧炉砖体炉盖的中心三角区最为薄弱，受其影响炉盖寿命比较低。还有一个比较严重的问题是：拱形砖体炉盖不能承受由内向外的压力。而当氧化期碳氧反应控制不好，发生"大沸腾"时，这种由内向外的压力会很大，造成炉盖损坏塌陷，引起爆炸的事故时有发生。因此，在使用此种炉盖时，不仅要加强对三角区损蚀情况的观察，及时更换炉盖，还要加强对钢水氧化强度的控制，严禁低温矿石氧化。

3.2.2　中心水冷三角区型的半砖体炉盖

图 3-8 是一种对上述全砖体炉盖的改进型炉盖，我们称之为中心水冷三角区型的半砖体炉盖。与全砖体炉盖的最大不同是：三个独立的电极水圈变成一个整体结构的中心水冷三角区，并增加了用耐火材料制成的电极套砖。

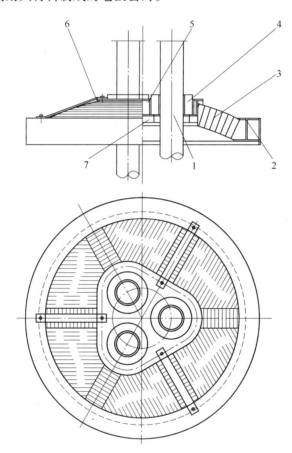

图 3-8　具有中心水冷三角区型的半砖体炉盖
1—电极；2—炉盖水冷加固圈；3—炉盖砖；4—电极套砖；
5—中心水冷三角区；6—安全托架；7—锚固防护层

电弧炉炉盖的中心三角区是影响砖体炉盖寿命的最薄弱部位，承受高温辐射和气流冲击最严重，并且最易遭受剐蹭和碰撞。将炉盖中心三角区设计成水冷挂渣结构，改善了炉盖三角区对高温辐射及振动冲击的承受能力，使炉盖三角区的寿命大幅延长，从而提高了炉盖整体的使用寿命。

　　改型炉盖的制作工艺与砖体炉盖相近，是以水冷结构三角区为中心，在拱形胎具上砌筑。三角区结构的底部焊有锚钩并打结防护层，冶炼过程中还可起到挂渣的作用。为了防止发生意外事故（炉盖塌陷时，水冷三角区落入钢水中引起爆炸），还应在三角区与炉盖圈之间安装上安全托架。电极套砖采用耐火材料打结而成，可随时进行更换。

　　根据现场使用数据比较，该型炉盖的使用寿命比全砖体炉盖提高了约50%以上。存在的问题是：电极套砖易损，并且当采用铁磁材料制作中心三角区炉盖时，还是会存在着一定程度的磁回滞现象。因此，应采用奥氏体不锈钢材料制作中心水冷三角区。

3.2.3　中心区圆形打结小炉盖体的管式水冷炉盖

　　图3-9为中心区圆形打结小炉盖体的管式水冷炉盖，是用大规格的无缝钢管制成炉盖水冷框架，用较小规格的无缝钢管制成不同的区域水冷盖体，再组合拼接成整体水冷盖

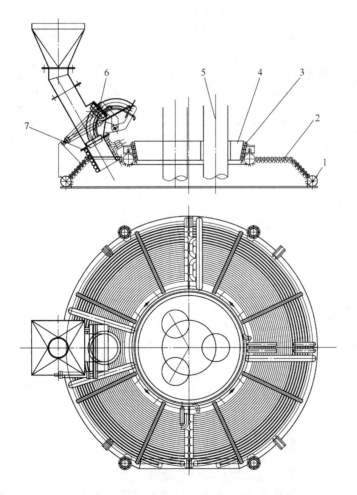

图3-9　中心区圆形打结小炉盖体的管式水冷炉盖

1—水冷框架；2—水冷炉盖；3—小炉盖圈；4—中心打结小炉盖；
5—电极；6—第四孔加料关闭器；7—第四孔水圈

体。炉盖下部的管壁上焊接锚固钩，用于打结防护层和喷溅挂渣。中心区圆形小炉盖体采用高强度耐火材料整体打结而成，更换简便快捷。

该型炉盖使用寿命长（可达千次以上），基本不存在磁回滞现象，安全性能好，水冷强度高，适用于生产节奏快冶炼时间短的电弧炉，是目前应用最为广泛的电弧炉炉盖。此外，还需说明一点，虽然喷溅挂渣技术可以大幅提高炉盖的使用寿命，但是由于喷溅挂渣基本都是氧化渣，并且在冶炼后期升温时，喷溅上的渣层会脱落。如果是在还原期脱落，将会严重破坏炉内的还原气氛，影响正常冶炼。因此，本书作者建议：当采用三期操作冶炼工艺，冶炼时间较长并且对冶炼钢种有一定要求的电弧炉时，应慎重（有条件）选用喷溅挂渣技术。

3.3　倾动机构

电弧炉的炉体倾动机构，是实现炉体的前倾、后倾动作，完成电弧炉出钢和除渣操作的运动机构。电弧炉倾动机构主要由摇架、摇架底座、倾动机构、平衡装置和锁定装置组成。要求动作平稳，速度可调、可控，出钢和除渣方向倾角能满足工艺需要，并且可以在极限范围内的任意角度上停稳。下面介绍几种典型的倾动机构。

3.3.1　托轮式减速机传动的倾动机构

图 3-10 是一种托轮式减速机传动的电弧炉炉体倾动机构。该机构由摇架、托轮组、牙轮组和减速机传动装置组成。炉体重心设计在摇架倾动中心的垂线上，并且，尽量靠近摇架圆弧中心。当炉体倾动时，圆弧摇架的倾动中心位置不变。槽式出钢倾动机构的倾角设计一般要满足钢水出净的工艺要求，出钢方向最大倾角控制在42°～45°之间，出渣方向倾角一般为5°。

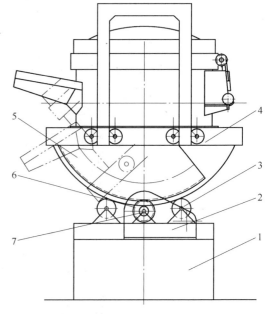

图 3-10　托轮式减速机传动的电弧炉炉体倾动机构
1—倾动基础；2—减速机；3—摇架托轮；4—摇架；
5—圆弧齿；6—齿轮；7—主传动轴

该类型倾动机构的特点是：控制设备简便，总体投资较少。但是，由于传动机构都集中在炉体底部，生产维护条件较差，适用于小型电弧炉或者生产节奏不是很快的电弧炉生产企业。

3.3.2　液压缸传动槽式出钢的倾动机构

随着液压技术的发展和完善，现在液压传动的倾动机构已被广泛采用。生产维护条件较好是液压传动倾动机构的优势之一。图 3-11 是典型的液压缸传动槽式出钢的倾动机构，该机构由摇架、摇架底座、倾动缸和液压系统组成。电弧炉出钢方向的倾动，是靠液压缸来推动，而炉体回倾是靠炉体本身自重。炉体倾动速度是通过调整单位时间进入或流出液

压缸的介质流量来控制。炉体重心垂线与摇架
倾动中心垂线的平行距离（偏心距 e）、摇架
圆弧半径 R 以及出钢槽长度 L，是该倾动机构
设计的最基本参数，这些参数确定了炉体出钢
的运行轨迹和倾动力矩。槽式出钢倾动机构的
倾角设计，一般要满足钢水完全出净的工艺要
求。出钢方向最大倾角一般控制在 $42° \sim 45°$ 之
间，出渣方向最大倾角一般为 $5°$。这种类型的
倾动机构适用于中小型并且三期操作的电
弧炉。

3.3.3 液压缸传动偏心底出钢的倾动机构

图 3-12 是目前最为流行的液压缸传动偏
心底出钢的倾动机构。其基本原理和设备组成
与液压缸传动槽式出钢的倾动机构基本相同，
主要区别是倾动角不同。为了满足留钢留渣工
艺操作的要求，一般出钢方向最大倾角为 $15°$，
出渣方向最大倾角为 $7°$。此外，对于大吨位的

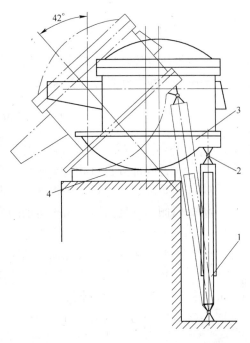

图 3-11 液压缸传动槽式出钢的倾动机构
1—倾动缸；2—连接轴；3—倾动摇架；4—摇架底座

电弧炉，为了加强其操作的安全可靠性，还增加了平衡支撑装置。

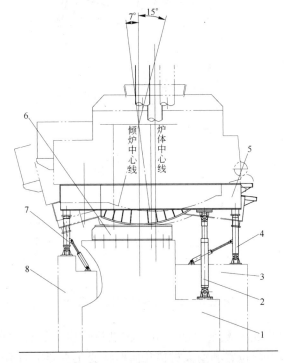

图 3-12 液压缸传动偏心底出钢的倾动机构
1—摇架基础；2—倾动缸；3—前平衡支撑基础；4—前平衡支撑液压缸；
5—摇架；6—摇架底座；7—后平衡支撑液压缸；8—后平衡支撑基础

3.3.4　倾动机构的参数设计

下面以液压缸传动、槽式出钢的倾动机构为例介绍倾动机构的参数设计。

3.3.4.1　倾动力矩的计算公式

$$M = M_k + M_y + M_x \tag{3-1}$$

式中　M_k——空炉力矩，即随摇架一起倾动的电弧炉部件，包括炉体、炉盖、摇架和电极
升降部分自重相对于倾动中心的合力矩，N·m；

M_y——炉内钢液力矩，由钢液重力产生的相对于倾动中心的力矩，N·m；

M_x——倾动干扰力矩，由于运动副摩擦、母线拖拽、摇架滚动面灰尘颗粒、炉内耐
火材料形状改变、石墨电极长度和位置变化等因素对倾动力矩形成的干扰影
响。通过合理设计和精细操作可以使干扰力矩降至最低。可根据实际情况将
M_x设定为一固定常数，非精确计算时可忽略不计，N·m。

3.3.4.2　空炉力矩的计算

图 3-13 为空炉力矩的参数计算简图。

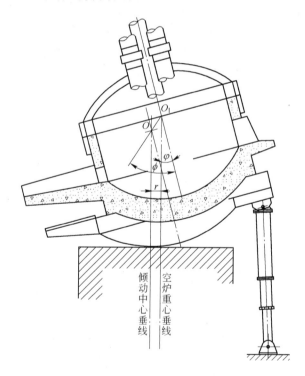

图 3-13　空炉力矩的参数计算简图

准确地计算空炉力矩比较复杂，这是由于在电弧炉生产运行中存在许多不确定的因
素，如电极质量、电极升降位置和耐火材料几何形状变化所产生的不确定因素，都会给空
炉倾动力矩带来一定的影响。在实际计算时，一般只需对电弧炉的初始状态（新炉）和终
期状态（老炉）进行计算即可。

根据式 3-2～式 3-4 计算出合成力矩和合成重心的位置：

合成力矩　　$GX = G_1 X_1 + G_2 X_2 + \cdots + G_i X_i + \cdots + G_n X_n = \sum\limits_{i=1}^{n} G_i X_i$ 　　　(3-2)

合成重量　　$G_k = G_1 + G_2 + \cdots + G_i + \cdots + G_n = \sum\limits_{i=1}^{n} G_i$ 　　　　　(3-3)

合成重心　　　　　$X_0 = \sum\limits_{i=1}^{n} G_i X_i \Big/ \sum\limits_{i=1}^{n} G_i$ 　　　　　　　　　(3-4)

在倾动过程中，空炉力矩 M_k 与倾动角 α 存在正弦函数关系：

$$M_k = G_k r_k \sin(\varphi_k + \varphi)$$ 　　　(3-5)

式中　G_k——空炉合成重量，kN；

　　　r_k——空炉合成重心至倾动中心的距离，m；

　　　φ_k——空炉合成重心至倾动中心的距离 r_k 与倾动中心垂线的夹角，(°)；

　　　φ——倾动角，(°)。

3.3.4.3　炉内钢液力矩的计算

图 3-14 为炉内钢液力矩参数计算简图。

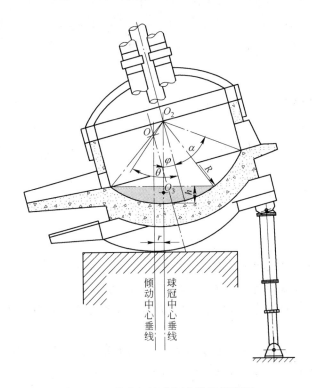

图 3-14　炉内钢液力矩参数计算简图

$$M_y = G_y e_y = G_y r \sin(\theta \pm \varphi)$$ 　　　(3-6)

式中　G_y——钢液重量，kN；

e_y——钢液重心垂线与倾动中心垂线之间的水平距离，m。

$$G_y = \rho V_y = \rho f(\varphi) = \rho\pi h^2(R - h/3) \qquad (3\text{-}7)$$

式中　ρ——钢水密度，N/m^3；

　　　V_y——钢液体积，m^3。

由图 3-14 可知，当炉体倾动出钢时，钢液体积和重量也会随倾动角度 φ 逐渐变大而越来越小。

可以将钢液的体积等效成球缺体积来进行计算：

$$V_y = \pi h^2(R - h/3) \qquad (3\text{-}8)$$

式中　h——球缺高度，也是钢液熔池深度，m；

　　　R——球半径，即炉底等效圆弧半径，m。

由图 3-14 可知，熔池深度 h 随倾动角度 φ 变化而改变：

$$h = R[1 - \cos(\alpha - \varphi)] \qquad (3\text{-}9)$$

式中　α——倾动角为零时钢液等效球缺中心半角，（°）；

　　　φ——倾动角，（°）。

当倾动角 $\varphi = 0$ 时，熔池深度 h 最大。在出钢过程中，熔池深度 h 随倾角 φ 加大而变浅，当倾动角 $\varphi = \alpha$ 时，熔池深度 $h = 0$，钢水出净。

将式 3-7、式 3-8 代入式 3-6 整理后得出钢水重量与倾动角的关系式：

$$\begin{aligned} G_y &= \rho V_y = \rho f(\varphi) = \rho\pi h^2(R - h/3) \\ &= \rho\pi\{R[1 - \cos(\alpha - \varphi)]\}^2\{R - R[1 - \cos(\alpha - \varphi)]/3\} \\ &= \rho\pi R^2[1 - \cos(\alpha - \varphi)]^2 R[3 - 1 + \cos(\alpha - \varphi)]/3 \\ &= \rho\pi R^3[1 - \cos(\alpha - \varphi)]^2[2 + \cos(\alpha - \varphi)]/3 \qquad (3\text{-}10) \end{aligned}$$

炉体倾动时，钢液重心位置随倾动角度改变而发生变化，钢液总是水平且其重心处于球冠的对称轴上。所以没有必要求出钢液重心的确切位置，只要计算出钢液重心铅垂线与倾动中心铅垂线之间的距离（即钢液力矩的力臂）：

$$e_y = f(\varphi) = r_y \sin(\theta \pm \varphi) \qquad (3\text{-}11)$$

式中　r_y——球冠中心至倾动中心的距离，$r_y = e/\sin\theta_0$，m；

　　　θ——球冠中心至倾动中心连线与炉体中心垂线的夹角，（°）。

3.3.4.4　一种校核计算电弧炉最大倾动力矩的简易方法

下面介绍一种校核计算电弧炉最大倾动力矩的简易方法，此方法适用于液压缸传动电弧炉的倾动机构。

对于液压缸传动的倾动机构，计算倾动力矩的主要目的是为了确定倾动液压缸的最大负载，从而进行圆弧摇架结构（摇架圆弧半径、偏心距）和液压缸承载能力（液压缸缸径、系统压力、阀口流速）的校核。因此，我们只需计算出最大倾动力矩即可。根据倾动机构的结构原理，炉体倾动角为零时倾动力矩最大，如图 3-15 所示；此时，可将炉体的几何中心垂线看成空炉力矩的合成重心垂线和钢液重心垂线，即 $e = X_0 = e_k$，从而估算出最大倾动力矩的参考值。

$$M_{max} = e(G_k + G_y + C) \quad (3-12)$$

式中　M_{max}——最大倾动力矩，N·m；

　　　　e——几何中心垂线至摇架圆弧中心垂
　　　　　　线的水平距离，m；

　　　　G_k——空炉合成重量，kN；

　　　　G_y——钢液重量，kN；

　　　　C——干扰补偿，kN。

实例：30t 全液压电弧炉，空炉合成重量
$G_k = 120t$（1200kN），偏心距 $e = 300mm$
（0.3m），钢液重量 $G_y = 30t$（300kN），摇架倾
角为零时液压缸作用点的倾动力臂 $L = 2m$，液压
缸柱塞直径 $D = 0.22m$（$S = 0.038m^2 = 380cm^2$），
系统压力 $P = 4MPa = 4000kPa$，要求对液压系统
进行校核计算。

将已知 e、G_k、G_y 代入式 3-12 中，并设干
扰补偿 $C = 100kN$，则最大倾动力矩：

$$M_{max} = 0.3 \times (1200 + 300 + 100) = 480kN \cdot m$$

倾动液压缸的最大负载：

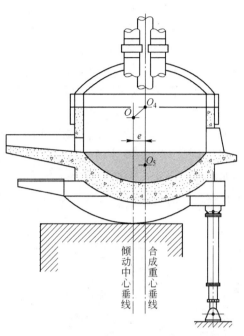

图 3-15　最大倾动力矩参数计算简图

$$T_{max} = M_{max}/2L = 480/4 = 120kN$$

液压缸的最大承载能力：

$$T_N = 1000PS\mu \quad (3-13)$$

式中　T_N——液压缸最大承载能力，kN；

　　　　P——液压系统压力，MPa；

　　　　S——液压缸柱塞有效面积，m^2；

　　　　μ——机械效率（0.85 ~ 0.99）。

将已知 P、S、μ 代入式 3-13 中：

$$T_N = 1000 \times 4 \times 0.038 \times 0.9 = 136.8kN$$

校核计算结果：$T_N > T_{max}$，满足液压系统正常工作的条件。

3.4　炉盖升降和开启机构

炉盖的升降和开启是电弧炉炼钢操作过程中一个重要环节。不同于其他类型的炼钢
炉，电弧炼钢炉炉盖上面的装备较复杂，随同炉盖一同运动的装置较多，如加料装置、电
极及其升降装置。因此，对其机构性能的要求更加严格。

电弧炉冶炼对炉盖升降和开启机构的基本要求如下：

（1）为了不影响装料操作，要求炉盖的开启操作要有一定的起升高度和开启度（或
旋转角度）。

（2）炉盖运行动作要求平稳，避免因振动或晃动对炉盖、电极及其机构造成损害。

（3）炉盖起升和开启速度（或旋转速度）要求合理。既不能因太慢影响装料速度，也不能因太快而破坏炉盖动作的稳定性。

一般电弧炉的炉盖开启有开出和旋转两种方式。开出方式又可分为炉体开出和炉盖开出两种类型。而旋转方式又可分为无支撑滑轨、旋转支撑下滑轨和旋转支撑上滑轨三种类型。

早期电弧炉的炉盖开启机构一般以开出式居多。其工作原理是通过链轮机构拉动并控制炉盖的垂直位置，然后再水平移动炉盖吊架或炉体，从而完成炉盖的开启操作。

图 3-16 为炉体开出式机构立面示意图，该机构主要由炉盖升降系统和炉体开出系统两部分组成。图 3-16 中所示传动类型为电机-减速机传动。结构和操作特点是：吊挂炉盖的龙门框架固定在倾动摇架上。在摇架倾角为零时，炉体台车可在摇架和操作平台的轨道上往返行驶。

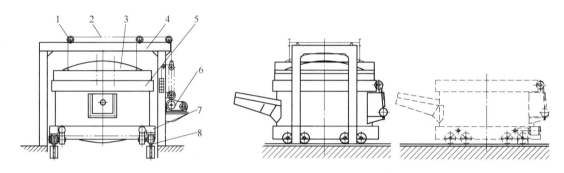

图 3-16　炉体开出式机构立面示意图

1—链轮；2—链条；3—炉盖；4—固定龙门框架；5—炉体；
6—升降动力机构；7—炉体平移台车；8—台车轨道

图 3-17 为炉盖开出式机构立面示意图。该机构同样为升降系统和开出系统两部分组成。所不同的是：炉体固定坐放在摇架上。在摇架倾角为零的条件下，吊挂炉盖的龙门框架可在摇架和操作平台的轨道上往返行驶。

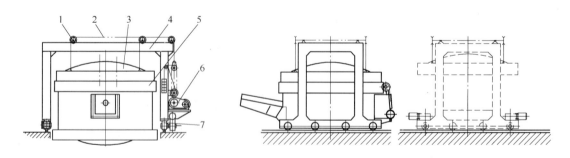

图 3-17　炉盖开出式机构立面示意图

1—链轮；2—链条；3—炉盖；4—可移动龙门框架；5—炉体；
6—炉盖升降机构；7—台架平移机构

随着液压技术的普及和发展，液压传动控制炉盖的升降和旋转已成为现代电弧炉的首选。在液压电弧炉的结构设计中，将炉盖吊臂和电极升降架构组合装配在一起，我们习惯称之为厂形架。液压传动的炉盖升降机构类型又可分为两种类型。

第一种类型为组合型（全称为液压组合型炉盖升降旋转机构），即负责升降和旋转的液压执行机构组合装配在一起。该机构安装在基础上，通过操控液压执行机构，即可控制厂形架的升降和旋转，从而实现炉盖的开启操作。

组合型升降旋转机构的优点是：施工和维护比较简便。其存在的问题是：炉体必须摇正才能进行升降作业，并且，需要连同吊臂和电极升降系统一起升降。因此，液压动力载荷较大，大型电弧炉不宜采用。

常见的液压组合型炉盖升降旋转机构还可再细分为封闭组合和开放组合两种形式。

图 3-18 为封闭组合炉盖升降旋转机构的立面示意图，该机构特点是升降缸和旋转缸组合装配在一个封闭的壳体内。其壳体固定安装在基础上，无支撑滑轨，壳体及其基础承受较大的翻转力矩。图 3-19 为液压封闭组合执行机构简图。如图 3-19 所示，该机构主要部件主轴的上、中、下三个部位，都有不同的作用。下段为升降缸的柱塞杆，柱塞杆的直径和系统压力决定了炉盖顶起的载荷能力；中段为旋转轮齿，齿宽设计应满足炉盖升降行程的需要；上段为顶入厂形架配孔的销轴头。另一主要部件齿条轴的两端为旋转缸的柱塞杆。中段为齿条，齿条与主轴中段的轮齿啮合。

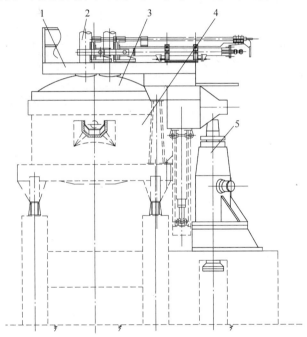

图 3-18 液压封闭组合炉盖升降旋转机构的
立面示意图（无支撑滑轨）

1—吊臂；2—电极；3—炉盖；4—炉体；5—升降旋转组合体

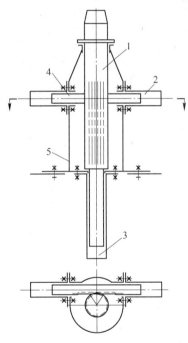

图 3-19 液压封闭组合执行机构简图

1—主轴；2—旋转缸体；3—升降缸体；
4—齿条轴；5—壳体

图 3-20 为液压开放组合炉盖升降旋转机构的立面示意图，该机构特点是升降执行机构和旋转执行机构分别开放地安装在连接架体上，旋转定位轴安装在基础上。由于该机构，采用了旋转支撑下滑轨（即支撑滑轨设置在基础地面上）。在旋转支撑下滑轨的作用下，旋转定位轴承受的翻转力矩较小，所以该机构各主要零部件制作加工工艺比较简单，工程成本较低。

第二种类型为分驱型，即负责升降和旋转的液压执行机构分别安装，独立驱动。图 3-21

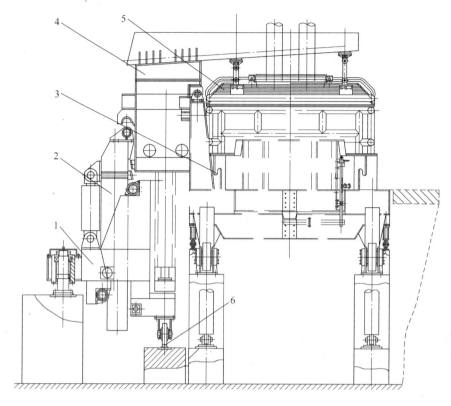

图 3-20 液压开放组合炉盖升降旋转机构（旋转支撑下滑轨）

1—炉盖旋转机构；2—炉盖升降机构；3—炉体；4—吊臂（厂形架）；5—炉盖；6—旋转支撑下滑轨

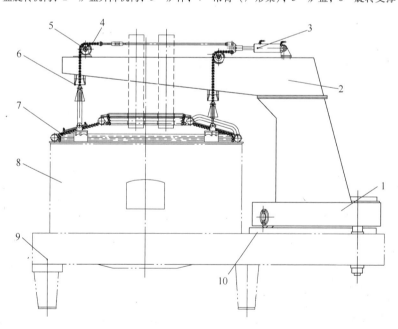

图 3-21 液压分驱型炉盖升降旋转机构（旋转支撑上滑轨）

1—旋转装置；2—吊臂；3—炉盖升降缸；4—链条；5—链轮；6—机械上限位；
7—炉盖；8—炉壳；9—摇架；10—旋转支撑上滑轨

为液压分驱型（旋转支撑上滑轨）升降旋转机构的立面示意图，该机构由链轮组、升降缸、吊臂（或厂形架）、液压旋转装置和旋转支撑滑轨组成。升降缸及链轮升降装置安装在炉盖吊臂上部，通过操控升降缸直接拉动炉盖。而带有支撑轨道的旋转机构安装在摇架上，操控液压驱动旋转装置带动炉盖吊臂旋转，吊臂始终与摇架平面保持平行运动。由于炉盖升降运动是通过安装在吊臂上的液压缸直接控制，厂形架无升降运动。因此，系统的液压动力载荷较低，炉盖运行比较平稳。并且，由于是旋转支撑上滑轨（即支撑滑轨设置在摇架上），所以在进行炉盖升降操作时，炉体可以存在少许倾斜。这种炉盖升降旋转机构适用于各种类型的电弧炉，目前已被广泛采用。

概括上述对炉盖升降和开启装置的介绍，将开启方式、机构类型和应用特点综合整理成表 3-1。

表 3-1 电弧炉炉盖的开启方式、机构类型和应用特点

开启方式	机构类型	应 用 特 点
开出式	炉体开出（图 3-16）	吊挂炉盖的龙门框架，固定安装在倾动摇架上。炉体安装在台车上，炉盖由链轮机构拉起至一定高度后，再将炉体开出，进行装料操作。由于炉体开出吨位的限制，仅适用于小型电炉
	炉盖开出（图 3-17）	炉体固定坐放在摇架上，吊挂炉盖的龙门框架可在倾动摇架和操作平台的轨道上移动。炉盖升降和开出机构都安装在龙门框架上。炉盖由链轮机构拉升到一定高度后，移动龙门框架将炉盖开出，进行装料操作。该机构类型的最大缺点是：由于电极要随炉盖一同移动，电极母线过长。目前，这种炉型已很少采用
炉盖旋转	组合型（吊臂升降、无支撑滑轨）液压升降旋转机构（图 3-18）	先摇正炉体，使厂形架的主轴配合孔对准液压组合执行机构主轴。通过操纵液压执行机构，使厂形架升降或旋转，从而完成炉盖的开启和闭合操作。 这种升降旋转机构的特点是：由于升降和旋转的执行机构组合为封闭式组合，所以工程施工和运行维护比较简便。并且系统抗环境污染（粉尘）的能力较强。 存在的问题是：要求炉体必须摇正才能进行升降作业，并且由于要连同厂形架和电极升降系统一起升降，系统承受载荷较大，所以大型电弧炉不宜采用
	（吊臂升降、旋转支撑下滑轨）液压升降旋转机构（图 3-20）	操作方法与无支撑滑轨的液压组合型升降旋转机构基本相同，并同样需要先摇正炉体后再进行操作，系统承受载荷和适用范围也基本相同。不同的是：由于增加了旋转支撑下滑轨装置，使炉盖运行的平稳性得到了加强。还由于该系统升降和旋转的执行机构组合为开放式组合，简化了零部件的制作工艺，降低了工程费用
	分驱型（吊臂无升降、旋转支撑上滑轨）液压升降旋转机构（图 3-21）	炉盖升降机构安装在炉盖吊臂上，操控升降缸可直接拉动炉盖。配有旋转支撑滑轨的炉盖旋转机构安装在摇架上，操控旋转装置即可带动炉盖吊臂旋转。该机构炉盖吊臂无升降运动。 这种升降旋转机构动力载荷较低，运行比较平稳，并且操作方便，适用于各种类型的电弧炉，已被广泛采用

3.5　电极升降机构

电极升降机构是电弧炉设备系统中动作最频繁、控制精度要求最高、工作环境最为恶劣的机械设备。其设备性能直接影响电弧炉的技术经济指标，为此，对电极升降机构的要求如下：

（1）运行平稳，反应灵敏，并且无卡、跳、晃动和振动现象。

（2）结构要有较好的刚性。

（3）电极上升和下降的速度要求合理。

（4）电极最大行程应符合冶炼工艺要求，并适当留有裕量。

电极升降最大行程 L 的计算：

$$L = L_1 + L_2 + L_3 + c \tag{3-14}$$

式中　L_1——炉底至炉盖电极孔下口的高度尺寸；

$\quad\quad L_2$——炉盖起升高度（炉盖旋转或炉体开出时，应确保电极下端头不低于炉盖圈下沿）；

$\quad\quad L_3$——电极预调放长度尺寸（一般为两根对接电极丝扣的深度和，这是因为如果刚好遇到要卡紧的位置是丝扣处时，一定要躲过丝扣再卡紧）；

$\quad\quad c$——限位极限的最小安全距离（一般为 $100 \sim 200mm$）。

根据动力源的不同，电极升降机构的驱动一般可分为液压驱动和电机驱动两种形式。

电极升降机构提升力 T 的计算如下（计算的目的是为了确定电极升降机构的动力负荷）：

$$T = (g + a)(M_1 + M_2) + T_m - T_p \tag{3-15}$$

式中　g——重力加速度，m/s^2；

$\quad\quad a$——机构运动加速度，m/s^2；

$\quad\quad M_1$——升降机构所有移动部件的质量和，kg；

$\quad\quad M_2$——石墨电极质量，kg；

$\quad\quad T_m$——机构运行中的摩擦阻力，N；

$\quad\quad T_p$——升降机构的平衡力，N；为了降低动力载荷，在机构中根据实际情况设置平衡配重，常见于绳轮传动的电极升降机构，液压缸传动的升降机构，一般 $T_p = 0$。

图 3-22 是电机驱动的绳轮式电极升降机构简图，由横臂、滑轮组、钢绳、导向轮、滑柱、减速机、电机和配重及配重绳轮组成。应用于精度要求不太高的小型电弧炉，现在已不多见。

图 3-23 为电机驱动的齿轮齿条式电极升降机构简图。该机构由横臂、导向轮组、齿条齿轮副和电机减速机组成。该机构简单，较灵敏，但仅适用于小型电弧炉。

图 3-24 为液压驱动的油缸式电极升降机构简图，该机构由升降滑柱、连接轴、导向轮组、升降缸和升降机构支撑架组成。

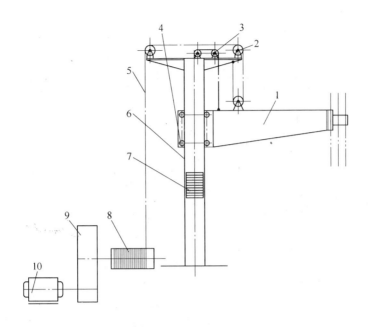

图 3-22　电机驱动的绳轮式电极升降机构简图

1—横臂；2—滑轮组；3—配重绳轮；4—导向轮；5—钢绳；
6—滑柱；7—配重；8—卷筒；9—减速机；10—电机

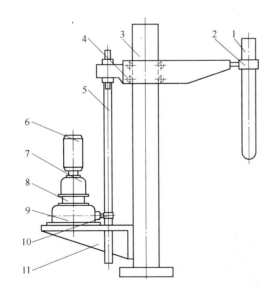

图 3-23　电机驱动的齿轮齿条式电极升降机构简图

1—电极；2—电极夹持器；3—立柱；4—横臂；5—齿条；6—电动机；7—转差离合器；
8—电磁制动器（抱闸）；9—齿轮减速箱；10—齿轮；11—支架

　　如图 3-24 所示，升降机构支撑架与导向轮组以及炉盖吊架，依靠连接框架组合装配在一起，由液压动力驱动升降滑柱上下运动。该机构紧凑、精度高、应用范围较广，各种

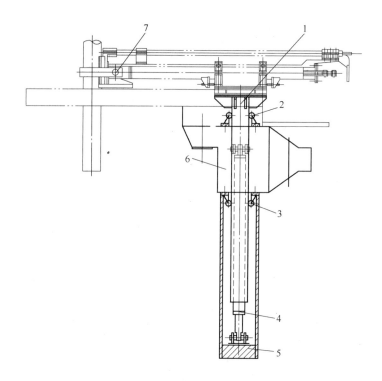

图 3-24　液压驱动的油缸式电极升降机构简图

1—升降滑柱；2—上导向轮组；3—下导向轮组；4—升降液压缸；

5—升降机构支撑架；6—连接框架；7—电极把持器

电弧炉都可使用，是目前电弧炉升降机构的首选。

3.6　电极卡紧机构

电极卡紧机构也是电弧炉短网系统中最为关键的一部分。对电极卡紧机构的要求是：结构稳定，电极把持牢固、松放自如，卡头的导电性能良好，并且有一定的耐热和耐磨损的能力。电极卡头、导电块与石墨电极作为整个电弧炉短网系统最前端的部件组合，在恶劣的高温环境和不规则机械振动的状况下，依靠卡紧力保持相互之间的紧密接触，传导电流。因此，电极卡紧机构是电弧炉设计、操作和维护的重点。

电极卡头为水冷结构，其结构尺寸主要取决于电极直径。导电块是易损件，应定期更换，并且，更换操作要求简便易行。为确保一定的导电面积，导电块与电极的接触弧长约为电极直径的 1/3。导电块高度约等于电极直径尺寸。

主要技术参数有：卡紧机构（抱箍或顶块）的行程 L 和卡紧力 F。卡紧机构行程 L 一般为 30mm 左右。如果行程 L 太小，则吊放电极不太方便；行程 L 太大，则造成液压缸和弹簧装置的浪费。为了确保电极与导电块紧密接触，并且在运行中不产生滑动，必须满足下述条件：

$$\mu \Sigma N \geqslant (g + a) M_d \tag{3-16}$$

式中　μ——电极与卡头接触面处的最大静摩擦系数；

　　　g——重力加速度，m/s^2；

a——电极运行时的加速度，m/s^2；

M_d——电极质量，kg；

ΣN——作用在电极表面上的正压力之和，可简化成两倍的卡紧力 F，N，即：

$$\Sigma N = 2F \tag{3-17}$$

卡紧力的计算。把式 3-17 代入到式 3-16 整理得：

$$F \geqslant (g + a)M/(2\mu) \tag{3-18}$$

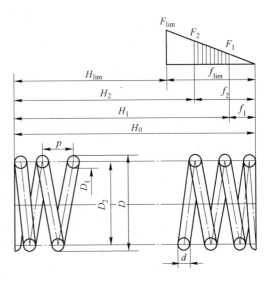

电极卡紧机构的卡紧力 F 来自于被预紧的弹簧装置。卡紧机构的弹簧一般选用压缩螺旋弹簧或碟簧组。如图 3-25 所示，首先调整预紧弹簧装置，使弹簧的最小负荷 F_1 大于卡紧力 F。此时，弹簧压缩行程为 f_1，卡紧机构行程 $L=0$。当液压缸工作压缩弹簧，使得弹簧压缩总行程为 f_2，卡紧机构行程 $L=L_{max}$ 时，卡紧机构处于完全打开状态（30mm）。此时弹簧的最大工作负荷为 F_2，这也是电极卡紧机构对液压系统和卡紧液压缸的最低要求。并且，在设计和调整卡紧机构时，还应确保弹簧的最大工作负荷 F_2 小于弹簧的工作极限负荷 F_{lim}（F_{lim} 可以从设计手册中查得）。否则，弹簧可能会产生非弹性变形。

图 3-25　螺旋压缩弹簧负荷变形图

为了加强弹簧的负荷能力，还可以采用组合弹簧，如图 3-26 和图 3-27 所示。比较而言，碟簧组合的负荷变形曲线更为合理。

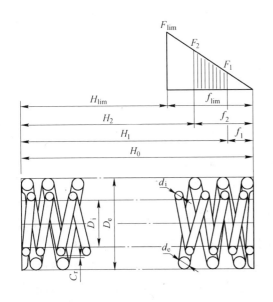

图 3-26　螺旋压缩弹簧组合负荷变形图

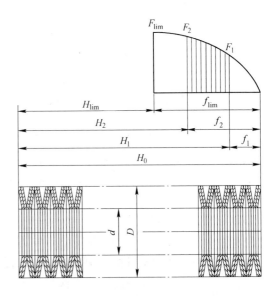

图 3-27　碟簧组合负荷变形图

电极卡紧机构的种类主要有拉杆式和顶杆式两种形式。

图 3-28 是拉杆式电极升降卡紧机构简图，由电极卡头、横臂或导电横臂、抱箍、拉杆装置、弹簧组和卡紧缸组成。水冷钢结构电极卡头，卡紧机构全部外置（即卡紧装置全部安装在横臂结构外部）。

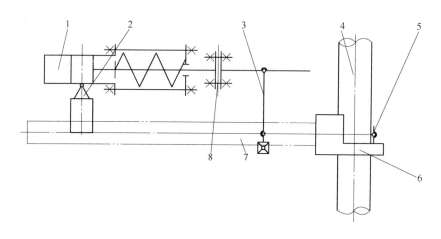

图 3-28   拉杆式电极升降卡紧机构简图

1—卡紧缸；2—油缸座；3—传动轴；4—电极；5—抱箍；
6—卡头；7—横臂；8—绝缘件

图 3-29 是顶杆式电极卡紧机构简图，由电极卡头、顶瓦、顶杆、弹簧装置、连杆机构和液压（或气）组成。卡紧机构全部外置。

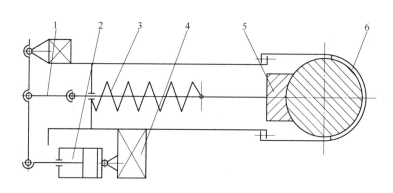

图 3-29   顶杆式电极卡紧机构简图

1—传动杆；2—卡紧缸；3—弹簧；4—油缸座；5—卡头；6—抱箍

图 3-30 为水冷导电横臂液压缸内置的电极卡紧机构简图，由抱箍、导电块、弹簧装置、拉杆、液压缸和导电横臂组成。卡紧方式采用"抱紧"，导电块安装在电极与水冷导电横臂之间。这种卡紧机构结构紧凑，刚性好，导电性能好，并且，采用铜钢复合板制成的水冷横臂，对置于其中的卡紧机构起到了很好的保护作用。设备的综合性能优于其他类型的卡紧机构，是目前应用最为广泛的电极卡紧机构。

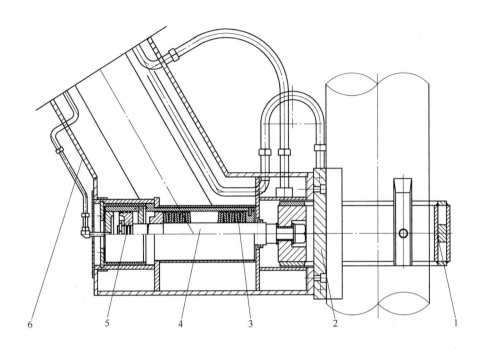

图3-30 液压缸内置在水冷导电横臂中的电极卡紧机构简图
1—抱箍；2—导电块；3—弹簧装置；4—拉杆；5—液压缸；6—导电横臂

3.7 炉门机构

炉门作为冶炼操作的主要通道，其大小及形式应满足加料、吹氧、除渣、补炉和炉内气氛保持等炼钢工艺操作的要求。炉门宽度一般为炉壳直径的0.2～0.3倍，炉门高度一般为炉门宽度的0.75～0.85倍。

炉门机构由炉门水箱、炉门和升降机构组成。炉门机构作用的重要性往往被人们忽略，有些人甚至认为炉门是个可有可无的装置。其实不然，炉门装置作为电弧炉设备的组成部分，同样起着非常重要的作用。炉门机构的设计应简单、可靠、实用，大小适中、高度合理、开闭自如。

下面介绍两种类型的炉门机构。

图3-31为绳轮式炉门升降机构简图，由炉门水箱、炉门、升降缸、绳轮组、轮轴及轴承座组成。机构运行平稳，是目前大中型电弧炉的首选。

图3-32是杠杆式炉门升降机构，由炉门、传动杠杆、动滑轮、定滑轮、升降缸和钢绳组成。机构简单，易维护，但使用效果一般，早期的小型电弧炉常使用。

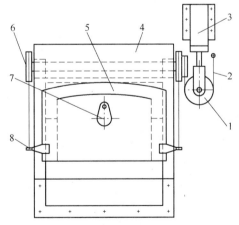

图3-31 绳轮式炉门升降机构简图
1—滑轮；2—链绳；3—液压缸；4—炉门水箱；5—炉门；6—轮轴组；7—窥视孔；8—炉门吊耳

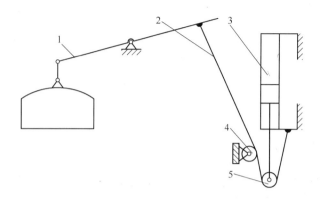

图 3-32 杠杆式炉门升降机构简图
1—传动杆；2—钢绳；3—炉门缸；4—定滑轮；5—动滑轮

3.8 电弧炉主供电系统

我国常用高压线路等级有 6kV、10kV、35kV、110kV 等。电弧炉主供电系统的作用就是将上一级变电站的三相高压电源，转变为可供电弧炼钢炉进行冶炼操作的工作电源。

电弧炉主供电系统的核心部件是电弧炉主变压器，其基本作用是将一次侧高压电转变为冶炼工艺所需要的二次电压。在电弧炉工程中，我们习惯将变压器高压侧的供电线路称为一次侧供电系统，将变压器低压侧的供电线路称为二次侧供电系统。

一次侧供电系统的主要元部件包括：负责送电的隔离开关，起保护作用的高压断路器和缓冲负载电流的电抗器以及改变电炉变压器一次线圈连接方式的电压转换器。

二次侧供电系统也称为短网系统（有关短网系统的具体内容将在 3.9 节中重点介绍）。

图 3-33 为三相交流电弧炉主电路简图。如图 3-33 所示，电弧炉的主供电系统主要由主变压器和一次侧供电系统及二次侧的短网系统组成。

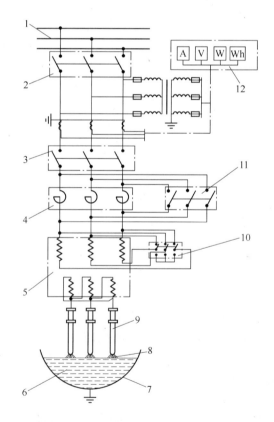

图 3-33 三相交流电弧炉主电路简图
1—高压母线；2—隔离开关；3—高压断路器；4—电抗器；
5—电炉变压器；6—钢液；7—炉壳；8—电弧；9—电极；
10—电压转换开关；11—电抗器短路开关；12—检测仪表

3.8.1　电弧炉变压器

3.8.1.1　简介

电弧炉变压器是电弧炉供电系统中最重要的设备。其作用是根据电弧炉冶炼的要求，提供所需的电压和电流。

由于电弧炉的工作特性，变压器经常处在冲击电流较大的尖峰负荷下工作，所以要求电炉变压器具有较大的过载承受能力（最大允许过载约为 20%～30%）和较好的结构强度。为了满足电弧炉炼钢不同工艺阶段的需要，还要求电弧炉变压器的二次侧电压可以根据冶炼工艺进程的要求进行调节。而采用有载调压设计的变压器对冶炼工艺操作更为有利，对电网电压波动的影响也相对较低。

变压器一次侧线圈有星形和三角形两种连接方式，通过转换开关改变连接方式可以改变二次侧电压。两种接法之间的关系是：$U_{星形} = U_{三角形}/\sqrt{3}$。此外，在一次侧线圈抽头也是电弧炉调整二次侧电压的主要方法。其调压方式有手动、电动和气动三种。需要特别注意的是：如果采用的是无载调压设计，则在转换电压操作前，必须先要切断变压器电源！

由于电弧炉变压器在整个电弧炉工程中的重要性，所以应选择有资质的专业厂生产。出厂检验应包括如下内容：

（1）电抗压降测定；

（2）绕组直流电阻测定；

（3）绝缘电阻测定；

（4）外施耐压测定；

（5）总损耗测定；

（6）油箱和储油柜的密封试验；

（7）绝缘油试验。

3.8.1.2　电弧炉变压器主要技术参数的确定

A　电弧炉变压器的额定容量

电弧炉变压器的额定容量 $S_{变}$ 是电弧炼钢炉最重要的设备参数，其数值的确定主要取决于电弧炉的公称容量 G 和熔化每吨钢所需电能 W 以及熔化所需的时间 $T_{熔化}$。

确定电弧炉变压器额定容量的经验公式如下：

$$S_{变} = \frac{GW \times 60}{T_{熔化}\eta_{电}\,\eta_{热}\,K_u\cos\varphi} \tag{3-19}$$

式中　$S_{变}$——电弧炉变压器的额定容量，kV·A；

　　　G——电弧炉公称容量一般低于实际平均装入量，取整数，t；

　　　W——熔化电耗，kW·h/t；主要与碳含量、用氧强度有关，参考值一般为 350～450kW·h/t，高碳钢并且用氧强度大时取小值，反之取大值（注：上述参考值仅适用于简单吹氧助熔，如采用高效燃氧枪助熔，W 值还会更低）；

　　　K_u——平均利用系数，一般为 0.85～0.9；

　　　$T_{熔化}$——熔化所需时间，min，依据生产节奏以及工艺设备的合理匹配，来选择理论熔化时间 $T_{熔化}$ 的最佳数值；

$\eta_\text{电}$——平均电效率，一般为 85% ~ 90%；

$\eta_\text{热}$——平均热效率，电弧炉容量越大热效率越高，一般为 65% ~ 90%（5t 以下的电弧炉取下限，75t 以上的电弧炉取上限，10 ~ 20t 的电弧炉取 75% ~ 80%，30 ~ 50t 的电弧炉取 80% ~ 85%）；

$\cos\varphi$——功率因数，一般取 0.8。

实例：电弧炉公称容量 $G = 30t$，熔化电耗 $W = 380\text{kW} \cdot \text{h}/\text{t}$，熔化时间 $T_\text{熔化} = 60\text{min}$，电效率 $\eta_\text{电} = 90\%$，平均热效率 $\eta_\text{热} = 80\%$，平均利用系数 $K_\text{u} = 90\%$。

代入经验公式（式 3-19）中计算变压器额定容量：

$$S_\text{变} = \frac{30 \times 380 \times 60}{60 \times 0.9 \times 0.8 \times 0.9 \times 0.8} \approx 21990\text{kV} \cdot \text{A}$$

则变压器额定容量取值为 22000kV · A。

B　电弧炉变压器一次侧和二次侧电压的确定

电弧炉变压器一次侧电压是根据上一级电网变电所输送电压等级而定的，国内常见电压等级有 6kV、10kV、35kV 等。一次侧电压越高，对减轻电压闪变现象越有利。已有一次侧电压为 220kV 直接降压供电的电炉变压器，使系统的短路功率大于电炉功率近百倍。

在确定电弧炉变压器的二次侧电压时，首先要保证电弧稳定，并根据工艺要求确定合理的弧长。其次要根据冶炼各阶段的不同要求制定电压等级（一般为 4 ~ 10 级或更多），并确定合理的调压方式，如有级无载调压、有级有载调压和无级有载调压。最高二次电压值的确定，除取决于变压器的额定容量外，还主要取决于电弧炉的回路电抗。也可根据经验公式估算出二次侧电压的最高值，估算方法如下：

$$V_\text{m} = C\sqrt[3]{S_\text{变}} \tag{3-20}$$

式中　V_m——二次侧电压最高值，V；

　　　C——系数，一般取 $C = 13 \sim 17$（如取 $C = 16$，$S_\text{变} = 22000\text{kV} \cdot \text{A}$，则 $V_\text{m} = 448\text{V}$）。

C　电弧炉变压器额定电流的确定

二次侧电压最高值确定后，即可根据下式求得电弧炉变压器的额定电流：

$$I_\text{e} = S_\text{变} / (\sqrt{3}V_\text{m}) \tag{3-21}$$

式中　I_e——变压器额定电流，A；

　　　V_m——二次侧电压最高值，V。

实例：变压器额定容量 $S_\text{变} = 22000\text{kV} \cdot \text{A}$，二次侧最高工作电压 $V_\text{m} = 448\text{V}$，则：变压器的额定工作电流 $I_\text{e} = 22000000 \div 1.732 \div 448 \approx 28353\text{A}$。

D　电弧炉变压器最大负荷的确定

电弧炉熔化期最大负荷相当于变压器额定容量的 1.2 倍。用冶炼周期负荷曲线法计算电弧炉最大负荷 P_js、Q_js 和 S_js 时应按下式确定。

当有一台电弧炉时：

$$P_\text{js} = 1.2S_\text{e}\cos\varphi_1 \tag{3-22}$$

$$Q_\text{js} = P_\text{js}\tan\varphi_1 \tag{3-23}$$

$$S_\text{js} = \sqrt{P_\text{js}^2 + Q_\text{js}^2} \tag{3-24}$$

当有数台电弧炉时，其计算负荷为：

$$P_{js} = 1.2\cos\varphi_1\Sigma(n_1 S_{e1}) + 0.66\cos\varphi_2\Sigma(n_2 S_{e2}) \tag{3-25}$$

$$Q_{js} = 1.2\sin\varphi_1\Sigma(n_1 S_{e1}) + 0.66\sin\varphi_2\Sigma(n_2 S_{e2}) \tag{3-26}$$

式中 P_{js}——有功功率，kW；

$\quad\quad Q_{js}$——无功功率，kvar；

$\quad\quad S_{js}$——视在功率，kV·A；

$\quad\quad S_e$——电弧炉变压器的额定容量，kV·A；

$\quad\quad \cos\varphi_1$——电弧炉熔化期的功率因数，取 $\cos\varphi_1 = 0.85$；

$\quad\quad \sin\varphi_1$——电弧炉熔化期的功率因数角的正弦值（当 $\cos\varphi_1 = 0.85$ 时，$\sin\varphi_1 = 0.53$）；

$\quad\quad \tan\varphi_1$——电弧炉熔炼期功率因数角的正切值；

$\quad\quad \cos\varphi_2$——电弧炉精炼期的功率因数，取 $\cos\varphi_2 = 0.9$；

$\quad\quad \sin\varphi_2$——电弧炉精炼期的功率因数角的正弦值（当 $\cos\varphi_2 = 0.9$ 时，$\sin\varphi_2 = 0.44$）；

$\quad\quad S_{e1}$——熔化期变压器的容量，kV·A；

$\quad\quad S_{e2}$——精炼期变压器的容量，kV·A。

表 3-2 为多台电弧炉不同冶炼期分布台数的统计表。

表 3-2 多台电弧炉不同冶炼期分布台数的统计

总台数 n	计算熔化期台数 n_1	计算精炼期台数 n_2	总台数 n	计算熔化期台数 n_1	计算精炼期台数 n_2
3	2	1	5	3	2
4	2	2	6	3	3

注：n_1 设定为熔化期的电弧炉台数；n_2 设定为精炼期的电弧炉台数。

3.8.1.3 电弧炉变压器的实验

由于电弧炉变压器在电弧炉工程中的重要性，对电弧炉变压器进行检测试验是电弧炉工程的一项重要工作，检测试验的基本项目如下。

A 变压器的空载试验

根据空载试验可以求出变压器的变比 K、空载电流 I_0 和空载损耗 P_0。图 3-34 为单相变压器空载试验接线图。

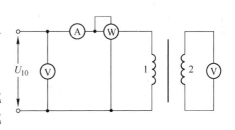

图 3-34 单相变压器空载试验接线图

读取原边和副边电压表的数值，计算变比：

$$K = U_{10}/U_2$$

式中 U_{10}——原边电压表读取电压数值，V；

$\quad\quad U_2$——副边电压表读取电压数值，V。

电流表 A 所记录的就是空载功率 P_0。

由于在空载条件下，铁芯中磁通是正常运行工作时的数值，所以，铁芯中磁滞和涡流损耗（总称铁损）相当于正常工作时的数值。又由于副绕组中无电流，原绕组中空载电流 I_0 远小于 I_1 的额定值，因此，绕组电阻引起的铜损可忽略不计。于是，可以认为空载输入功率就等于变压器铁损。

B 变压器短路试验

根据短路试验可以测得变压器的短路电压。短路电压亦称阻抗电压，因为短路电压直

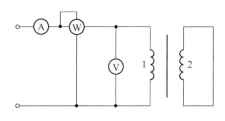

图 3-35 单相变压器短路试验接线图

接反映了变压器绕组的电阻和漏电抗。图 3-35 为单相变压器短路试验接线图。

短路试验的具体方法是：将变压器副边短路，原边通过调压器接到电源。试验时使变压器原边电流达到额定值，此时，副边电路中的电流也将达到额定值。测量此时所加电压、电流和功率。短路试验时，所加电压 U_1 只是变压器的绕组电阻和漏电抗上的电压降，即 $U_1 = I_1 Z_{d2}$。当 $I_1 = I_{1e}$ 时，所测得的电压 U_1 等于变压器的阻抗电压 U_{d2}，这也就是阻抗电压又是短路电压的原因。短路电压常用百分数表示，见下式：

$$U_{de} = \frac{U_{d2}}{U_{1e}} \times 100\% = \frac{Z_{de} I_{1e}}{U_{1e}} \times 100\%$$

式中　　U_{de} ——变压器的短路电压，% ；

　　　　U_{d2} ——变压器的阻抗电压，V，$U_{d2} = U_1 = I_1 Z_{d2}$；

　　　　U_{1e} ——变压器原边额定电压，V ；

　　　　Z_{de} ——短路阻抗，Ω ；

　　　　I_{1e} ——原边额定电流，A。

由于试验时所加 U_1 远小于额定值，因而，铁芯中主磁通很小，铁芯中损耗很小可忽略不计，于是功率 P_1 将是绕组电阻引起的损耗，称为铜损。

3.8.1.4　电弧炉变压器的冷却

由于电弧炉变压器长时间在大电流下工作，不可避免要产生一定的热量，当热量达到一定值时，将会对变压器造成损害。因此电弧炉变压器的冷却非常重要，一般要求变压器线圈温度控制在 90℃ 以下。变压器的冷却主要有油浸自冷和油循环强制水冷两种方式。实际采用较多的是强制油水冷却（图 3-36），并且一般还要求设置 1~2 套备用油水冷却器。对于强制油水冷却的工程设计注意事项是：油压大于水压，确保水不会渗漏到油内。

3.8.1.5　变压器的实时检测

由于电弧炉变压器经常在短路或强过载冲击电流的状态下工作，为保证电弧炉安全稳定地运行，

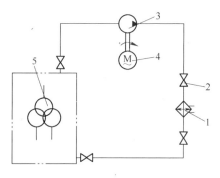

图 3-36　变压器冷却系统原理图
1—冷却器；2—截止阀；3—油泵；
4—电机；5—变压器

应该有完善的内部检测系统。电弧炉变压器内部系统的检测装置如下：

（1）油温检测；

（2）冷却水温检测；

（3）油气瓦斯检测；

（4）油枕油面位置检测；

（5）冷却水流量检测；

（6）油流量检测；

（7）防止油水冷却器漏水的油中水分检测。

上述检测都应该是实时监控，并设置合理的自动报警等级线和相应的应急措施，如红灯报警、声讯报警直至保护性跳闸断电。

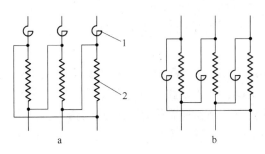

图 3-37 电抗器接线图
1—电阻抗；2—高压线圈

3.8.2 电抗器

电抗器由开放型的铁芯、单绕组线圈和外壳组成。交流电弧炉的电抗器，一般串联在变压器高压侧或接在高压线圈的相间，以增加供电电路的感抗，从而达到稳定电弧、减少跳闸次数、限制短路电流和减少对电网冲击的目的。串接于电路或接于相电路两种接法均可，两种接法从效果来看没有区别。

图 3-37 为电抗器两种接法的原理图：a 为高压侧串联接法，b 为高压线圈相间接法。直流电弧炉电抗器的连接方法不同于交流电弧炉，一般是串接在变压器的低压侧（具体连接方法将在 3.8.6 节中介绍）。

从另一个方面来讲，电抗器的加入，增加了电路的电感量，使无功功率损耗增加，功率因数降低，从而变压器的输出功率相应受到影响。为了使这一影响降到最低，在工程设计中，还应设置甩电抗装置（即将电抗全部线圈短接）。以方便操作人员根据炼钢工艺进程灵活操作（即：当在熔化期电流不稳定时，进行带电抗操作。当进入电流稳定期时，进行甩电抗操作）。对于短网电抗已经足够大或已在变压器内设有电抗装置的电弧炉，可不用再另设电抗器。

需要指出的是，有些企业只是单纯地为了节省工程投资，而省略了电抗器的建设，这从长远的观点来看是得不偿失的。

3.8.3 高压断路器

高压断路器的作用是在负载短路电流过大或电气设备发生故障时，自动切断高压电路，使系统不被损坏。高压断路器的种类有：油开关、空气开关、真空开关、SF6 气体熄弧开关等。目前，使用真空开关的电弧炉较多。

下面介绍几种电弧炉工程中常见的高压断路器。

（1）油断路器：图 3-38 为油断路器示意图。其开关的闭合机构装在存有变压器油的箱体内，开关触头浸在油介质中。当触头分离拉弧时，高温电弧使油分解，产生氢气，迫使电弧熄灭。油介质不宜装满，要留有空

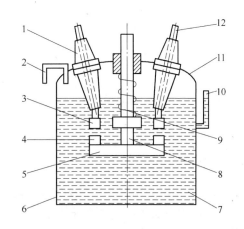

图 3-38 油断路器示意图
1—绝缘套管；2—排气管；3—静触头；4—活动触头；
5—铜横梁；6—铜壳；7—变压器油；8—活动杆；
9—弹簧；10—油标管；11—盖子；12—导电铜芯

间。并且要经常对油介质进行调换，以免因油变质而发生事故。

（2）电磁式空气断路器：图3-39为电磁式空气断路器示意图。电磁式空气断路器一般设计成小车的形式，车架座上装有电磁操纵机构，在强磁场的作用下，电弧快速进入灭弧室，在空气介质中，弧柱快速拉长并冷却。从而达到顺利灭弧的目的。空气断路器与油开关相比，具有灵敏度高、无需换油、结构简单、维修方便等特点，并且安全性能也优于油开关。因此，目前大多数电弧炉都已用空气断路器代替油断路器。

（3）真空断路器：图3-40为真空断路器示意图。真空断路器是利用真空中交流电过零点时自然灭弧原理的一种新型断路器。一般来说，真空断路器的断弧能力更强，体积更小，维护量也相对较小。电弧炉工程所采用的真空断路器通常采用落地式结构，上部为真空灭弧室，电磁操纵机构安装在下部，通过绝缘子，在真空室内完成接通或分断，适用于通断比较频繁的工作场合。保持清洁是真空断路器维护的重点。

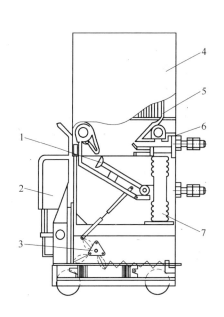

图3-39 电磁式空气断路器示意图

1—动触头；2—操作机构；3—传动机构；4—绝缘隔板；
5—灭弧室；6—静触头；7—支柱绝缘

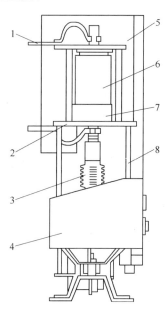

图3-40 真空断路器示意图

1—压板；2—绝缘撑板；3—绝缘子；4—外罩；
5—绝缘隔板；6—真空灭弧室；
7—绝缘碗；8—绝缘杆

3.8.4 隔离开关

隔离开关由框架、绝缘子、闸刀和触头组成（图3-41），用于切断电弧炉高压电路的总电源。隔离开关没有灭弧装置，操作时要确保负载电流为零，严禁带负荷操作。为了防止误操作，工程中常在隔离开关与断路器之间设置连锁装置，使断路器闭合状态时隔离开关无法操作，并在隔离开关附近的显著位置安装显示高压断路器工作状况的指示灯。在电弧炉工程中，隔离开关的操作方式有手动、电动、气动三种形式。当进行手动作业时，操作人员一定要穿戴好防护用品（如绝缘手套）并站在符合安全标准的绝缘垫上进行操作。

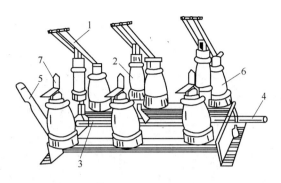

图 3-41　隔离开关

1—动触头；2—拉杆绝缘子；3—拉杆；4—转动轴；

5—转动杠杆；6—支持绝缘子；7—静触头

3.8.5　检测计量装置

电弧炉是一种高耗能的工业生产设备，要求具有准确的能耗计量装置，并且炉前操作人员需要随时掌握和监视供电参数的变化情况，也需要具备精准可靠的仪表检测装置。检测计量装置主要由电流互感器、电压互感器、二次仪表（包括电流表、电压表、功率表等）组成。

3.8.6　直流电弧炉主供电系统与交流电弧炉主供电系统的区别

与交流电弧炉供电系统对比，直流电弧炉的最大区别是增加了大电流整流装置，并且直流电抗器的安装位置不同于交流电弧炉，一般都是串接在低压侧整流装置后面。还有一个区别是直流电弧炉变压器的结构较为复杂，这是由于为了降低高次谐波的发生量，要尽量增大整流相数，所以要求直流电弧炉的变压器低压侧必须具有多个绕组并且相互之间还要具有一定的相位差。

直流电弧炉的整流方式一般采用晶闸管整流电路。利用晶闸管整流的动态负载特性来稳定电弧的工作点，独立控制电弧电流和电弧电压，还可将工作短路电流限制在设备的额定或预选值范围内。在表 3-3 中介绍了三种常用的晶闸管整流接线方式、原理及应用特点。

表 3-3　晶闸管整流电路类型简介

类　型	原　理　图	简　介
三相全控桥式整流		它为 6 脉冲三相全控桥式整流电路，简单经济，适用于三相交流电弧炉改造，原变压器可利用。整流电路是由两组三相半波电路串联而成的。一组晶闸管阳极连接后经电抗器接至直流炉阴极（石墨电极），另一组阳极连接后接至直流炉底阳极。6 脉冲整流电路可产生 5、7、11、13、17、19、…、$6k \pm 1$ 序次的谐波电流

类 型	原 理 图	简 介
双反星形整流电路	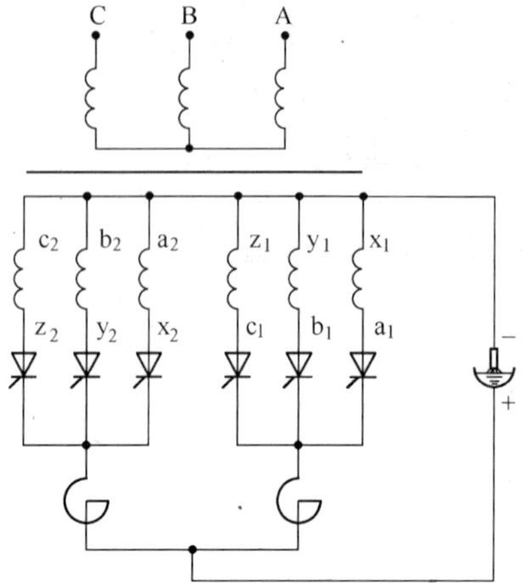	它为 6 脉冲双反星形整流电路，适用于新建的中小型直流电弧炉。电路为两组半波整流电路并联而成的，每组只承担总负载电流的 1/2。因此，其供给整流电流的能力是三相全控桥式整流电路的 1 倍。二次侧两套同样的三相绕组都接成星形，但是两组线圈极性反接，这样可抵消变压器中的直流磁势。其实，也可以把双反星形看成六相星形接法，各项电压有效值相等，相位角相差 60°，各相绕组的另一端各接一晶闸管的阳极，晶闸管的阴极按照组别连接，再经直流电抗器连接至底阳极
12 脉冲桥式整流电路	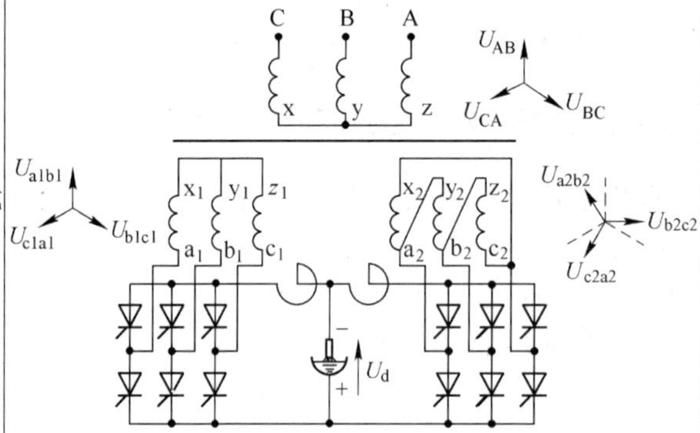	它为 12 脉冲桥式整流电路，适用于新建大中型（20t 以上）直流电弧炉。其原理是将整流变压器二次侧线圈分成两个绕组，一组按三角形接法，另一组按星形接法。两组线电压有效值相等，对应线电压的相位差为 30°。两个绕组分别接在两组三相桥式整流电路上，两组三相桥并联组成一个 12 相整流电路，得到每周期 12 个波峰的直流脉动电源。产生 11、13、23、25、35、…、12k ± 1 序次的谐波电流。与 6 脉冲整流电路相比，12 脉冲整流电路的电压脉动系数较小，注入电网的谐波电流含量较小，变压器的利用率较高

3.9 短网系统

3.9.1 短网系统的组成

自变压器二次出线端至电极末端的所有连接部件统称为短网系统。图 3-42 是一个比较典型的电弧炉短网系统的立面布置图。如图 3-42 所示，短网系统主要由导电铜排（或铜管）、补偿器、水冷母线、导电横臂、电极卡头和石墨电极组成。由于短网是传导低电压大电流的导体，短网系统设计和选择得合理与否，不仅直接影响到电弧炉供电系统的效率与损耗，而且对电弧炉操作性能和使用性能起着至关重要的作用。所以我们在这里将短网系统视作电弧炉工程的一个重要组成部分。

为了加深大家对电弧炉短网系统的了解，根据零部件工作状况和在短网系统中所处位置的不同，本文又将短网系统分为四段：

第一段是变压器低压侧出线端至变压器室外水冷母线接头。这一段是由导电性能良好

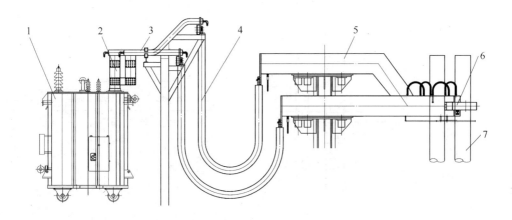

图 3-42　电弧炉短网系统的立面布置图
1—变压器；2—补偿器；3—铜排（铜管）；4—水冷母线；
5—导电横臂；6—卡头；7—电极

的铜排（或水冷铜管）和补偿器按一定顺序和设计规范连接而成。该段短网的工作状态相对稳定，所有部件按设计要求均为固定安装。

第二段是独立成型的水冷母线。水冷母线的一端与第一段的末端连接固定，另一端连接导电横臂并跟随电极横臂运动。在短网设备系统中，水冷母线的标准化程度最高。

第三段是导电横臂（也可称为电极把持横臂）。导电横臂的零部件多，结构复杂，不仅运动幅度大，并且还要在高温粉尘的恶劣环境中承受频繁的机械振动。

第四段是石墨电极。从导电横臂的夹持部位至电极最下端，是短网导电系统的最后一段导体。石墨电极不属于设备范畴，是电弧炉冶炼必不可少的工艺消耗材料。

3.9.2　短网系统中的主要部件介绍

3.9.2.1　导电铜排（或铜管）

在电弧炼钢炉工程技术中，对短网系统中的导电铜排（或铜管）要求如下：

（1）合理选择导电截面积：如果截面积太小，则在大电流工作时铜板发热，造成能量损耗甚至损坏短网。但如果铜排的截面积太大，则会造成工程浪费。一般要求导电铜排截面积的最大电流密度应在 $30 \sim 40 A/cm^2$。

（2）要选择一定的长宽比，这是为了克服交流电集肤效应和平行导体磁场力对短网的影响。一般要求铜排截面长宽比为 $10 \sim 20$。在有些情况下，也可采用水冷铜管代替铜排，这样会相应提高该处短网的许用电流密度，从而节省铜材。

（3）导电铜排的连接部位要求确保紧密牢固。除连接孔需要配钻外，连接螺栓要选用奥氏体不锈钢材料加工。

（4）导电铜排端头伸出变压器室墙外，需用绝缘材料夹牢并固定。布置方式有三相平行布置和三角形布置（图 3-43 和图 3-44）。平行布置常用于小型电弧炉，三角形布置是为了改善短网系统的三相阻抗不平衡而设计的，一般应用于大中型电弧炉。

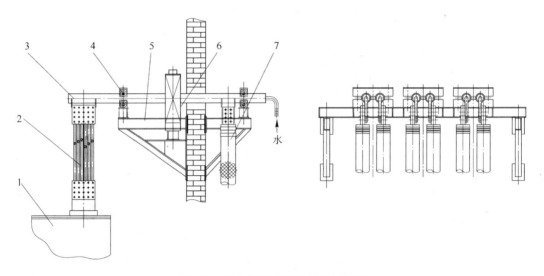

图 3-43 导电铜排端头三相平行布置

1—变压器；2—补偿器；3—导电短网；4—木卡；5—支撑架；6—电流互感器；7—水冷母线

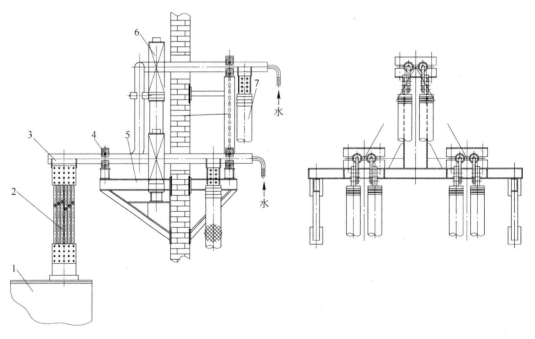

图 3-44 导电铜排端头三角形布置

1—变压器；2—补偿器；3—导电短网；4—木卡；5—支撑架；6—电流互感器；7—水冷母线

3.9.2.2 补偿器

在第一段短网的安装施工过程中，可能会存在安装误差。电弧炉在使用过程中，也会因为种种原因造成某一部分短网结构变形。补偿器的作用就是在保持良好的导电性能的同时，消除这些误差和变形对短网造成的影响。

常用的补偿器有空冷板式补偿器（图 3-45）和水冷管式补偿器（图 3-46）。当采用导电铜排时，应使用空冷板式补偿器。当采用水冷铜管时，一般使用水冷管式补偿器。当然也可以根据现场实际情况进行混合应用。补偿器的导电性能应优于导电铜排（或铜管），并且还应具备一定的柔软性，以便能起到位置补偿作用。

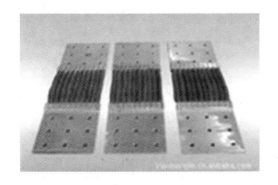

图 3-45 空冷板式补偿器

图 3-46 水冷管式补偿器

3.9.2.3 水冷母线

在短网系统中，水冷母线的实际工作电流密度比较大，并且在电弧炉的整个运行期间，还要不断地经受弯曲、扭转、拉伸、撞击、摩擦等作用力的考验。因此，在电弧炉短网系统中，对水冷母线有许多特殊要求。除导电性能外，还要具备抗弯曲疲劳、抗纵向拉伸、抗横向冲击和良好的外套绝缘及水冷密封性能。

在现代电弧炉工程技术中，集成水冷母线的应用已经非常普及。并且，在工程上集成水冷母线已经基本形成了标准化和系列化。

图 3-47 为全水冷导电横臂结构示意图。如图 3-47 所示，它是采用集束式电缆与特制的中心透水胶管按一定的工艺制作方式编绞而成。母线两端压装水冷导电铜接头，母线外套高强度绝缘橡胶套管和保护套圈。

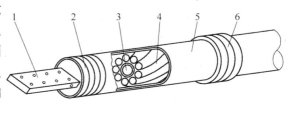

图 3-47 全水冷导电横臂结构示意图
1—导电接头；2—不锈钢钢箍；3—中心管；
4—铜线；5—橡胶管；6—保护套

在集成水冷母线的选型与工程安装施工过程中，应注意如下事项：

（1）正确选择水冷母线导电截面积、规格长度和安装施工方式。

（2）母线的弯曲半径必须不小于规定值（许用安全弯曲半径）。

（3）正确选择吊装工具和吊装方法，避免导电面或母线外套损坏。

（4）连接螺栓应选用无磁材料，并且应加装止退弹簧垫圈。

（5）母线缓冲防护套的位置要与相邻母线的缓冲防护套相互对应，使防护套起到应有的防护作用，延长水冷母线的使用寿命。

（6）母线冷却水的连接可以根据现场情况串联施工，但是串接数量最好不要超过两根，以免影响水冷母线的冷却效果。

表 3-4 列出了水冷母线正确与错误的安装方法和母线长度的计算方式，表 3-5 列举了部分不同规格电弧炉变压器对应的集成水冷母线型号，表 3-6 为部分集成水冷母线的规格

参数和结构尺寸的对照表。

表3-4 水冷母线安装方法示意和母线长度的计算方式

错 误 方 式	正 确 方 式
母线长度尺寸选取过短，影响电极行程。并且，母线受损 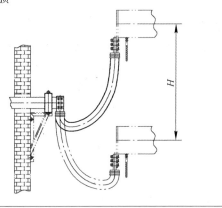	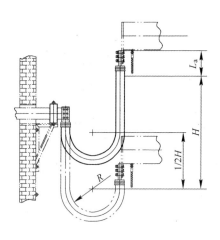
第一段短网安装（出墙）位置有误，过高则电极下行受阻，过低则电极上行受阻 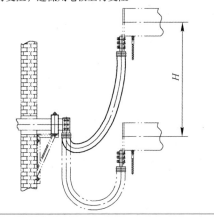	母线长度　$L = H/2 + \pi R + L_a \times 2 + C$ 式中　H——电极最大行程； 　　　R——母线的许用安全弯曲半径； 　　　L_a——母线端头的硬直段长度； 　　　C——母线横拉位移长度补偿（LF炉 $C=0$）
母线的安装弯曲半径小于母线的许用安全弯曲半径 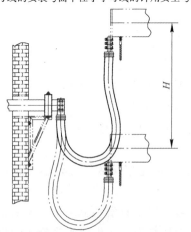	

表3-5 部分不同规格电弧炉变压器对应的集成水冷母线型号

电弧炉变压器参数		集成水冷母线参数		
额定容量/kV·A	额定电流/A	型 号	截面积/mm²	根 数
650	1880	SDL500	500	1
1250	3440	SDL900	900	1
1600	4399	SDL1200	1200	1
2000	5499	SDL1200	1200	1
2200	5780	SDL1600	1600	1
2500	6561	SDL1600	1600	1
3200	7710	SDL2000	2000	1
4000	9623	SDL2500	2500	1
5000	12029	SDL3000	3000	1
5500	12210	SDL3000	3000	1
6300	13900	SDL3500	3500	1
8000	17765	SDL4000	4000	1
9000	17310	SDL4000	4000	1
10000	24065	SDL3000	3000	2
12500	21210	SDL3000	3000	2
16000	30287	SDL40000	40000	2
18000	27380	SDL3500	3500	2
20000	33962	SDL40000	4000	2
25000	33600	SDL4000	4500	2
32000	38530	SDL4500	5000	2
40000	48619	6000	6000	2
50000	54467	4000	4000	3
63000	62176	4500	4500	3
80000	69982	6000	6000	3

表3-6 部分集成水冷母线的规格参数和结构尺寸的对照

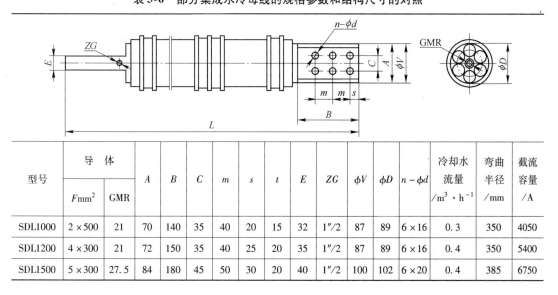

型号	导 体		A	B	C	m	s	t	E	ZG	φV	φD	n-φd	冷却水流量/m³·h⁻¹	弯曲半径/mm	截流容量/A
	Fmm²	GMR														
SDL1000	2×500	21	70	140	35	40	20	15	32	1″/2	87	89	6×16	0.3	350	4050
SDL1200	4×300	21	72	150	35	40	25	20	35	1″/2	87	89	6×16	0.4	350	5400
SDL1500	5×300	27.5	84	180	45	50	30	20	40	1″/2	100	102	6×20	0.4	385	6750

型号	导体		A	B	C	m	s	t	E	ZG	ϕV	ϕD	$n-\phi d$	冷却水流量 /m³·h⁻¹	弯曲半径 /mm	截流容量 /A
	$F \text{mm}^2$	GMR														
SDL1600	4×400	29.5	90	180	50	50	30	20	40	1″/2	100	102	6×20	0.4	400	7200
SDL1800	6×300	30.5	90	180	50	50	30	20	40	1″/2	100	102	6×20	0.5	420	8100
SDL2000	5×400	29.5	90	190	50	50	30	25	40	1″/2	100	102	6×20	0.5	420	9000
SDL2400	6×400	35.5	100	210	60	60	30	25	45	3″/4	112	114	6×22	0.5	430	10800
SDL2500	5×500	35.5	100	220	60	60	30	25	45	3″/4	112	114	6×22	0.5	435	11250
SDL2800	7×500	40	114	220	60	60	30	25	50	3″/4	125	127	6×22	0.6	450	12600
SDL3000	6×500	39	114	240	60	65	30	25	50	3″/4	125	127	6×22	0.6	480	13500
SDL3200	8×400	49	122	245	65	70	40	30	55	1″	139	142	6×22	0.8	490	14400
SDL3600	9×400	51	130	285	65	65	40	30	55	1″	143	146	8×20	0.9	580	16200
SDL4000	8×500	52	136	300	70	65	40	30	60	1″	149	152	8×22	0.9	650	18000
SDL4500	9×500	55.5	147	300	70	65	40	30	60	1″	156	159	8×22	1	660	20250
SDL5000	10×500	72	162	315	80	70	40	30	60	1″	189	192	8×22	1	700	22500
SDL5500	11×500	72	172	320	85	70	40	30	65	1″	189	192	8×24	1.1	750	24750
SDL6000	12×500	77	186	320	90	70	45	30	70	1″	200	203	8×24	1.2	800	27000

3.9.2.4　电极把持横臂（导电横臂）

传统的电极把持横臂是由横臂架构、水冷导电铜管、导电尾座、铜管固定压板、调整装置、电极卡头和卡紧装置组成（图3-48）。该型电极把持器各部件的功能比较单一，整体结构比较复杂，连接点较多。不仅导电能力受到一定程度的限制，并且在整个短网系统中，这一段的故障率最高。

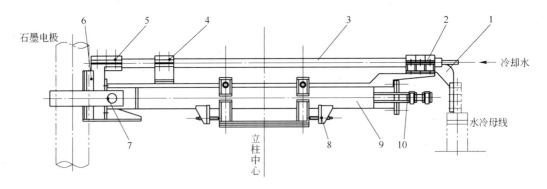

图 3-48　传统的电极把持横臂

1—导电尾座；2—尾座压盖；3—导电铜管；4—铜管固定压板；5—卡头压盖；
6—电极卡头；7—抱箍；8—调整装置；9—横臂；10—卡紧装置

水冷导电横臂技术的出现，使短网系统中的这一薄弱环节得到了改善。水冷导电横臂具有支撑石墨电极、连接电极卡头和母线、传导电能的多重功能。而且，增大了导电能力，减少了连接点，简化了外形结构并通过对整体横臂的强制水冷，使横臂的稳定性得到了加强。在电弧炉运行过程中，这一段短网的故障率大大降低。

水冷导电横臂的主体结构是用铜钢复合板焊接而成的，一般焊接成箱体结构。箱体外表面为铜面，用于导电，内壁钢面可制成通体水冷。卡紧机构安装在横臂前端，直接控制抱箍，省去了连杆机构，减少了故障点。箱体中空，用于安装电极卡紧机构。图3-49为水冷导电横臂结构图。铜钢复合板的铜板层的厚度一般要求大于5mm，根据炉型大小确定钢层厚度，钢板层厚度一般在10~20mm。钢板层太薄会造成横臂整体结构的稳定性降低，铜板层薄则导电性能下降。

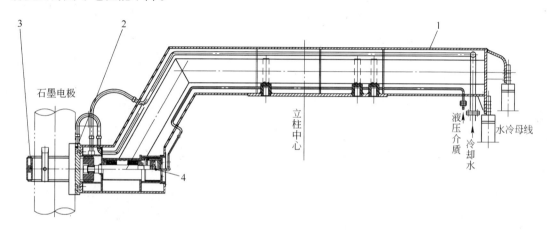

图 3-49　水冷导电横臂结构图
1—导电横臂；2—导电块；3—抱箍；4—卡紧装置

3.9.2.5　导电块

为了避免因电极卡头导电面与石墨电极直接接触发生磨损和氧化，提高电极卡头的导电性能和使用寿命，在水冷卡头导电面和石墨电极之间安装一个可随时更换的过渡导体——导电块。

导电块是采用导电性能良好并具备一定强度和耐磨性能的铜材制成的，中间通水冷却（图3-50）。为确保一定的导电面积，导电块与电极的接触弧长约为电极直径的1/3。导电块高度约等于电极直径尺寸。在电弧炉的运行过程中，要求保持导电接触面平整，无氧化层，并且更换方便。导电块是短网系统中的易损件，应定期检查更换，并且更换操作简便易行。

3.9.2.6　石墨电极

石墨电极是短网系统中电阻值最大从而产生电压降最大的一段导体，整个短网产生的能量损耗有近一半来自于石墨电极。石墨电极也是电弧炉炼钢的主要工艺消耗材料之一。石墨电极的生产制作成本很高，吨钢电极消耗指标是除电耗外对电弧炉冶炼成本影响最大的技术经济指标。因此，石墨电极的正确选用，对于电弧炉工程来说非常重要。

石墨电极具有很好的高温特性，是目前导电材料中能够承受电弧阴极斑点高温的最佳选择，在高温状态下具有很高的抗弯强度。随着温度的升高，石墨电极的线膨胀系数迅速增加、导热系数下降、固有电阻系数增加、杨氏模量增大。但是值得注意的是，随着温度

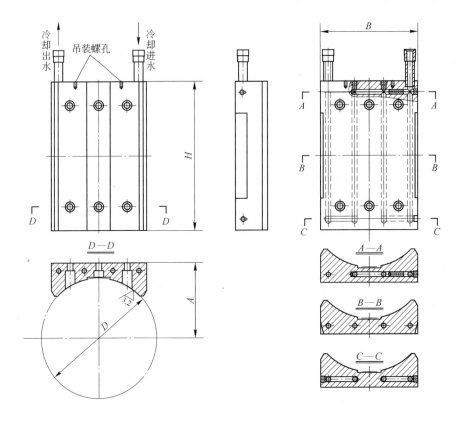

图 3-50 导电块机构图

的升高，在石墨电极物理性能变化的同时，其各向异性也会随之增大。掌握了石墨电极的物理特性，有利于我们更加合理地使用石墨电极。表 3-7 是高功率石墨电极材料物理特性的参考值。

表 3-7 石墨电极材料物理特性的参考值

性能 物理项目	材料各向异性	
	长度方向	直径方向
密度/g·cm^{-3}	1.7	1.7
熔点/℃（升华）	3650	3650
抗拉强度/MPa（常温）	7	5
比强度（常温）	41	29
线膨胀系数/℃$^{-1}$（常温~100℃）	1.0×10^{-6}	2.0×10^{-6}
导热系数/kJ·(m^2·h·℃)$^{-1}$（常温）	376.8	418
固有电阻/μΩ·cm（常温）	500	800
杨氏模量/MPa（常温）	1.1×10^4	0.55×10^4
泊松比（常温）	0.2	0.2

超高功率的电弧炉要求选择高强度、高密度、低阻抗的石墨电极（体积密度大于 $1.65g/cm^3$，电阻小于 $6.0\mu\Omega \cdot m$）。电极直径规格的选择依据参考主要是电流密度。交流电弧炉石墨电极的电流密度一般要求在 $20A/cm^2$ 以下，而直流电弧炉石墨电极的电流密度一般要求为 $25A/cm^2$ 以下。根据经验，电极端头的电流密度为 $45 \sim 50A/cm^2$ 比较理想。在表3-8中列举几个不同炉型、吨位和变压器容量，选择石墨电极直径的参考范例。

表3-8 石墨电极直径选用参考范例

电 弧 炉		石墨电极直径/mm	
公称吨位/t	变压器容量 （额定工作电流参考值）	应用于三相交流	应用于直流
15	5.5MV·A (12kA)	φ350	φ400
30	16MV·A (23kA)	φ400	φ450
50	32MV·A (37kA)	φ500	φ550
70	56MV·A (57kA)	φ550	φ600
100	90MV·A (73.5kA)	φ600	φ700

电极消耗的表现形式主要为电极端头的烧损、电极表面外皮的氧化剥落、电极的意外折断及电极连接丝扣松动直至碎裂。减少石墨电极消耗是降低电弧炉生产成本的重要措施之一。根据石墨电极消耗的机理，在现代电弧炉炼钢应用技术中，为了降低电极消耗一般会采取如下措施：

（1）电极表面的水冷喷淋技术——降低电极表面温度，减少电极表面氧化。图3-51是电极喷淋装置示意图。该装置的组成和原理比较简单，在电极卡头的下面，安装环形水管，水管内环处安装喷头，当电极温度升至一定值时，喷淋电极表面进行强制降温，以减少电极表面氧化。

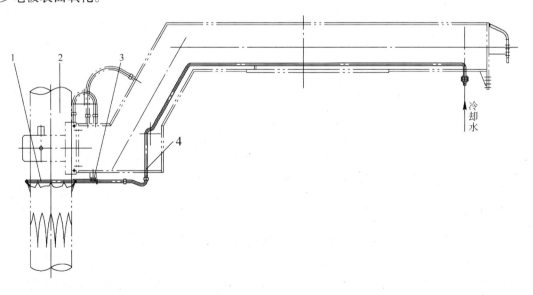

冷却水

图3-51 电极喷淋装置示意图
1—喷淋水圈；2—电极；3—固定托架；4—水管

该项技术的关键是喷吹压力和水量的控制，以及喷淋时机的把握。为了确保冷却水既能均匀有效地喷淋到电极表面上，又不会流入炉内。可在炉盖电极水圈上加装气密封环，使电极表面上来不及蒸发的冷却水及时雾化。

实践证明，该装置虽然简单，但是效果明显，可降低电极消耗 10% ~ 20%。

（2）精细炉前操作，减少非正常电极损耗。据统计，有些生产厂家由于操作不精细致使电极的非正常损耗约占电极总消耗的 20% 以上。精细炉前操作首先体现在熔化期合理布料和供电，从而杜绝塌料折断电极；其次要正确用氧，降低电极侧表面的氧化速度。还有在衔接电极的操作时，应注意先将电极接头部位清理（吹扫）干净并按规定力矩旋紧，确保接触面紧密连接，导电良好。

（3）应用直流电弧炉技术，降低电极消耗。应用直流电弧炉技术是现代电弧炉应用技术中，降低电极消耗最有效的方法。电极消耗最少能降低 50% 以上。

（4）正确选择石墨电极规格参数。将电极端头电流密度控制在一定范围内，也可以在一定程度上控制电极端头的消耗。根据经验，电极端头的电流密度为 45 ~ 50A/cm^2 比较理想。

（5）还有一些其他的方式可以降低石墨电极的消耗，比如电极涂层、水冷复合电极等。但是由于这些方式应用起来比较烦琐，所以并没有被广泛应用。

3.9.3　短网系统的总体设计要求和工程注意事项

短网的设计要求和工程注意事项如下：

（1）尽量减少短网电阻。短网各部件的长度、选材以及水冷的设计都要精打细算。做到既要方便现场操作，又要尽可能地降低短网能量损耗。

（2）合理选择导电铜排的宽厚比，充分利用短网导体的截面积。

（3）短网布置一般采用立体三角形布置，三相不平衡系数最好控制在 5% 以内。并且根据电流流向合理布置短网导体间距，根据电磁学原理，一般情况下流向相反的导体可尽量靠近，流向相同的导体则要考虑磁场力的作用（如电极母线还要加装缓冲保护套）。

（4）短网线路设计最好采用双线交叉布法。

（5）充分利用目前比较成熟的电弧炉短网新技术，如水冷集成母线、铜钢复合水冷导电横臂、材质为铬青铜的长寿命电极卡头和导电块以及高密度石墨电极（密度大于 1.65g/cm^3，电阻小于 6.0μΩ·m）等。

（6）重视短网各部件的连接、支撑以及绝缘部位的设计，以避免不必要的事故发生。

（7）正确选择水冷母线的规格参数和规范安装设计。在表 3-4 ~ 表 3-6 中列举了部分常用规格水冷母线的技术参数和安装示意图，以方便大家正确选用。

3.10　电极自动调节系统

电弧炉电极自动调节装置的作用是：根据冶炼工艺的要求对电极升降机构进行调节和控制，从而保证电弧炼钢炉高效、稳定地运行。其基本原理是：通过检测元件测出电弧电流和电弧电压的大小并转换成电压信号，通过比较电路进行比较，然后将比较结果传递给放大元件进行放大，动作元件接到放大的信号后启动并控制升降机构，自动调节电极的位置，保持电弧的稳定。

电极自动调节装置技术水平的优劣，将直接影响电弧炉的技术经济指标。一般情况下人们都会将灵敏度或反应速度作为衡量电极自动调节装置性能优劣的尺度之一。但是，实践证明并非灵敏度或反应速度越大越好。当电极自动调节装置的灵敏度或反应速度超过一定界限值时，电极升降装置将会在某一临界点产生机械振荡，反而会给电弧炉设备系统带来危害，使冶炼工作无法正常进行。因此，如果电极升降装置在"＋"、"－"信号转变的那一瞬间，能有微小的"迟滞"现象，则会有利于电弧炉电极升降系统的稳定。"迟滞"时间参考值约为 0.2s。

电弧炉电极自动调节装置的种类较多，在不同时代、不同炉型、不同工程条件和不同操作管理水平的情况下，出现了不同类型的电极自动调节装置。下面简要介绍几种常见的电极自动调节系统。

3.10.1 可控硅-电磁滑差离合器调节系统

图 3-52 为可控硅-电磁滑差离合器电极升降调节系统示意图。该系统由测量比较环节、放大控制环节、电磁滑差（转差）离合器、交流电极和齿轮齿条型升降执行机构组成。

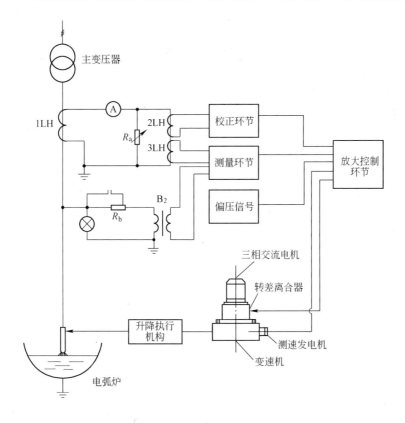

图 3-52　可控硅-电磁滑差离合器电极升降调节系统示意图

其工作原理是：电弧的电流和电压信号经测量电路转变成直流电压 U_1 和 U_V 后进行比较。比较后的差值信号 U_X 输入到放大环节进行放大。放大后的信号控制交流电机运转，通过转差离合器控制齿条上升或下降，从而调节电极的运动状态。

当电弧的电压信号 U_V 大于电流信号 U_I 时，比较差值（$U_X = U_I - U_V$）为负值，转差离合器控制齿条向下运动，电极下降，电弧电流增加。

当电弧的电压信号 U_V 与电流信号 U_I 相等时，比较差值（$U_X = U_I - U_V$）为零，转差离合器控制齿条停止运动，电极保持原位不动。

当电弧的电流信号 U_I 大于电压信号 U_V 时，比较差值（$U_X = U_I - U_V$）为正值，转差离合器控制齿条向上运动，电极上升，电弧电流减小。

比较差值 U_X 的绝对值越大，转差离合器控制电极运动的速度越快，反之则越慢。

采用电磁滑差（转差）离合器的最大优点是电动机不存在启动与制动的问题，与可控硅-直流电机调节系统相比，该系统反应比较灵敏，塌料时电极提升速度快。所存在的问题是结构复杂，故障率较高。目前除一些老式小型电弧炉外，已很少采用。

3.10.2 可控硅-小惯量直流电机调节系统

图 3-53 为可控硅-小惯量直流电机电极升降调节系统示意图。该系统由电流电压的测量比较电路、触发电路、可控硅整流电路、辅助控制部分和小惯量直流电机以及绳缆式升降执行机构组成。

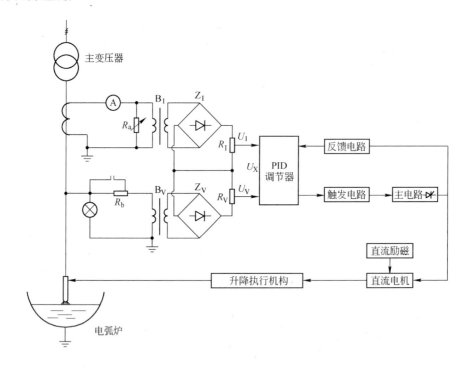

图 3-53 可控硅-小惯量直流电机电极升降调节系统示意图

其工作原理是：电弧的电流和电压信号经测量电路转变成直流电压 U_I 和 U_V 后进行比较。比较后的差值信号 U_X 输入到触发电路进行选择处理，然后输出脉冲信号至可控硅整流电路。控制直流电机的转速和正、负转向。

当电弧的电压信号 U_V 大于电流信号 U_I 时，比较差值（$U_X = U_I - U_V$）为负值，执行机构控制电极下降，电弧电流增加。

当电弧的电压信号 U_V 与电流信号 U_I 相等时，比较差值（$U_X = U_I - U_V$）为零，执行机构停止运动，电极保持原位不动。

当电弧的电流信号 U_I 大于电压信号 U_V 时，比较差值（$U_X = U_I - U_V$）为正值，执行机构控制电极上升，电弧电流减小。

比较差值 U_X 的绝对值越大，执行机构控制电极运动的速度越快，反之则越慢。

可控硅-小惯量直流电机调节系统，是在传统的可控硅-直流电机调节系统的基础上进行改进而形成的。它是将启动力矩和制动力矩都比较大的普通直流电机改为带有直流励磁的小惯量直流电机。改造后系统的稳定性和灵敏度都得到了提高，并保持了原系统简单、便于维修的特点。所存在的问题是：由于小惯量电机工作时温升较高，需要安装降温装置，该系统只适用于小型电弧炉。

3.10.3 可控硅-三相交流双（绕组）电机调节系统

图 3-54 为可控硅-三相交流电机电极升降调节系统。该系统的测量比较电路、触发电路与可控硅-直流电机调节系统基本相同，执行机构也基本相同。所不同的是该系统将一套双向可控硅换向调节直流电机，改为两套同轴转子并且独立控制运转的交流双电机。该系统的可靠性、灵敏度都有所提高，并且转子质量更小，转动惯量更小，但是仍需安装水冷装置冷却。

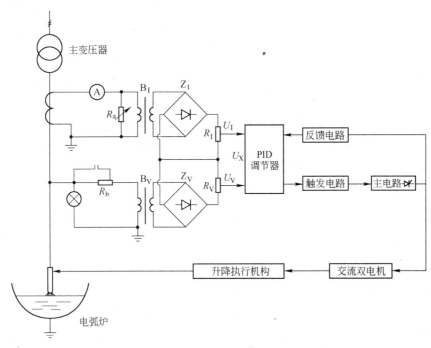

图 3-54　可控硅-三相交流双电机电极升降调节系统

3.10.4 PLC-交流变频电机调节系统

图 3-55 为 PLC-交流变频电机电极升降调节系统。系统由测量电路、PLC 可编程控制器、变频器、变频电机和电极升降执行机构组成。20 世纪 80 年代 PLC-变频技术的引入，

使电弧炉电极升降调节系统的数字化、智能化成为可能。通过工程技术人员的不断努力，这项技术首先在小型电弧炉上试验成功，并马上得到了推广。

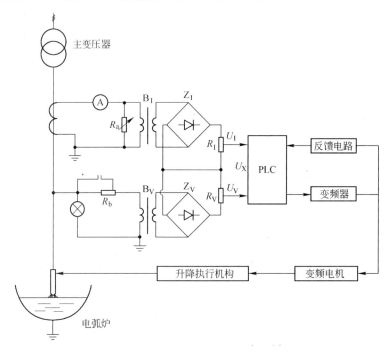

图 3-55 PLC-交流变频电机电极升降调节系统

其工作原理是：将电弧炉的三相电弧的电流经电流互感器、电流变速器变换成 4 ~ 20mA 直流信号，同时将三相电压经变压器和电压变速器变换成 4 ~ 20mA 直流信号。将变换后的电流、电压信号送入 PLC 模拟量输入模板，经 A/D 转换后送入 PLC 中央处理器中进行数字化处理，再经 D/A 转换然后通过 PLC 的模拟量输出模板输出脉冲信号至变频器，来控制变频电机的转速及转向。

采用 PLC-交流变频电机调节系统的最大优点是：

（1）实现了电弧炉炼钢的智能与数字化。

（2）PLC 比可控硅控制系统操作方便、维护简单，它不需要大量的电气元件，故障少，抗干扰能力强。

（3）与直流电机相比，交流变频电机不需要碳刷和配备直流电源，体积小，运行和维护成本低。

采用 PLC-交流变频电机调节系统存在的问题是：由于配套执行机构的原因，该系统只适用于小型电弧炉。

3.10.5 电液伺服阀调节系统

液压技术的普及与提高，在一定程度上推动了电弧炉工程技术的发展。我国在 20 世纪 80 年代开始将电液伺服阀技术应用到电弧炉电极升降调节系统。

电液伺服阀主要由动圈式磁力马达、控制先导阀、主滑阀三部分组成。图 3-56 为电液伺服阀结构示意图。其伺服动作原理是：动圈式磁力马达带动阀杆（先导阀）运动，改

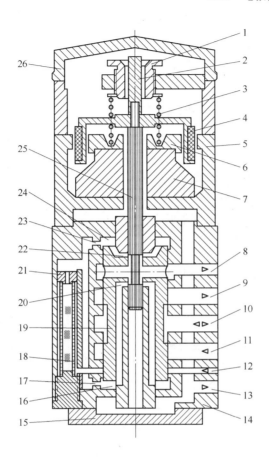

图 3-56 电液伺服阀结构示意图

1—零点调节螺钉；2—调正杆；3—平衡弹簧；4—动圈；5—外磁极；6—内磁极；7—磁钢；
8—控制回油 Oc；9—回油口 O；10—工作油口 A；11—供油口 P；12—控制供油口 Pc；
13—漏油口 L；14—阀体；15—下阀盖；16—下控制腔；17—下固定节流孔；18—滤油器；
19—主滑阀；20—下节流口；21—减压孔板；22—上节流口；23—上固定节流孔；
24—上控制腔；25—控制滑阀杆；26—上阀盖

变主滑阀两端的控制压力，使主滑阀跟随阀杆（先导阀）运动，改变主滑阀油路开口状态，从而控制工作油口的流量变化。

控制动圈式磁力马达的电信号非常微小，而伺服阀工作油口的输出功率可以达到很高的数值。由于该系统输出功率大、使用范围广、维修方便、反应速度快、控制精度高并且还可以非线性无级调速，所以得到当时同行们的推崇，并迅速在全国推广。

图 3-57 为电液伺服阀电极升降调节系统。系统由测量电路、液压泵站、电液伺服阀和执行机构（液压缸）以及背压装置组成。电弧的电流和电压信号由测量电路转变成直流信号 U_I、U_V 送至电液伺服阀动圈的两个绕组，在磁场力的作用下，动圈克服弹簧阻力并带动阀杆运动，运用伺服阀的比例放大功能将泵站的液压能传递给执行机构（液压缸），以达到调节电极升降的目的。执行机构（液压缸）的最大上升速度由液压泵站的能力来确定，而执行机构（升降缸）的最大下降速度，则需要调节接在伺服阀回油口的备压溢流回路来控制。

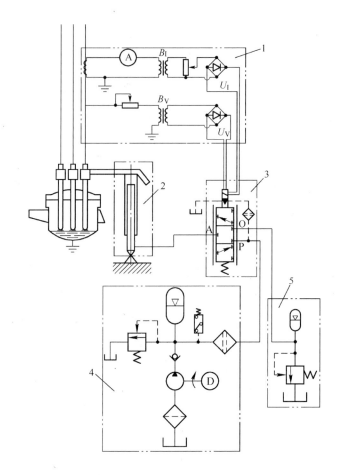

图 3-57 电液伺服阀电极升降调节系统

1—测量电路；2—液压执行机构；3—电液伺服阀；4—液压泵站；5—备压溢流回路

电液伺服阀调节系统存在的问题是：伺服阀元件加工精度较高，结构复杂，加工成本较高，并且系统对液压介质过滤精度要求也较高。

3.10.6 PLC-比例阀调节系统

图 3-58 为电弧炉 PLC-比例阀电极升降调节系统示意图。该系统主要由电流、电压检测电路、PLC 模板、比例阀、液压升降执行机构组成。

其工作原理是：将电弧炉的三相电弧的电流经电流互感器、电流变速器变换成 4 ~ 20mA 直流信号，同时将三相电压经变压器和电压变速器变换成 4 ~ 20mA 直流信号。将变换后的电流、电压信号送入 PLC 模拟量输入模板，经 A/D 转换后送入 PLC 中央处理器中进行比较分析，选择相应的控制策略及算法进行控制计算，然后进行 D/A 转换，通过 PLC 的模拟量输出模板输出 0 ~ 10V 信号至比例阀比例放大板中，来驱动液压升降执行结构控制三相电极升降，调节电弧炉的输入功率。

在图 3-58 中增加了一套备用比例阀控制装置，当 ABC 三相电极中任意一相电极升降机构出现故障或检修时都能快速切换。

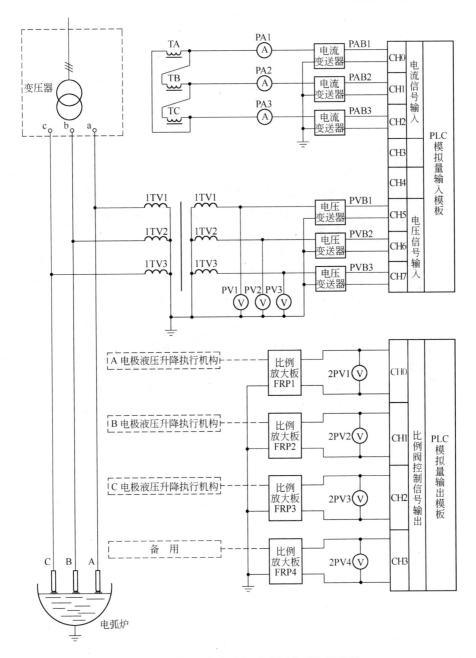

图 3-58　PLC-比例阀电极升降调节系统示意图

采用 PLC-比例阀调节系统的最大优点是：

（1）实现了电弧炉炼钢的智能与数字化。

（2）PLC 控制系统不需要大量的电气元件，系统维护简单、操作方便。

（3）PLC 控制系统具有自诊断功能，当系统发生故障时，通过硬件和软件的自诊断，系统维护方便。

（4）系统运行稳定，抗干扰能力强。除了一些小型电弧炉外，目前大多数新建电弧炉都采用这种控制方式。

3.11　液压系统

由于液压技术的飞速发展，全部动作都通过液压系统来完成的全液压型电弧炉已经成为现代电弧炉工程技术的首选。并且，随着液压密封技术和液压元件制造技术以及液压控制技术的提高与完善，液压技术在电弧炉工程建设中的作用也会越来越大。可以预测，电弧炉液压系统的技术参数一定会向如下趋势发展：系统压力增高，工作流量减少，液压缸径减小，并且元件的使用寿命、系统的抗干扰能力和故障预警能力都会得到加强。

液压系统一般由动力元件（泵）、控制元件（阀）、执行元件（液压缸）和附件（液箱、蓄能器、滤油器等）组成。液压系统一般要求进行三级过滤，泵的进口处为第一级，控制元件进口处为第二级，回液至液箱的进口处为第三级。在全液压电弧炉的工程建设中，我们也可以把电弧炉液压系统分为三部分来考虑。

第一部分是执行元件（液压缸）。执行元件与电弧炉各机构紧密连接，直接承担驱动电弧炉运行过程中的各种动作。表3-9列举了全液压电弧炉主要液压执行元件的类型及要求。

表 3-9　全液压电弧炉主要液压执行元件的类型及要求

执行动作	执行元件（液压缸）类型	要求及说明
电极升降	柱塞缸	满足升降系统行程要求，频繁往复运动
电极卡紧	柱塞缸	应确保液压缸推力将卡紧机构完全打开
炉盖升降	柱塞缸	应保证炉盖起升高度和起升速度
炉盖旋转	双向柱塞缸或液压马达	应保证旋转角度
炉门升降	活塞缸	由于距离高温区较近，最好加装水冷护套
炉体倾动	柱塞缸或多级柱塞缸	应保证炉体倾翻角度和倾动力矩的要求
倾动摇架锁紧、稳固	活塞缸	无特殊要求

第二部分以控制元件（控制阀）为主。在电弧炉的工程建设中，一般是将一座电弧炉上的所有控制阀都集中安装在一座控制阀台上。为了不影响控制的灵敏度和精度，要尽量将阀台的安装位置靠近执行元件。在确定控制阀台的安装位置时，还应考虑检修维护方便和环境污染以及冶炼过程中意外事故的防护。并且，最好能够建设独立的控制阀室，尤其是大型电弧炉。根据控制技术水平的不同，电弧炉液压系统控制阀的种类有手动滑阀、电控滑阀、集成逻辑锥阀等。

图3-59为集成逻辑锥阀全液压电弧炉控制系统原理图，这种控制系统在20世纪90年代比较流行，主要由集成逻辑锥阀组、电液伺服四联阀组、阀台和回液泵组成。

四联阀组上安装了四套电液伺服阀，其中三套用于电弧炉三相电极升降缸的伺服控制，另一套为备用伺服阀。当电弧炉冶炼过程中，如某一个伺服阀出现故障，为了不影响正常冶炼，将通过四联阀的锥阀单元快速切换到备用伺服阀上。

集成逻辑锥阀组控制着除电极升降缸外的所有电弧炉液压缸。集成逻辑锥阀组底块的作用是控制总进液和总回液的通断。

阀台既可以承载液压阀也是一个储液箱，储存了所有液压阀的泄漏液。当阀台液箱储存的液压介质到一定位置时，自动启动回液泵将液压介质送回至主泵站液箱。

蓄能器的作用是保证控制液回路更加可靠，不会因主回路瞬间的冲击和振动影响控制回

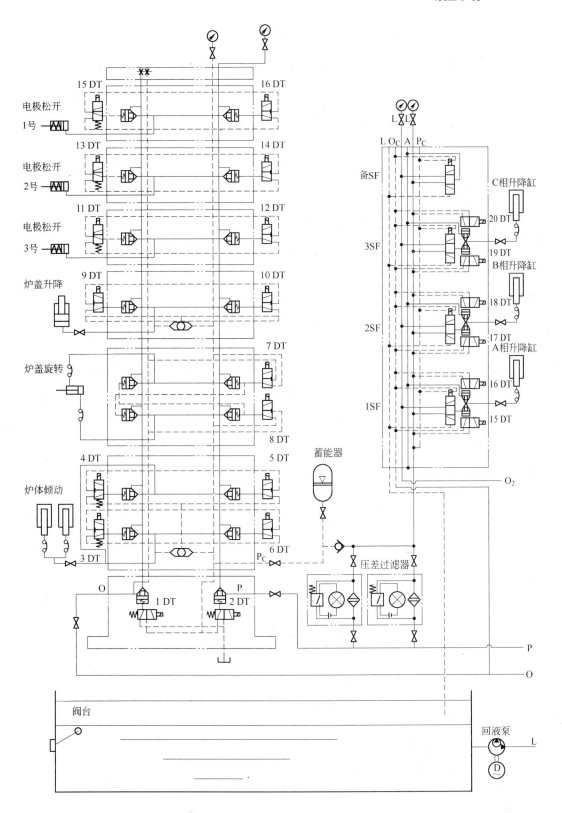

图 3-59 集成逻辑锥阀全液压电弧炉控制系统原理图

路的稳定性。压差过滤器为一用一备，主要是为了保证控制液回路和伺服阀供液回路的清洁。

第三部分是以动力元件为主的泵站系统。由于液压泵站是全液压电弧炉运行动力的来源，所以人们经常将液压泵站形容成是全液压电弧炉设备系统的"心脏"。如果在一个工程中建设多台电弧炉，可以有以下两种建设泵站的方案。

(1) 独立泵站：一个泵站系统对应一座电弧炉，各电弧炉之间互不干扰。建议大型电弧炉和各电弧炉相距较远的情况下采用独立泵站。

(2) 集中泵站：一个泵站系统同时为多台电弧炉提供液压动力。当多台小型电弧炉坐落位置比较集中并且经常连续生产时，则可以考虑建设集中泵站。这样有利于设备的管理和维护，并且还能节省能源和工程费用。

液压泵站一般由介质和储液装置、液压泵组、蓄能装置、检测及电控装置组成。图3-60 为电弧炉液压泵站原理图。表3-10 为组成泵站的元部件名称、要求和说明。

表3-10　泵站系统主要元部件简介

系统组成	主要元件	要求，说明
液压介质和储液装置	液压介质	液压油、水乙二醇、乳化液
	液箱	用于储存液压介质，一般用钢板制成，内设隔板用于阻隔沉淀和漂浮的杂质，液箱底部设排污阀口，侧壁设人孔（大型液箱）用于清理维护。为保证液压介质清洁要加装上盖，但是必须留有空气入口，一般在此处加装空气滤清器
	液位计	就地（或远程）显示液箱液位状态。当液位进入极限位置时，发送信号，自动控制补液装置补液或信号报警
	回液过滤器	在回液管道上设置过滤器，为液压系统的第三级过滤，是为了保持液箱清洁。一般为一用一备，并且设压差报警。滤网堵塞到一定程度后，及时切换清洗
	液温调节装置	在气候温度比较寒冷的地区，为了保证泵站正常运行，应对液压介质进行加热，加热方式可以因地制宜。实际应用中，多采用电加热器
液压泵组	液压泵	一般选用多级叶片泵或轴向柱塞泵。系统工作压力不高，要求流量偏大时可以选用前者，而系统工作压力偏大时应选用后者。一般液压泵站都为多组液压泵并联，根据系统流量要求，控制液压泵的开启台数
	电动机	与液压泵搭配，一般为普通交流电机
	单向阀、截止阀、压力调节阀	单向阀——与液压泵组合应用，防止回液；截止阀——用于修换液压泵时切断液压回路；压力调节阀——与液压泵组合应用时，其作用是降低启泵负载和限定系统最高压力
	过滤器	泵前过滤器作为液压系统的第一级过滤，与液压泵组合。过滤精度一般为初级。控制阀前设置的过滤器为液压系统的二级过滤，过滤精度较高并配置压差报警
蓄能装置	蓄能罐体	蓄能罐的作用是储存液压能量、吸收液压系统脉动。蓄能形式为气液直接接触，多个串联蓄能效果更好。罐体应按照压力容器的有关标准要求进行制造
	安全阀、截止阀	安全阀——为确保安全，当超过设定的极限安全压力时，安全气阀打开；截止阀——用于系统检修时切断液压回路
	液位计	一般为电磁液位计，采用无磁不锈钢管、磁铁浮子和磁感应信号装置等制成。可准确显示罐内液位，并参与主泵的气动控制
	充气装置	当管内气体损失需要补充时，开启充气装置进行充气操作
检测及电控装置	压力检测	压力表、电接点压力表、压力传感器，进行系统压力检测，限位控制和远传压力信号数值
	温度检测	对系统介质温度进行监测，设置上下极限报警，提醒操作人员注意调控液温
	电控柜	动力控制、信号控制

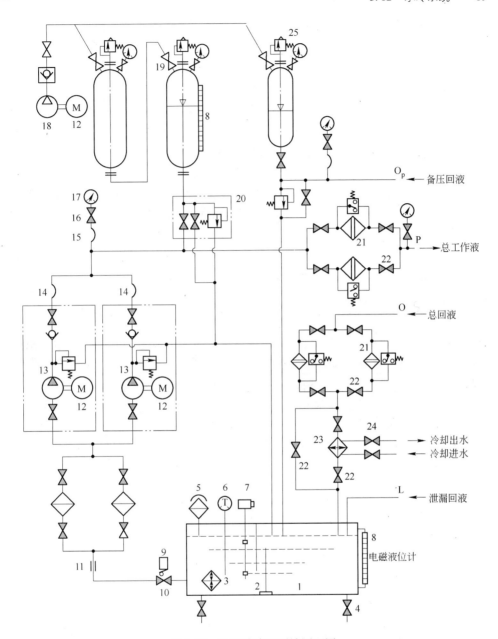

图 3-60　电弧炉液压泵站原理图

1—油箱；2—磁铁；3—电加热器；4，10，22，24—球阀；5—空气过滤器；6—电接点温度计；
7—液位控制器；8—液位计；9—行程开关；11—橡胶接头；12—电动机；13—轴向
柱塞泵；14—胶管；15—微型高压胶管；16—压力表开关；17—电接点压力表；
18—压缩机；19—储能器；20—储能器安全阀组；21—滤油器；
23—冷却器；25—安全阀

3.12　水冷系统

　　水冷系统是电弧炉工程的重要组成部分。水冷系统的作用是保证电弧炉的工艺部件和装备能够在高温状态下正常工作。在现代电弧炉工程技术中，随着用氧强度和冶炼强度越来越高，冷却强度也有越来越大的趋势。因此，对冷却系统的要求也越来越高。

在电弧炉工程中，水冷系统由三部分组成：

第一部分为电弧炉的冷却部件，如：水冷炉壁、水冷炉盖、炉门水箱、水冷卡头、水冷母线、水冷氧枪及各种防护水圈等。要合理控制冷却部件进出水的温度（出水温度一般要求小于50℃），防止结垢。箱体结构的水冷部件一般都为下部进水，上部出水，并严格防止箱体上部存在滞留气体的空间。

第二部分为冷却水的使用分配和控制部件。如：分配器、控制阀、回（集）水箱和检测仪表等。一般安装在电弧炉附近，并且便于炼钢工操作的位置。炼钢工应随时掌握冷却部件的回水情况。为了方便观测检查回水情况，在工程建设中应在炉体附近便于观察的位置设置回水箱。并且，电弧炉的冷却水系统一般为开路循环，即进入到回水箱里的水是靠水位落差的压力返回到循环水池的。

第三部分为冷却水处理站，主要是由水泵装置、水净化装置和一定容积的循环水池组成，必要时还要加上冷却塔和水质处理装置。在电弧炉工程建设中，人们常将冷却水处理站纳入到电弧炉的公辅设施当中。

水泵装置是水处理站的主体，决定了冷却水系统的压力和流量。冷却水系统的额定压力一般为 $0.3 \sim 0.4$ MPa，冷却水系统的额定流量则要根据电弧炉的大小、冷却面积和冷却方式来确定。一个30t中型电弧炉的冷却水需要量约为 $100 \sim 200 \text{m}^3/\text{h}$。由于在电弧炉工作时，冷却水系统一刻也不能中断，所以，在设置水泵装置时，要留有备份。

冷却水的净化也非常重要。在水处理站，对漂浮物和沉淀物一般都会设置相应的净化装置进行处理，如过滤网、隔板和挡墙。滤网的过滤精度约为20目（0.833mm）。

在有条件的情况下，要尽量选择大容积的循环水池。这样会给水系统的安全运行带来一定的保障。循环水池的储水量一般应大于设备用水量的10倍以上。储水量不足，自然散热不利，或是在环境温度较高的地区，都会造成水温过高。应根据实际情况设置冷却装置，进行强制循环水降温。水温一般应控制在 $0 \sim 40$℃之间。

为了防止结垢，循环水的硬度要求适中。一般来说，地表水（如河流、湖泊、水库）的硬度不会太高，而某些地方的深井水源碱度会偏大。如果循环水的碱度超过一定程度，还应进行循环水中和处理。

图3-61为电弧炉水冷系统原理图（双点划线框内为需要冷却的部件）。

3.13　除尘系统

3.13.1　电弧炉除尘系统概述

在人们的传统理念里，电弧炉除尘系统建设投资较大，运行成本较高。电弧炉除尘系统的工程投入，不仅不会产生直接的经济效益，而且在一定程度上还增加了生产操作和经营管理的难度，炼钢生产成本也会增加许多。并且，与其他冶炼设备的烟尘治理技术相比，电弧炉除尘确实还存在如下技术难度：

（1）电弧炉的烟尘排放点多，成分复杂，排放量约为 $10 \sim 15$ kg/t，烟尘浓度约为 $4.5 \sim 8.5 \text{g/m}^3$，而且排放量、浓度及成分随工艺操作进程而不断地变化。因此对电弧炉进行有针对性的高效率烟尘捕集和彻底处理难度极大。

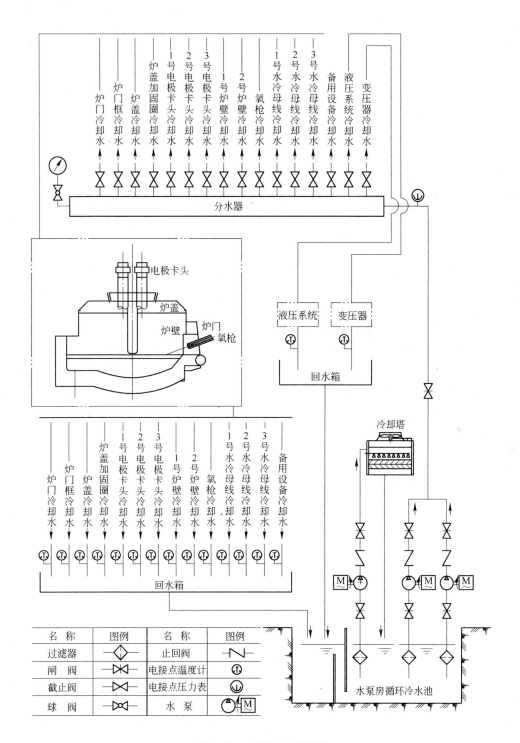

图 3-61　电弧炉水冷系统

（2）捕集到的烟尘气氛温差变化范围大而且极不稳定。因此，开展电弧炉余热利用的
难度极大。

（3）电弧炉的设备和操作工艺复杂，设备维护及工艺操作点较多，一般电弧炉炼钢企业的现场操作面积又都很紧张，因此，电弧炉除尘设施的现场布置设计有一定的难度。

（4）根据以往的经验，电弧炉烟尘的治理效果是和除尘设施的投入以及实际除尘运行成本相辅相成的。在冶炼成本已经打拼到白热化程度的今天，如何控制电弧炉除尘的运行成本也是一大难题。

所以，基于上述原因，电弧炉的除尘问题在过去往往被大家"忽略"或有意回避。更不会将除尘系统纳入电弧炼钢炉的组成部分之一加以重视。但是，随着国民环保意识的加强和相关法规的健全与完善，尤其是随着炼钢余热利用以及废钢预热技术的推广和日趋成熟，电弧炉除尘系统已经从单一的环保功能系统，向"环境保护、节能降耗、提高产能"等多功能系统转变。目前电弧炉除尘系统已经逐渐成为电弧炉炼钢设备系统中的一个必不可少的重要组成部分，并且越来越受到大家的重视。

3.13.2 电弧炉除尘系统的组成

电弧炉除尘系统主要由烟尘捕集系统、烟尘调节系统、烟尘净化系统三部分组成。

3.13.2.1 烟尘捕集系统

烟尘捕集系统的功能是对电弧炉冶炼产生的烟气，及时有效地进行捕集。而烟尘的捕集方式可以根据厂房形状、炉型特点、工艺操作习惯以及工程现场其他条件进行多种选择，如厂房顶罩式除尘、工艺孔直接除尘、侧吸式除尘、密闭或半密闭罩式除尘等。实践证明当多种不同的集尘方式联合使用时，电弧炉的烟尘捕集效果最佳。在表3-11中列举了不同烟尘捕集方式和特点。

表3-11 电弧炉烟尘捕集方式简介

类 型	捕集方式示意图	简 介
侧吸式集尘		方式：在炉盖和电极孔缝隙的侧上部位，利用炉盖吊臂，制成半环绕型侧吸烟罩，对炉体缝隙和工艺孔处排出的烟尘进行捕集。 特点：简单，工程投资少，基本不影响工艺操作，除尘效果一般（约为50%～70%）。由于侧吸式烟尘捕集口位置的局限性，当进行出钢、装料等工艺操作时，烟尘无法捕集。并且，当烟尘气流速度较大时，部分烟尘会冲出侧吸有效捕集区域，从而影响烟尘捕集效果

类 型	捕集方式示意图	简 介
厂房顶罩式集尘		方式：在厂房顶部（不影响天车运行）制作大型烟尘捕集罩，捕集罩的位置和数量要根据电弧炉工位而定，对升浮到厂房上部的烟尘进行捕集。 特点：不占用电弧炉工艺操作空间，不影响工艺操作。由于野风吸入量大，无需进行烟尘调节处理。但是，厂房越高，烟尘升浮距离越大，扩散面积越广，烟尘越不易捕集。因此，需要较大的系统处理风量。虽然结构不太复杂，但是工程量较大。除尘效果与处理风量、厂房高度和车间内气流状态有关。厂房顶罩式集尘与其他集尘方式联合应用一般会达到良好的除尘效果
炉顶罩式集尘		方式：在电弧炉炉顶上方建设移动烟罩，当接换电极或出钢操作时，烟罩收回。正常冶炼时，烟罩开出至炉顶上方，对排放到电弧炉上方的烟尘进行捕集。 特点：处理风量相对厂房顶罩集尘要小很多，车间气流的影响也不是很大。炉顶罩式集尘除尘效果较好（约为70% ~ 80%），结构比较复杂，增加了烟罩移动装置，并占用了电弧炉上部的部分工艺操作空间，对电弧炉的工艺操作会有一点影响。炉顶罩式集尘一般适用于无炉体倾动或倾动角不大的电弧炉，如 LF 炉或 EBT 电弧炉
密闭或半密闭罩式集尘		方式：在电弧炉操作平台上，建造大型密闭或半密闭可移动烟罩，将电弧炉整个或大部分罩在其中，进行烟尘捕集。移动部分开启后，可进行装料、炉体维护、检修等操作。 特点：烟尘捕集效果好，可达到95%以上。可节省处理风量，节约能源。最大问题是占用了电弧炉的工艺操作空间，并且电弧炉设备的工作环境变差，给电弧炉的工艺操作和设备维护带来很大不便

类　型	捕集方式示意图	简　介
工艺孔直接集尘		方式：在电弧炉上开设专用除尘工艺孔（或与加料工艺孔共用），直接将炉内烟气吸入烟道。一般除尘工艺孔的开设有两种方式：一种是在炉盖上开设（与小料加入共用）；另一种是在炉壁上开设（与大料加入共用，如康斯迪电弧炉）。要求系统根据炉内气氛压强控制处理风量大小，既要能使炉内大部分烟气从除尘工艺孔导出，又不会使炉内进入过多的冷空气。 特点：属于强制主动集尘、占用电弧炉现场工艺操作空间不大、处理风量也不是很大。由于是直接将大量高温烟气快速吸入烟道，所以需要对吸入烟道的烟尘进行调节处理。该装置机构比较复杂，对控制系统有一定的要求
厂房罩与导流板组合集尘		方式：分上、下两部分，上部为厂房罩式集尘，下部为导流板，导流板聚拢并引导烟尘向上至厂房罩捕集范围内。导流板结合操作平台一起进行建设，可以是固定模式或移动模式。需要根据车间内气流状况、操作平台结构和炉前工艺操作习惯，进行导流板设计和建设。 特点：由于导流板的作用，在一定程度上弥补了厂房罩集尘的缺陷，强化了集尘效率，基本不影响炉前工艺操作。系统处理风量适中，可不必进行烟尘调节。系统设备简单、实用、集尘效率较高（可达到90%），运行费用及工程投资都较少

3.13.2.2　烟尘调节系统

在烟尘捕集系统捕集的烟气中，常含有浓度很高的一氧化碳和氢气等可燃气体，为确保安全，必要时，须进行烟气调节，使烟气中可燃气体浓度控制在爆炸极限范围内。尤其是采用工艺孔集尘方式直接从炉中抽出的烟气，不但可燃气体浓度大，烟气温度也会很高，如不及时进行降温冷却，将会对除尘器本体部件造成损坏。烟尘调节系统的作用就是保证除尘系统能够安全、高效、稳定的运行。在现代电弧炉工程技术中，还利用烟尘调节系统开展废钢预热、余热发电、稀有元素回收和降低一氧化碳排放等工作。

过去，由于工艺技术水平、思想认识程度和工程施工能力的原因，烟气调节系统很容易被人们忽视。但是，在现代电弧炉工程技术中，烟尘调节系统已经成为安全生产、节能减排、提高生产效率和降低成本的不可缺少的环节之一。

烟气调节系统一般根据调节项目内容来进行系统组合。常用的部件和装置有：调节阀门、燃烧处理装置、冷却装置、检测控制装置等。

烟尘调节的方法有：

（1）二次燃烧：在烟道中设燃烧室，并配齐二次燃烧装置。为了使烟尘在燃烧室内有充分的滞留时间，尽可能在燃烧室内将可燃气体燃烧干净，要求燃烧室具有一定的断面尺寸和长度。利用二次燃烧室进行废钢预热，是一种非常实用的余热利用技术。

（2）兑入冷风（空气）：在烟尘管道上设置放入空气的调节阀门，以损失处理风量为代价，进行烟尘调节，是一种非常有效的稀释可燃气体浓度和降低烟气温度的方法，这种方法简便易行。需要注意的是选择确定开设空气调节阀门的位置。

（3）水冷烟道：这种方法对烟尘的降温作用不是很大，但是可以有效地保护调节系统的管道和连接部件。

3.13.2.3 烟尘净化系统

烟尘净化系统有许多种方式，如湿法文氏管洗涤除尘、湿法静电除尘、干式旋风除尘、干式静电除尘和干式滤袋除尘等。人们曾经对上述各种烟尘净化方式，在电弧炉炼钢生产中，进行过尝试和比较。目前，能得到大多数人的认可，并被广泛应用的是干式滤袋除尘系统。

图3-62是目前电弧炉工程中常用的滤袋除尘器示意图。该除尘器有8个滤袋除尘仓室，每个仓室装有560个滤袋。

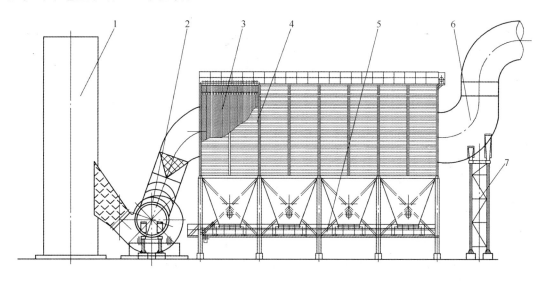

图3-62 滤袋除尘器示意图

1—烟囱；2—除尘风机；3—滤袋及反吹装置；4—滤袋除尘仓；
5—灰粉传送槽；6—除尘管道；7—管道支架

3.13.3 我国首次从国外引进的电弧炉除尘系统简介

20世纪80年代，位于北京市区内的北京钢厂从瑞典引进了一套当时国际上比较先进的电弧炉除尘系统，这是到目前为止我国从国外唯一引进的全套电弧炉除尘设备。该套设备承担了该厂炼钢车间 5 台电弧炉的烟尘捕集和处理任务，其烟尘捕集方式为屋顶罩和第四孔微正压同时进行。该除尘器采用了脉冲反吹布袋除尘技术，总处理风量 $70 \times 10^4 \mathrm{m}^3/\mathrm{min}$，4 台 500kW 电动机根据车间烟尘状况智能控制启动工作，风量自动调配。

屋顶罩安装在电弧炉工位上方，并根据电弧炉工位的数量设置屋顶罩的数量。开出式电弧炉有 3 个工位（即装料工位、冶炼工位、出钢工位），旋顶式电弧炉有 2 个工位（即装料和冶炼工位、出钢工位）。屋顶罩的安装位置不妨碍天车运行。每个屋顶罩烟道都装有气动碟阀，用于根据电弧炉工作和烟尘排放状况开启或关闭烟道。为了防止因车间内空气流动而影响屋顶罩吸尘的效果，还对整个车间的通风口进行了封闭处理。

所谓第四孔微正压吸尘，就是炉盖上除了三个电极孔外，再开设一个专用的除尘孔（或与加料孔共用），进行烟尘捕集。熔化期或氧化期时，采用大处理风量，使除尘孔处呈现较强负压，引导炉内烟气从第四孔逸出并被吸入烟道。当电弧炉冶炼进入还原期时，调整第四孔烟道阀门，减少处理风量，使炉内气氛保持微正压状态。其目的是：既不破坏炉内的还原气氛，又可使炉内大部分烟气从第四孔逸出并吸入烟道。由于在进行第四孔除尘作业时，高温烟气伴随着未烧尽的微粒被高速吸入至烟道，如不进行处理很容易烧坏除尘布袋。该系统的处理方法是采用增设水冷管道和野风阀，来降低烟气温度。烟道前端设立了沉降室，利用减速沉降的原理，使颗粒较大的粉尘聚集在沉降室底部，待聚集量到一定程度后集中处理。

所谓脉冲反吹布袋除尘器，就是将（上千条）采用阻燃材料制成的滤袋，内撑钢制骨架，分装在若干个箱仓内，对烟气进行过滤处理。当滤袋内、外的压差达到一定程度后，各箱仓依次轮换进行脉冲反吹，将黏附在滤袋内壁上的粉尘抖落到箱仓下部的集尘槽内再传送至集尘室。

该系统被公认为是当时国内技术最先进的电弧炉除尘系统。处理风量的调整、野风阀的调整、微正压的调整以及系统全部动作均采用自动化控制。运行初期的除尘效果也非常理想。但是随着使用时间的延续，便逐步暴露出如下问题：

（1）首先由于补炉材料中含有焦油沥青，使滤袋大面积堵死，无法清除，从而使系统的除尘效果大幅下降。

（2）由于当时国内相关配套技术的问题，满足不了除尘滤袋的质量要求。

（3）除尘系统的运营成本太高，吨钢电耗增加了约 50kW·h。

（4）收集到的粉尘没有一个好的处理方案，甚至造成了二次污染。

（5）由于整个炼钢车间进行了全封闭处理，当系统除尘效果下降后，大量无法捕集的烟尘使车间内部的工作环境更加恶劣。

（6）设备系统的维护与管理水平脱节。这体现在从一开始该系统为全自动化无人操作，到后来需要几十个人专职进行维护，否则除尘设备系统无法正常运行。

虽然该套设备引进的结果，在当时看来不甚理想。但是，还是在一定程度上推动了我国电弧炉除尘技术的发展。经过我国众多跨部门、跨行业的工程技术人员不断努力，目前，我国电弧炉除尘技术已经取得了长足的进步，电弧炉布袋除尘技术日趋成熟，基本上已成为电弧炉除尘器的首选。

3.13.4 电弧炉除尘技术的发展方向

随着人们对环境保护认识的提高和冶金工业技术的进步，电弧炉除尘技术将会更加完善。我们可以预计未来电弧炉除尘技术的发展方向如下：

（1）除尘效率更高，运行能耗更低。

（2）余热利用的成效更加显著。

（3）参与冶炼工艺，成为冶炼工艺操作不可缺少的一部分。

（4）更加注重减少碳排放。

（5）粉尘和稀有元素的回收利用技术更加科学，更加成熟。

4 电弧炉炼钢辅助工艺装备

4.1 电弧炉辅助工艺装备概述

我们将为了方便炼钢工操作，由炼钢操作人员亲自掌控，直接为电炉炼钢工艺服务，完善电炉炼钢工艺过程的装备，称之为电弧炉炼钢的辅助工艺装备。

随着电弧炉炼钢配套设施的完善和工艺技术的发展，在电弧炉冶炼工艺的各个操作环节中，电弧炉辅助工艺装备的种类越来越多，应用范围越来越广，作用越来越重要。实践证明："加强辅助工艺装备的技术水平，合理有效地使用好辅助工艺装备"，对于挖掘电弧炉炼钢设备的生产能力、节能降耗、控制生产成本、提高产品质量、降低工人劳动强度和促进安全生产等都起到了至关重要的作用。

4.2 常用电弧炉辅助工艺装备简介

4.2.1 料罐

料罐是电弧炉炼钢生产工艺环节中非常重要的辅助工艺装备，是承载并运送废钢原料进入炉内的装备。对料罐的设计要求是：其容积要与炉体容积和装料次数相匹配，保证一定的结构强度，并且，要求在废钢运送过程中遗撒少，闭合或打开时操作方便。常见的料罐结构有链式和蛤式两种形式。运送料罐的台车种类和方式可根据工厂实际情况而定。

4.2.1.1 链式料罐

链式料罐如图 4-1 所示。

链式料罐由罐（桶）体、链板（环）组、钢绳、销锁装置和吊架组成。链式料罐一般是由人工操作，用钢绳将链板组下端钢环串联、收紧并用销锁装置将钢绳锁住。待完成配料—运料程序后，开启炉盖，将料罐吊到炉壳上方一定高度位置，用天车副钩拉出销轴，将炉料散落在炉内。

链式料罐的缺点是：工人操作劳动强度大，钢绳和链环容易粘钢，易损，需要经常进行维护。由于链式料罐缝隙较多，在料罐的运载过程中，容易遗撒散碎原料。

链式料罐的优点是：制作工艺简单，加工成本较低。

链式料罐只适合 20t 以下的中小型电弧炉使用。由于料罐越大，人工操作越不方便，因此不建议 20t 以上的电弧炉使用链式料罐。

4.2.1.2 蛤式料罐

蛤式料罐如图 4-2 所示。

蛤式料罐是由罐体、蛤式抓斗及蛤斗开闭器连杆和吊架组成。蛤式料罐是靠自重闭合，天车副钩拉拽开启。开启角度可控，用于控制落料速率。操作简便，全部操作由天车工即可完成。

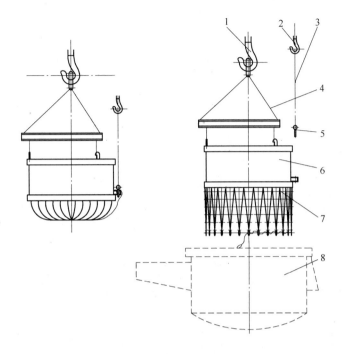

图 4-1 链式料罐

1—天车主钩；2—天车副钩；3—钢绳；4—吊架；5—销锁装置；6—料罐体；7—链板组；8—炉体

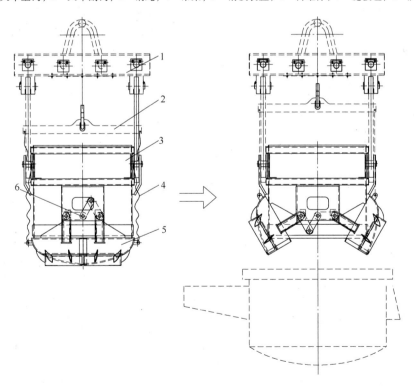

图 4-2 蛤式料罐

1—料罐吊架；2—料罐体；3—副钩吊架；4—钢绳；5—蛤式抓斗；6—连杆机构

由于蛤斗张开时占用两侧空间较大，所以装料时，为避免剐蹭炉壁，要求离开炉口一定距离。但是，距离炉口越高，装料时对炉体的冲击力就会越大，需要在配料和布料时能做到合理有序，比如在大块重料的下面垫放一些轻薄料，以减轻对炉底的冲击。

蛤式料罐比较耐用，操作省时省力。但是其结构用料较多，制造成本也较高，适用于所有规格的旋顶式电弧炉。当开出式电弧炉选用时，要注意考虑炉壳或炉盖开出的距离，以免与炉盖吊梁形成干涉。

4.2.2　钢水包

4.2.2.1　钢水包的功能

承载钢水和运送钢水是钢水包最原始的功能。随着钢铁冶金技术的发展，钢水包的冶金功能被不断地开拓，如钢包吹氩、钢包加热、LF 炉精炼、钢包真空脱气（VD、RH、DH）等被广泛使用。

4.2.2.2　钢水包的组成

图 4-3 为钢水包立面图。如图 4-3 所示，钢水包由钢包壳体、吊耳轴、耳轴座、包衬耐火材料和钢包工艺附件组成。

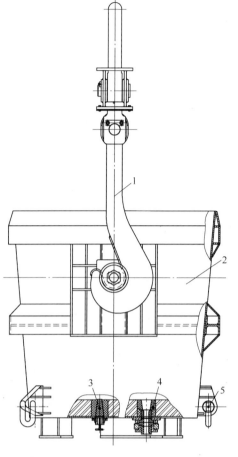

图 4-3　钢水包立面图
1—钢包吊梁；2—钢水包；3—底吹装置；
4—滑动水口；5—耳环

4.2.2.3　钢水包的选择与设计要求

钢水包的选择与设计要求如下：

（1）容量：不但要与电弧炉的出钢量相匹配，还要满足钢包冶金的工艺要求。例如，钢液面距离钢包上口的高度尺寸设计，当采用老三期冶炼工艺出钢时，钢渣较为稀薄，包内钢渣厚度一般不会超过 300mm。当钢包冶金工艺要求有泡沫渣操作时，渣层厚度会达到400～500mm 或更高。而当工艺要求真空操作和吹气体操作时，钢水液面会随钢液的膨胀升高。所以，我们在设计和选择钢包容量时，应将上述因素考虑进去。

（2）径高比：即钢包直径与钢包高度的比值（D/h），一般为 0.85 左右。在工程建设中，也常常会由于厂房高度的限制、电弧炉基础条件以及工艺要求等现场实际情况，调整径高比。比如，为了放宽天车起升高度限制，或为了提高 LF 炉的加热效率，需要适当降低钢包高度 h。而为了增加夹杂物上浮的行程距离，需要提高钢包高度 h。一般正常情况下应为：$0.8 \leqslant D/h \leqslant 1.0$。

（3）结构设计：钢水包的结构设计应包括以下两个方面：

1）工艺结构设计要求。最重要的是钢包耳轴位置的设计，使钢包能够在天车副钩的帮助下倾翻，既要保证倾翻力矩合理，还要保证钢包在吊运过程中平稳。为了方便工艺操作，钢包上还应设计有翻包用的吊环、固定包梁吊钩的包卡和钢包底脚。

2）钢包结构强度设计要求。为抵抗热应力的影响，钢包外焊装加固圈，底部焊装筋板。并且，钢包桶壁上应均散放耐火材料水气的钻孔，间距 300mm 左右。

（4）耐火材料设计：包括耐火材料的选择和砌筑工艺，这里不作为重点介绍。

4.2.2.4 钢水包的附件

与钢水包配套使用的主要钢包附件如下：

（1）钢包吊梁。如图 4-4 所示，钢包吊梁主要由吊环、横梁、吊耳和板钩组成。为了减轻钢水高温辐射对横梁的影响，在横梁下端安装有隔热板。吊环结构尺寸应与天车主钩配套，板钩结构尺寸应与钢水包耳轴配套。并且，钢包吊梁整体的机构设计和制作都应该按照钢铁厂一类吊具的要求，留有充足的安全系数。

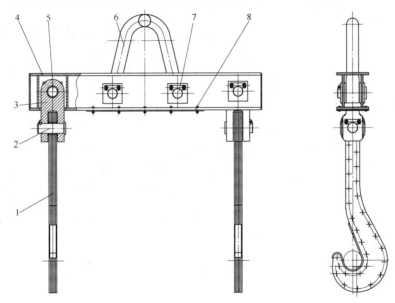

图 4-4　钢包吊梁

1—板钩；2—销轴（一）；3—吊耳；4—横梁；5—销轴（二）；6—吊环；7—销轴（三）；8—隔热板

（2）钢包底吹装置。如图 4-5 所示，钢包底吹装置主要由透气砖、翻板顶压机构和介质输送管路组成。底吹介质一般为氩气，氩气是一种惰性气体，在空气中占 1% 左右，密度为 1.78kg/m³，比空气密度大。在 -185℃ 液化。氩气作为制氧时产生的一种副产品，比较容易获得。钢包吹氩的作用如下：

1）氩气气泡的气洗作用：即吹氩产生的大量氩气气泡，就相当于一个个小的真空室，可将钢水中 N_2、H_2、O_2 等有害气体逐步带走。

2）氩气的搅拌作用：氩气上浮时引起钢水搅动有利于温度、成分的均匀，夹杂物的排除及合金收得率的提高。

3）氩气的保护作用：氩气从钢中溢出后，首先覆盖在钢液面上，使钢水与空气隔绝，从而避免了钢

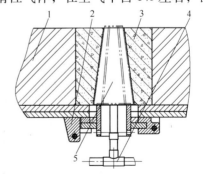

图 4-5　钢包底吹装置

1—钢水包；2—吹氩翻板机构；3—透气砖；

4—吹氩管路；5—透气塞

水的二次氧化。

（3）滑动水口。如图4-6所示，滑动水口主要由上下座砖、上下水口砖、上下滑板砖、上滑板条和透气砖组成。滑动水口的最大优点是可以多次重复使用，操作工艺关键是水口封堵和开浇引流，并且，注意要先将引流砂放掉。滑动水口的驱动方式有人工和机械两种方式。中小型钢水包一般采用人工压把驱动，大型钢水包可采用油压缸驱动。

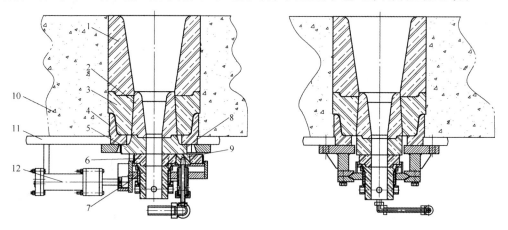

图4-6　滑动水口

1—上座砖(上)；2—水口砖(上)；3—上座砖(下)；4—下座砖；5—滑板砖(上)；6—滑板砖(下)；
7—水口砖(下)；8—上滑板条；9—透气塞；10—包底耐火材料；11—钢包底板；12—驱动液压缸

（4）塞棒式开闭器。如图4-7所示，塞棒式开闭器主要由塞棒、悬臂梁、悬臂梁

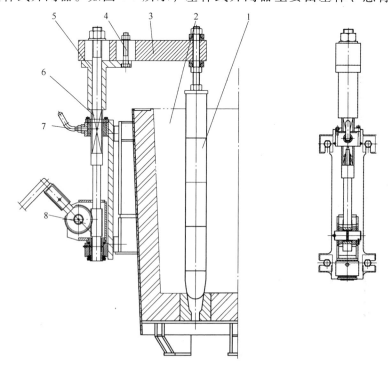

图4-7　塞棒式开闭器

1—塞棒；2—钢水包；3—悬臂梁；4—定位螺栓；5—悬臂梁支座；6—齿杆；7—定位手柄；8—带齿手柄

支座及齿杆升降机构组成。一般为人工压把驱动操作。塞棒是消耗件,只能使用一个浇次,工艺操作重点是塞棒的安装和调整,要确保浇口处不漏钢并且开闭自如。

4.2.3 氧枪

氧枪是电弧炉炼钢生产中使用最广泛、最有效的辅助工艺装备,也是应用技术发展最快的炼钢辅助工艺设备。氧枪的基本作用是加速熔化、强化碳氧反应,从而达到缩短冶炼时间、节能降耗的目的。随着氧枪应用技术的发展,从最初单纯的用于吹氧助熔和强化碳氧反应,发展到目前现代电弧炉炼钢技术的泡沫渣冶炼技术和二次燃烧技术的应用等,氧枪在电弧炉炼钢生产中的作用越来越大,工艺性能越来越强。在表4-1中,列举了几种常用的氧枪类型及其特点简介。在表4-2中,对目前主要的氧枪应用技术进行了概述。

表4-1　电弧炉用氧枪种类及简介

名　称	简　介
手持自耗式吹氧装置	手持自耗式吹氧装置由包裹了涂层的吹氧管和手持式连接器组成。通过炉门,人工手持操作切割炉料、吹氧助熔和工艺脱碳。供氧压力为 0.4~0.8MPa。简便易行,但供氧强度较低,一般不会大于 $20m^3/t$,工人操作环境差,劳动强度较大,适用于中小型并且生产节奏要求不高的电弧炉(图4-8) 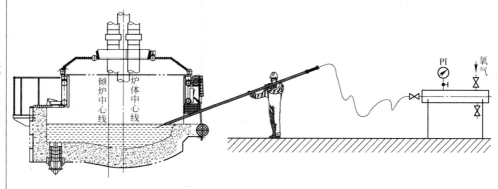 图4-8　手持自耗式吹氧装置
机械自耗式氧枪	机械自耗式氧枪是在普通自耗式吹氧装置工作原理的基础上加装了操控机械手,可远程操控吹氧管在炉门范围内水平、上下摆动,给进或退出。根据工艺需要进行炉料切割、吹氧降碳和结合喷粉操作完成造泡沫渣冶炼工艺。机械自耗式氧枪与手持自耗式吹氧装置相比,大大改善了工人的劳动环境,提高了工作效率和供氧强度,方便了造泡沫渣工艺。这种机械自耗式氧枪由自耗枪管、快速连接器、软管卷筒、悬挂横移装置、摆动(水平、上下)装置、枪管进退装置、气动操控装置和电控系统以及水冷装置组成(图4-9)

名　称	简　　介
机械 自耗式 氧枪	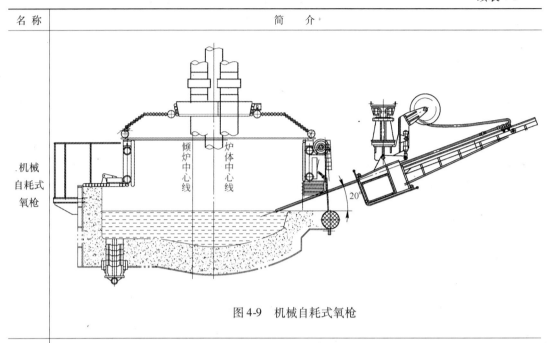 图4-9　机械自耗式氧枪
水冷 燃氧枪	水冷燃氧枪的枪体和枪头都为水冷结构，工作时不插入钢渣液面，是非自耗式氧枪。主要作用除了向炉内供氧外，还可向炉内注入新的热源。随着烧嘴技术和二次燃烧技术的普及，燃氧枪在现代电弧炉炼钢生产中的作用越来越大。已成为提高产能，降低生产成本必不可少的手段。燃氧枪所用的燃料可以是燃气，也可以是燃油，还可以是炭粉或煤粉。燃料介质不同，氧枪的制作方法也不同。使用者可根据自身条件和工艺要求选用燃气-氧枪、燃油-氧枪或碳-氧枪。供氧压力可达 1.0～1.2MPa。将水冷燃氧枪技术应用在炉壁上，习惯上称为"炉壁氧枪"，将水冷燃氧枪技术应用在炉门又习惯称为"炉门氧枪"。图4-10 是一种燃油氧枪的结构图，使用轻柴油燃料-气体雾化-氧气助燃。图4-11 是一种燃气氧枪的结构图，使用天然气、煤气或焦炉煤气等气体燃料。氧枪中心为主氧通道，二环为燃气通道，三环为燃烧氧通道，最外层为水冷保护套管。烧嘴为铜质水冷，中心主氧气为拉瓦尔孔型设计，周围环绕一组燃气孔和一组燃烧氧孔 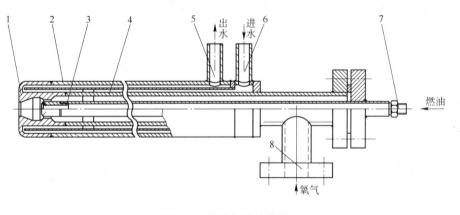 图4-10　燃油氧枪结构图 1—枪头；2—外管；3—油嘴；4—氧管；5—出水管； 6—进水管；7—燃油接口；8—氧气接口

名　称	简　　介
水冷燃氧枪	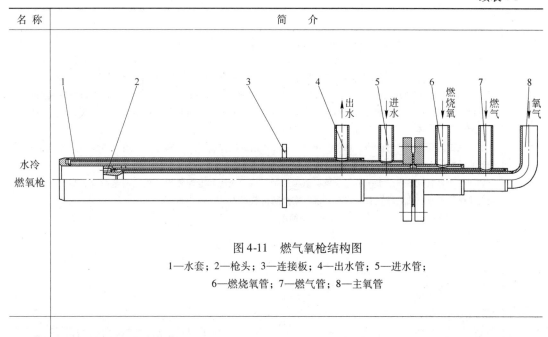 图4-11　燃气氧枪结构图 1—水套；2—枪头；3—连接板；4—出水管；5—进水管； 6—燃烧氧管；7—燃气管；8—主氧管
炉壁水冷氧枪	图4-12是炉壁水冷氧枪安装示意图，是由于氧枪安装在炉壁上而得名的，一般是在电弧炉冷区炉壁上布置的定点伸缩式超声速集束燃氧枪。它可有效地将辅助热源直接送到炉内冷区，如能配合应用二次燃烧技术，其效果将更为理想。需要注意的是：氧枪烧嘴的喷吹范围应尽量避开电极，以免电极烧损过大。此外，小型电弧炉由于炉壁外安装空间有限，并且炉膛内熔池较小，不适合炉壁氧枪的应用 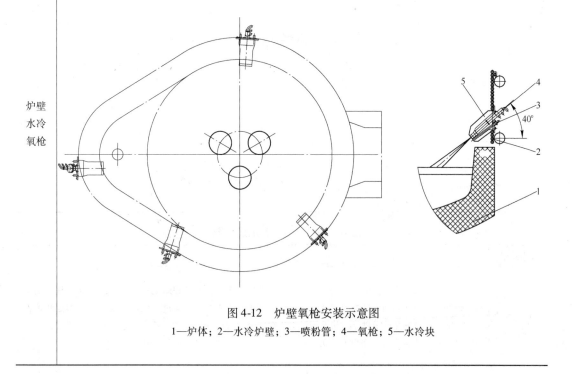 图4-12　炉壁氧枪安装示意图 1—炉体；2—水冷炉壁；3—喷粉管；4—氧枪；5—水冷块

续表 4-1

名 称	简　　介
炉门水冷氧枪	这是一种通过炉门来进行助熔、脱碳和造泡沫渣的辅助工艺装备，应用最为普及。氧枪安装的结构形式主要有台车式和旋臂式炉门氧枪两种。氧枪可以前后移动，还可以在炉门范围内上下、左右摆动。在实际应用中，碳-氧枪和油-氧枪可单独应用，也可组合应用。氧枪烧嘴一般都为拉瓦尔孔型设计。 碳-氧枪的枪体可以组合为一体，也可以分体制成，即将炭粉喷枪独立使用。由于长时间地喷吹炭粉会对喷枪内壁造成磨损，因此独立的炭粉喷枪更为经济实用。而喷吹轻质柴油燃料不会造成磨损，因此油氧枪一般都组合为一体。 由于在炉门处还要进行除渣、加料、测温、取样等冶炼操作，因此氧枪的应用还要避免与其他操作相互干涉和影响。 炉门水冷燃氧枪工作系统一般由氧枪、氧枪控制机构、液压和电控装置、氧气输送系统、炭粉存储罐和载气输送装置或燃油输送装置、水冷系统、安全防护装置等组成。 图 4-13 是某厂水冷炉门碳氧枪的系统原理简图 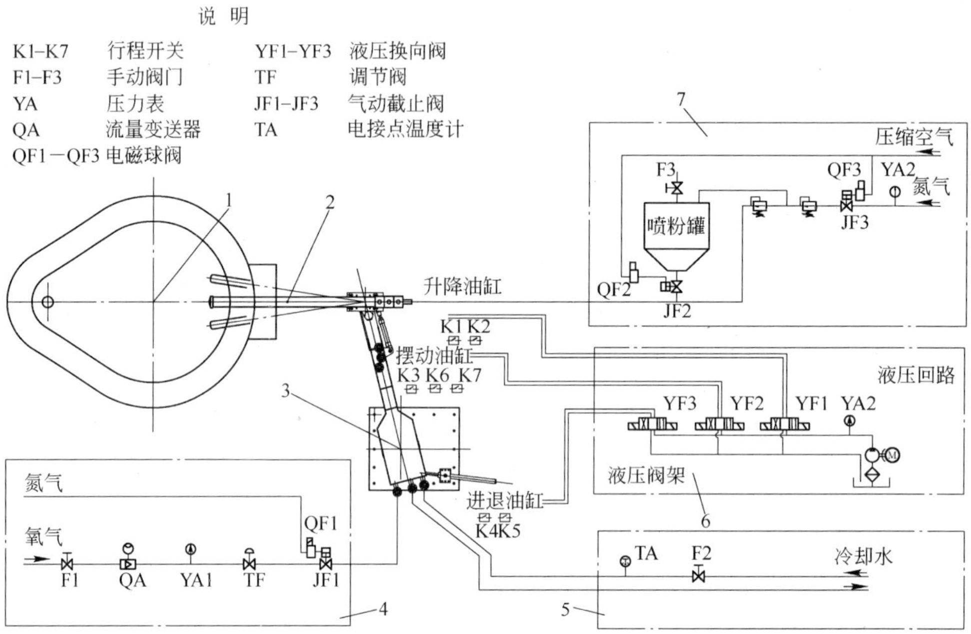 说 明 K1–K7 行程开关 F1–F3 手动阀门 YA 压力表 QA 流量变送器 QF1－QF3 电磁球阀 YF1–YF3 液压换向阀 TF 调节阀 JF1–JF3 气动截止阀 TA 电接点温度计 1 2 3 4 5 6 7 升降油缸 摆动油缸 进退油缸 K1 K2 K3 K6 K7 K4K5 压缩空气 氮气 F3 QF3 YA2 JF3 喷粉罐 QF2 JF2 液压回路 YF3 YF2 YF1 液压阀架 氧气 QF1 F1 QA YA1 TF JF1 TA F2 冷却水 图 4-13　炉门碳氧枪的系统原理简图 1—炉体；2—碳氧枪；3—氧枪机械手；4—供氧系统；5—冷却水控制装置；6—液压装置；7—碳粉存储及喷吹装置

表 4-2　氧枪主要应用技术简介

应用技术	简　　介
助　熔	吹氧助熔是氧枪最原始的应用功能，主要有两种应用方式：一是在熔池形成后，应用于合理切割炉料，使炉料尽快落入高温区加速熔化；二是直接向熔池吹入氧气，通过氧化放热反应提高熔池和炉料温度。需要注意的是吹氧助熔时机和钢液对化学成分以及所冶炼品种的特殊要求，如把握不好，效益将大打折扣，甚至造成负面影响（关于吹氧助熔的操作方法，将在 6.2 节中详细介绍）

应用技术	简 介
直接氧化反应	电弧炉冶炼工艺中，将氧气管插入渣层或钢液中，使氧气直接与钢液中元素发生反应，称为直接氧化反应。由于吹氧管会熔化损耗，因此将该类氧枪称为自耗式氧枪。自耗式氧枪的氧气工作压力一般为 0.4~0.8MPa。当采用水冷超声速氧枪进行直接氧化反应时，其氧化强度更大，效率更高。由于工作时氧枪烧嘴与钢渣液面要保持一定的距离（约200mm以上），因此其使用寿命也较长。水冷超声速氧枪的供氧压力一般在 1.0~1.4MPa 之间
泡沫渣工艺技术	在泡沫渣状态下埋弧操作，不但可以节能降耗，还可以提高冶金质量。泡沫渣的形成机理是：氧化性气体（如 CO 气泡）不断地在渣中逸出，被液渣中的悬浮质点（如硅酸钙、磷酸钙、硅酸镁、氧化镁等）分割成许多微小气泡，并在液膜张力的作用下，不断地聚集、长大、上升，直至破裂。这一过程时间的长短体现了形成泡沫渣的程度（也有人将这一时间称为发泡指数）。自耗式氧枪和非自耗式氧枪都可以应用于泡沫渣工艺技术，其各有利弊和不同的操作特点，关键是操作者如何能够配合喷炭粉和造渣工艺合理使用氧枪
二次燃烧技术	所谓二次燃烧就是将炉内碳氧反应生成的 CO 再次燃烧生成 CO_2，从而降低 CO 的排放，提高热效率，缩短冶炼时间，节能降耗。二次燃烧喷枪主要安装在炉门两侧和冷区炉壁处，主要应用方式有三种：（1）手动方式（根据现场实际情况人工控制喷吹）；（2）自动方式（根据经验数据和冶炼工艺要求编制程序通过 PLC 自动控制喷吹）；（3）动态方式（利用烟道氧化锆探头和专用分析仪器，检测并分析炉内的氧含量，并以此为依据，通过 PLC 动态控制喷吹）。在通常情况下，三种方式联合使用效果最佳

4.2.4 喂丝机

喂丝机是实现将包芯线送入钢液的机械设备。随着电炉炼钢工艺技术和炉外精炼技术发展，喂丝机的应用越来越普及。冶金工艺对喂丝机的要求是：工作平稳，具备一定的喂丝速度并且速度可调。

按不同冶金工艺需求，将不同的合金元素粉末（如：Ca-Si、CaO-CaF$_2$-Al、CaC$_2$ 和稀土合金、硼铁、钛铁等易氧化合金）用通常为 0.2~0.6mm 金属外皮包裹起来，制成一定直径（通常为 $\phi3~18mm$）的包芯丝线。

工艺操作时，喂丝机的导辊驱动包芯线按一定的速度（一般为 1~7m/s 可调）行进，然后，通过导线管将包芯线直接连续插入（或射入）到钢液中，并在吹氩技术的配合下，使合金粉末在钢液中迅速均匀弥散，达到脱氧，脱硫，改变夹杂物形态，提高钢水质量，微调成分，改善浇铸性能，提高合金收得率，节约合金材料，降低冶炼成本等目的。

喂丝机型有单线、双线及多线之分。在炼钢生产中可应用于钢水包、中间包等工艺环节，目前在钢包冶金领域应用最为普及。图 4-14 是钢水包喂丝工位示意图。

4.2.5 加料装置

在电弧炉冶炼过程中，要根据工艺的需求向炉内和包内加入各种辅料，如石灰、萤石、铁矿石、铁合金等。对于小型电弧炉一般是人工由炉门加入。对于大中型电弧炉，为了减轻工人的劳动强度，并且使辅料准确有效地加入到炉内或包内，需要使用机械加料装置。加料装置在电弧炉炼钢操作中起到了非常重要的作用。

由于加入辅料的种类、加入时机和方法以及加料的位置不同，形成了不同类型的加料装置，如炉门加料装置、炉顶（炉盖）加料装置和炉后（钢包）加料装置。其中炉顶加料装置应用最为普及，是本节介绍的重点。

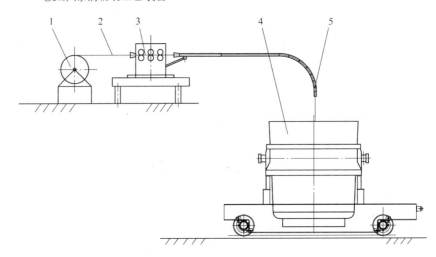

图 4-14　钢水包喂丝工位示意图

1—丝线卷筒；2—芯线丝；3—喂丝机；4—钢水包；5—导线管

　　炉顶加料装置一般是由料仓或料斗、溜槽和给料器组成。所谓炉顶加料就是在炉盖上设加料孔（加料水圈），通过操纵给料器，将存放在料仓或料斗内的辅料由溜槽加入到炉内。表 4-3 列出三种不同机构类型的炉顶加料装置及主要部件简介。

表 4-3　炉顶加料方式及主要部件简介

名　称	简　介
料　仓	一般为高位料仓。根据辅料的种类和加入量，设计料仓的大小和数量
溜　槽	根据空间位置和加料方式，有吊挂式、伸缩式、旋转式等结构形式
给料器	给料器是电弧炉加料装置的主体部件，常见的种类有： （1）电磁振动给料器（高位上料）：可设单个或多个高位料仓，天车辅助上料，电磁振动给料器控制下料，可安装压力传感器实时监测辅料的加入情况。这是目前应用最为广泛的电弧炉炉顶给料装置。图 4-15 为电磁给料器加料系统示意图 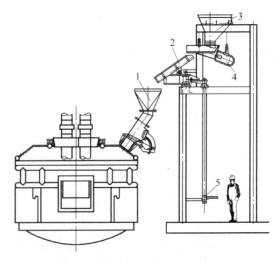 图 4-15　电磁给料器加料系统示意图 1—加料口；2—溜槽；3—料仓；4—电磁振动给料器；5—溜槽摆动装置

名　称	简　介
给料器	（2）机械小车翻斗给料器：一般不设料仓，低位上料，通过机械小车将料斗送至加料口，点动翻斗加料。斗内辅料一次加完，可在小型电炉或天车紧张的情况下应用。图4-16为机械小车翻斗给料器加料系统示意图 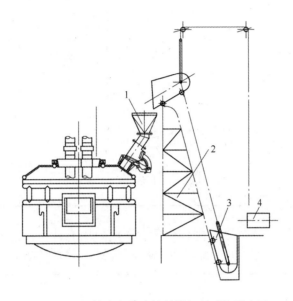 图4-16　机械小车翻斗给料器加料系统示意图 1—加料口；2—翻斗轨架构；3—翻斗小车；4—提升机 （3）液压翻斗给料器：一般不设固定料仓，低位上料，通过液压旋转臂装置将料斗送至加料口，点动翻斗加料。该装置与机械小车装置比较，优点是占地面积和空间较少，设备维护较方便。图4-17为液压翻斗给料器加料系统示意图 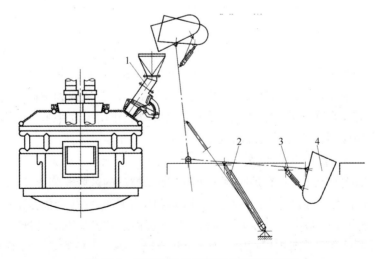 图4-17　液压翻斗给料器加料系统示意图 1—加料口；2—大臂液压缸；3—翻斗液压缸；4—料斗

名　　称	简　　介
给料器	（4）蛤式连杆给料器：设高位料仓，采用机械小车或天车上料，人工操纵蛤式连杆机构向炉内加料。简单经济，老式小型电弧炉常有应用。图4-18为蛤式连杆给料器加料系统示意图 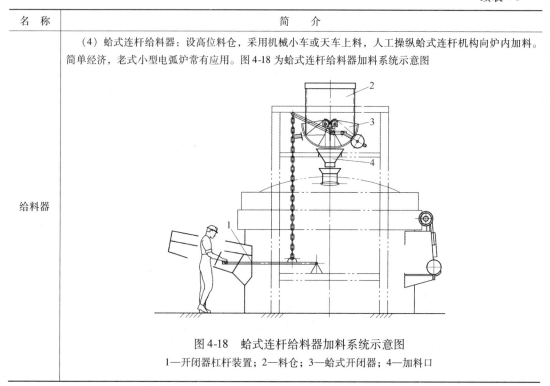 图 4-18　蛤式连杆给料器加料系统示意图 1—开闭器杠杆装置；2—料仓；3—蛤式开闭器；4—加料口

4.2.6　底吹装置

4.2.6.1　电弧炉底吹的目的和作用

为了改善电弧炉加热的不均匀性，在电弧炉冷区炉壁上布置烧嘴，这对加速轻薄炉料的熔化比较有效，而重废钢的熔化更多的是依靠熔池的传热。电弧炉熔池的温差约为 20～50℃，偏心底电弧炉熔池的温差最大，约为 50℃，若没有熔池搅动，在冷区的大块废钢熔化时间会很长。采用电弧炉底吹技术，可以大大提高熔池的传热效率，使电弧热能可以迅速传遍整个熔池，从而加快废钢熔化。实践证明，合理地应用电弧炉底吹技术不仅可以快速有效地均匀钢水温度，并且还有利于促进钢渣界面反应、去除夹杂物、降低渣中氧化铁含量，从而有利于缩短冶炼时间、降低出钢过热度、减少铁损和提高炉衬寿命。底吹惰性气体时，同时还有降低 CO 分压从而促进碳氧反应的作用。近年来，电弧炉底吹技术在大型电弧炉上的应用，取得了良好的效果。

4.2.6.2　电弧炉底吹方式

电弧炉底吹的方法是：在炉底冷区和钢水不易搅动的区域安装透气砖，并且，避开电极起弧区域。这是为了加强冷区的传热速率和避免因钢水涌动而影响电弧的稳定。透气砖的布置方式有多种形式，应根据电弧炉设备的具体情况而定。图 4-19 为三种不同电弧炉的炉底透气砖布置方案示意图，图 4-19a 为小型三相交流电弧炉一点底吹透气砖布置方案；图 4-19b 为大中型三相交流电弧炉三点底吹透气砖布置方案；图 4-19c 为偏心底出钢电弧炉四点底吹透气砖布置方案。当然，还有多种炉底透气砖的布置方法，这里就不再一一进行介绍。

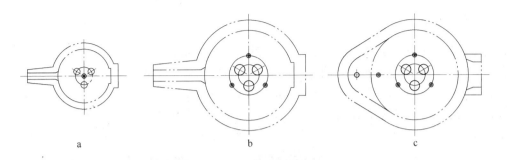

图 4-19 电弧炉底透气砖布置方案示意图
a—小型电弧炉；b—大中型电弧炉；c—偏心底出钢电弧炉

电弧炉底吹介质一般为：氩气、氮气、二氧化碳或天然气（根据不同的现场条件和冶炼工艺需要而定）。供气压力约为 0.3 ~ 1.2MPa，流量一般控制在 $0.002 ~ 0.01m^3/(min \cdot t)$，并且要正确选择底吹时机和调整底吹强度。通常熔化期可进行大流量强烈搅拌，当废钢全部熔化后，为了不使钢液面涌动过大，影响电弧的稳定，应将底吹气体流量减小到原来的 1/2 ~ 1/3。图 4-20 为电弧炉底吹（四点）供气原理图，底吹介质为氮气和氩气。

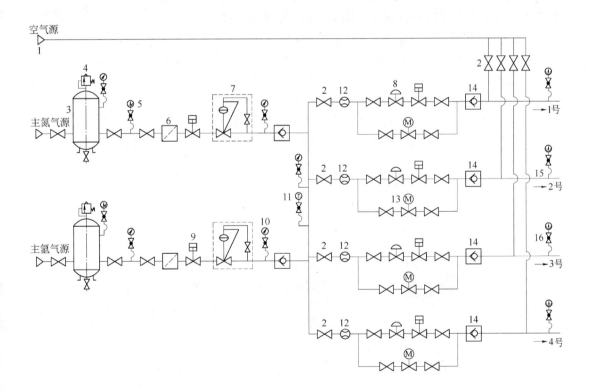

图 4-20 电弧炉底吹供气原理图
1—气源；2—截止阀；3—储气罐；4—安全阀；5—电接点压力表；6—管道过滤器；
7—自力调压阀；8—调节阀；9—切断阀；10—压力表；11—电接点温度计；
12—流量计；13—电动阀；14—单向阀；15—微型高压胶管；16—球阀

4.2.7 测温装置

测温装置是在电弧炉冶炼时，为了掌控钢水温度由炼钢工直接操作的辅助工艺装备。钢铁行业所应用的测温装置，主要分为两类：一类是非接触式的间接测温。在检测钢水温度时，检测元件与钢水保持一定距离，如图 4-21 所示的红外线测温装置：图 4-21a 为有线连接测温装置，图 4-21b 为无线手持测温装置。测温范围一般在 200～1800℃之间。

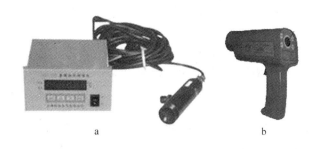

图 4-21 高温红外测温仪
a—有线连接；b—无线手持

这种测温装置的优点是：操作方便，可做到无损耗多次使用。最大缺点是受测量环境影响（如钢水表面的钢渣、弧光、烟尘等），测量误差较大，并且，只能测量表面温度。因此，这种测温装置在电弧炉炼钢操作中，仅作为在特殊情况下的一种补充方式使用。

另一类测温装置是接触式的直接测温。测温时，将一次检测元件（热电偶头）插入钢液中，直接测量钢液温度，又称为热电偶测温装置。这种方式在炼钢操作中应用最为广泛。

如图 4-22 所示，热电偶测温装置主要由一次检测元件（热电偶头）、保护套管（纸管）、测温枪管、信号传输及补偿导线、温度分析仪和显示器组成。一次检测元件所用的

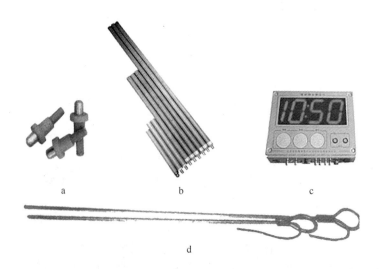

图 4-22 热电偶测温装置
a—热电偶头；b—偶头及保护套管组件；c—温度显示仪；d—测温枪管及馈线组件

热电偶丝有铂铑丝、钨钼丝或钨铼丝等，使用者可根据成本、测温范围和精度要求选择。测温枪有人工手持和机械操控等形式，手持式人工快速测温枪在电弧炉冶炼中应用最为普遍。

此外，还有带水冷保护套管的机械操控式测温枪和将一次检测元件埋在装有保护装置的炉壁上进行连续测温的装置。但是由于种种原因，这些测温方式在电弧炉炼钢操作中，应用不太广泛。

4.2.8　补炉装置

由于渣线和出钢槽两侧易受到高温、化学侵蚀、钢液冲刷以及炉料的机械撞击，从而造成局部损坏。电弧炉炼钢工艺要求在出钢后，应及时对这些缺损部位进行修补。修补操作的原则是：快补、热补、薄补。对于小型电弧炉可以采用人工进行修补。而对于大中型电弧炉来说，人工修补操作极为困难。因此，采用补炉机装备对渣线或破损部位进行修补，这样不仅可以减轻工人的劳动强度，还可以提高修补效果。

电弧炉的补炉机操作方式有两种：一种是离心式补炉机，需打开炉盖，在炉口上方，由天车吊钩辅助操作；另一种是喷射式补炉机，通过炉门口，由人工进行操作。

离心式补炉机是通过电机或气动马达驱动撒料转盘，在离心力的作用下，将撒料盘上的镁砂甩向渣线位置。该型补炉机特点是360°抛撒均匀、快速，适用于常规维护修补。

喷射式补炉机是由料仓、输料系统和喷补枪组成。一般补炉料运载介质为压缩空气，压力为0.4MPa左右，喷补料粒度不大于4mm。补炉操作时，由操作工手持喷补枪，将补炉料喷射到炉体破损部位。该型补炉机特点是，补炉时可不打开炉盖，最好利用炉膛高温进行喷补，适用于局部重点修补。

4.2.9　燃烧烘烤装置

燃烧烘烤装置（钢包、水口的烘烤）是非常重要的电弧炉炼钢辅助工艺装备，主要用于钢包和水口的烘烤。燃烧烘烤装置由烧嘴、燃料控制系统和输送管路组成。燃料介质可以根据企业自身条件选取。下面介绍几种用于钢水包的烘烤装置。

（1）立式烤包装置：如图4-23所示，钢包直立烘烤，烧嘴连同盖体可进行开启和扣盖旋转，旋转角度约为90°，由气缸控制旋转。燃料介质为煤气或石油液化气，鼓风机吹入空气助燃。该装置简单，占地面积小，工程投资较少。

（2）卧式烤包装置：如图4-24所示，钢包平卧烘烤。烧嘴、包盖及燃气系统全部安装在台车上，并随台车在轨道上移动，

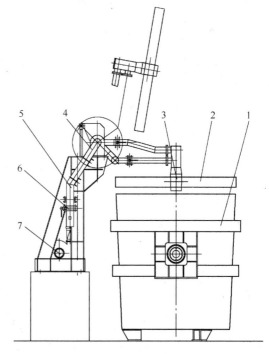

图4-23　立式烤包示意图
1—钢水包；2—包盖体；3—烧嘴；4—旋臂机构；
5—燃气管道；6—控制阀门；7—风机

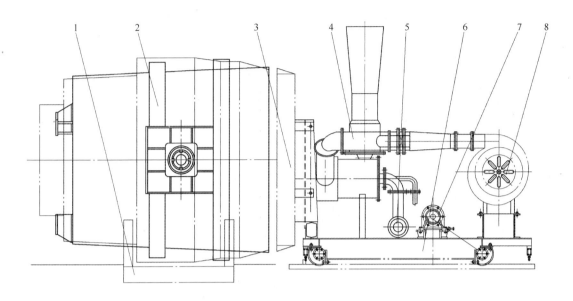

图 4-24   卧式烤包示意图

1—钢包托架；2—钢水包；3—包盖体及烧嘴；4—助燃风管道；

5—燃气管道；6—台车架；7—台车驱动装置；8—风机

从而调整包盖体与钢包口的距离。燃料介质为煤气或石油液化气，鼓风机吹入空气助燃。卧式烤包装置适用于大型钢包的烘烤。

（3）手持燃油枪烤包装置：如图 4-25 所示，钢包直立，用支架将烤包枪放置在包口上方。燃料介质一般为柴油，压缩空气通过烧嘴将柴油雾化燃烧。为保证足够的助燃氧气，一般为敞口或半敞口烘烤。该烤包装置简单、灵活，装备制造费用低廉，但热能损耗较大，适用于小型钢包的烘烤。

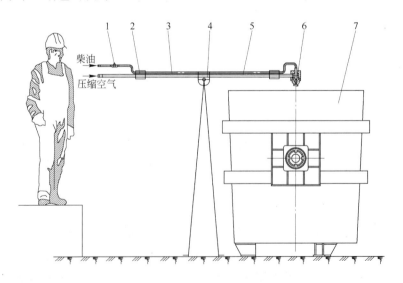

图 4-25   手持燃油枪烤包装置示意图

1—截止阀；2—卡箍；3—油管；4—支撑架；5—气管；6—枪头；7—钢水包

4.2.10 风动送样装置

4.2.10.1 简介

在电弧炉冶炼过程中，为了随时掌控钢水的成分变化情况，需要经常取样化验，而化验室的建设位置常常与电弧炉操作现场相距较远，炉前工送样的路程较远并且复杂（穿越车间或上下扶梯）。送样过程延误的时间很长，使炉前操作工无法及时准确地掌控钢水成分情况。风动送样装置的应用，使送样过程时间大大缩短，送样速度可达 10 ~ 25m/s。

系统设备组成如下：

（1）发送及接收装置：主要由上下弹仓、气缸、二位三通电磁气阀、缓冲装置和柜体等组成。收发装置是风动送样系统的主体，它应同时具备发送样弹和接收样弹的双重功能。发送时，样弹在弹仓内依靠压缩空气获得运行动力，通过无缝管道高速发送到目的地。接收时，系统能够及时切断动力，使样弹减速并最终通过缓冲装置安全接收样弹。

（2）自动声讯及操作控制系统：主要由一次检测元件、电气控制元件和声讯报警装置组成。对自动控制系统的要求是操作简捷方便，运行安全可靠，并且具有防止误操作的防护功能。

（3）压缩空气储能装置：样弹有效发送，不但要求获得较高的初速度，将样弹送到一定的高度，还要将样弹输送较长的距离。因此，系统对气源有一定的要求，要求要有稳定的气压和供气量。一般是在发送柜较近的位置安置压缩空气蓄能装置，蓄能装置的容积要根据输送距离的长短来确定。

（4）管道输送系统：由无缝钢管、连接法兰和密封件组成，管道壁厚一般大于 4mm，要求全程密封良好。为了保证样弹在管道内的可靠运行，样弹与管道内壁不仅需有合理的间隙，而且还要保证管道施工的最小弯曲半径，一般要求 $R \geqslant 2500mm$。

（5）样盒：如图 4-26 所示，样盒是弹壳和封盖组成，其作用是运载钢样，又称样弹，对样弹的要求是封盖能够方便地开启与扣合，确保在运载钢样的过程中，封盖不会脱落，并且，样盒的结构还能承受一定的抗冲击能力。

4.2.10.2 风动送样系统实例

本实例是以压缩空气为动力载体，可双向发送的风动送样发送和接收装置。全部操作由炉前操作人员和试样检验接收人员分别完成。图 4-27 为该风动送样系统的操作流程。

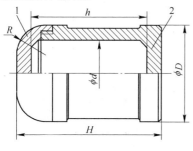

图 4-26 样盒结构图

1—封盖；2—弹壳

取样：炉前工按操作规程取样

装弹：将试样放入弹壳中，并扣紧尾盖

发送：将样弹装入弹仓，启动发送按钮。发送操作前应检查压缩空气供应是否正常，储气罐 13（图 4-28）是否得气，总阀门 12 是否打开，压力表 11 的压力显示是否正常。然后操控二位四通电磁阀 9，通过气缸 8 打开下弹仓 6。装入样弹后关闭弹仓，启动发送按钮控制二位三通电磁球阀 10 送气发射样弹

接收：检验接收方打开仓门去接样弹。当样弹落入接收方弹仓 6_B 后，接近开关发出指令，自动打下弹仓，样弹自动翻落入受样斗 14_B 触动微动开关 7_B 发出来样讯号。检验接收方取出样弹加工送检

检验：来样加工，化验，通报检验结果

空弹送回：将空弹扣紧后，发回炉前

炉前工取出空弹，收集备用

图 4-27 风动送样系统的操作流程

图4-28 为该风动送样装置原理图。

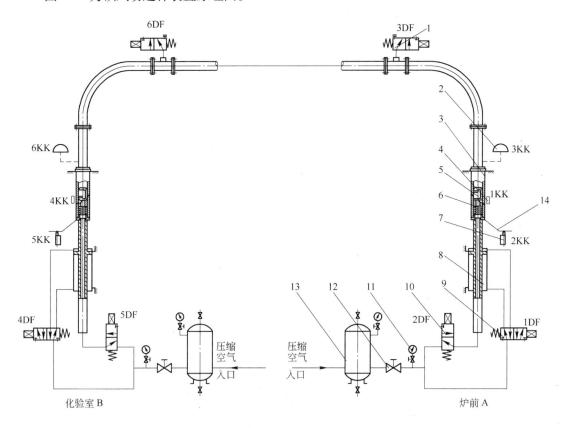

图 4-28   风动送样装置原理图
1—放气阀；2—压力继电器；3—上弹仓；4—接近开关；5—样弹（样盒）；6—下弹仓；
7—微动开关；8—气缸；9—二位四通电磁阀；10—二位三通电磁球阀；
11—压力表；12—截止阀；13—储气罐；14—受样斗

表4-4 为该装置主要元件的技术要求及说明。

表4-4   风动送样装置主要元件的技术要求及说明

元件名称	技术要求及说明
储气罐	该系统输送距离约1km，管道最高点距地面约20m，选取储气罐容积为2.5m³
二位三通电磁阀	要求系统大流量快速通断，选取该电磁阀通径为25～30mm
二位四通电磁阀	用于控制弹仓开启，电磁阀通径为10～15mm
双向气缸	该气缸具有组合功能，气缸杆中空送风，下端连接送气电磁阀，上端连接下弹仓
弹 仓	上弹仓固定，下弹仓在气缸的作用下移动开闭，上、下弹仓接口处为斜面，以便受弹时自动翻落
受弹斗	受弹斗接到样弹后触动微动开关，发出讯号

图4-29 为该风动送样系统控制程序框图。

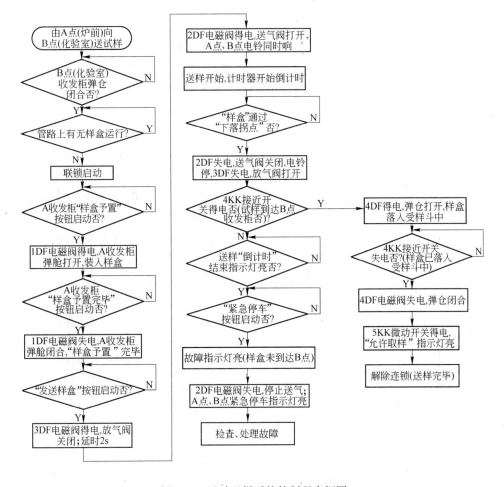

图 4-29 风动送样系统控制程序框图

表 4-5 为该风动送样系统的主要技术参数。

表 4-5 风动送样系统技术参数

序 号	名 称		规格参数	备 注
1	输送距离/m		≥500	实际最长约1200
2	输送速度/m·s⁻¹		10~25	
3	管道规格/mm×mm		φ76×4	
4	管道弯曲半径/mm		R≥2500	
5	样盒规格/mm		φ66	
6	气源接口	压力/MPa	0.4~0.7	要求具有连续稳定供气的能力
7		流量/m³·min⁻¹	≥10	
8		气路通径/mm	≥60	
9		蓄能器容积/m³	≥1.5	

4.2.11　浇钢设备

钢水浇铸是电弧炉炼钢生产的最后一个重要环节。由于冶炼钢种不同、产品用途不同、后期工序对钢锭或钢坯的要求不同以及操作现场条件不同。因而形成了不同的钢水浇钢形式和浇钢工艺，相应产生了不同的浇钢设施，如浇铸钢锭的浇钢车和连续浇铸钢坯的连铸机。

4.2.11.1　浇钢车

浇钢车是将钢水浇铸成钢锭工艺过程的主要设施，根据浇钢形式不同，主要有锭模铸锭车和钢包铸锭车两种不同类型的浇钢设施。

（1）图4-30为锭模铸锭车浇钢立面示意图。其工艺操作过程是将钢锭模准确码放在砌筑好汤道砖的锭盘上，然后将锭模和锭盘再整体吊放到锭模铸锭车上。准备工作就绪后，将铸锭车运行至主跨（浇钢跨），采用天车大钩吊包的方式进行钢水浇铸。如图4-30所示，铸锭车一般由动力车和挂车组成。挂车的数量可根据钢锭和锭盘的数量来确定。铸锭车的牵引方式可以有多种形式，一般根据现场条件和操作习惯进行选择。

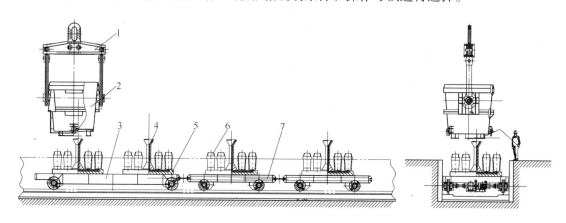

图 4-30　锭模铸锭车浇钢立面示意图

1—吊具；2—钢水包；3—动力车；4—中注管；5—锭盘；6—钢锭模；7—挂车

锭模铸锭车设备简单，操作方便，适用于中小型电弧炉，下浇铸小型钢锭和铸锭生产准备作业区面积比较紧张情况使用。但是，由于是吊包浇铸作业，当天车长期吊载液态高温重物时，存在一定的不安全因素。

（2）图4-31为钢包铸锭车浇钢立面示意图。其工艺过程是在铸锭副跨进行锭模准备作业。钢锭模和锭盘依次码放在副跨的铸锭沟里，用钢包铸锭车将钢水包从主跨（出钢跨）运载至副跨进行浇铸。钢包铸锭车是由大车架、大车传动机构、小车架和小车移动机构以及电缆拖线滑轮装置组成。设备操作方式是将钢水包放置在小车架上。钢水包的横向位移是通过手动舵轮丝杠机构对小车进行微调（调节范围一般在 −150 ~ +150mm 之间）。钢水包的纵向位移是通过安装在大车架上的电机驱动齿轮减速机构来完成的。纵向位移的距离要根据出钢跨至浇钢跨和锭盘排列的长度而定。浇钢顺序一般是先从距离出钢跨最远端的锭盘开始浇铸。

采用钢包车进行浇钢作业，不仅缓解了主跨出钢车的作业率，最重要的是杜绝了吊包

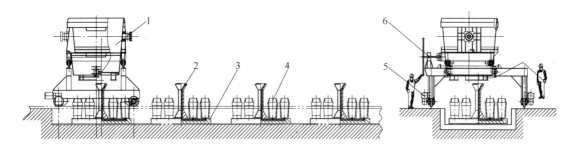

图 4-31 钢包铸锭车浇钢立面示意图
1—钢水包；2—中注管；3—锭盘；4—钢锭模；5—大车移动机构；6—小车移动机构

浇铸造成的安全隐患。需注意的是锭盘中注管一定要摆放在钢包浇口运行线上。此外，铸锭准备区域的作业面积应相应增加。

4.2.11.2 连铸机

A 连铸设备概述

采用连铸技术代替模铸生产，可使钢水收得率大大提高（10% ~15%），工序能耗降低（大于50%），生产节奏加快产能提高，生产成本降低（10% ~15%），生产工艺的自动化程度提高，工人劳动环境改善并且生产作业面积可大幅度减少（约50%）。因此，连铸技术近些年来得到了迅猛的发展。

电弧炉生产的钢水种类繁多，而不同的合金元素及不同元素成分特殊钢钢水的结晶机理和过程差异巨大。由于连铸生产采用的是强制冷却，目前还无法做到对电弧炉生产的全部品种进行连铸生产。但是通过人们不懈的努力，可进行连铸的钢种会越来越多。目前，在一些技术比较先进的企业，不但普碳钢可以全部进行连铸生产，而且对奥氏体不锈钢、弹簧钢、轴承钢、模具钢、甚至包括高碳工具钢中的许多钢种也能进行连铸生产。

连铸机的类型有：立式连铸机、立弯式连铸机、弧形连铸机、椭圆形连铸机和水平式连铸机等。其中，弧形连铸机应用最为广泛。表4-6对上述不同类型连铸机的特点进行了介绍。

表 4-6 不同类型连铸机简介及应用特点

类 型	连铸机类型示意图	简介及应用特点
立式 连铸机	结晶器液面 H 切割区 出坯辊面	结晶器铜管垂直，辊列垂直布置，从钢水浇铸、冷却结晶凝固到铸坯定尺切割的整个连铸过程都是在垂直线上完成的。钢水在垂直段结晶凝固有利于夹杂物上浮，并且该型铸机不存在弯曲矫直过程。它适用于裂纹敏感性高、钢坯内部质量要求高的特殊钢种。最大问题是由于铸机高度 H 较大，厂房设计、工程施工和设备维护都会存在一定难度，并且，铸坯鼓肚和产能也是特别需要注意的问题

类　型	连铸机类型示意图	简介及应用特点
立弯式 连铸机	结晶器液面 垂直段 弯曲段 基本圆弧段 出坯辊面 矫直段 H　R_0　R_1　R_2　R_3	结晶器铜管垂直，上部辊列为垂直段，中部辊列为强制弯曲段和弧形段，下部辊列为矫直段。由于保留了垂直段，有利于结晶凝固时夹杂物上浮，并且钢坯定尺切割在水平段进行，铸机高度 H 和厂房高度都相应降低。该机型弯曲段辊列密排，并且设备较为复杂。弯曲弧度的大小与铸坯厚度有关。该机型在板坯生产中比较普及
弧形 连铸机	结晶器 液面 出坯辊面 H　R	从结晶器铜管内壁到拉矫前的辊列均为同一弯曲半径，铸坯在这一段完成结晶凝固，然后通过多点矫直，在水平段上完成定尺切割。弧形铸机结构简单，拉坯速度快，综合性能较好，是目前方坯、矩形坯和圆坯生产的主要机型。但是，由于弧形段结晶凝固的问题，对于夹杂物要求高的钢种，应尽量选择较大的圆弧半径
椭圆形 连铸机	结晶器液面 基本圆弧段 出坯辊面 矫直段 H　R_0　R_1　R_2　R_3　R_4	椭圆形铸机与弧形铸机近似，其特点是结晶器铜管内壁和辊列按椭圆轨迹排列，浇铸点位置更低，矫直变弧点更多，冶金长度可相应提高。因此，应用该型铸机，不但厂房高度要求降低，而且铸坯鼓肚的可能性减小，拉坯速度可相应提高。存在的问题是：夹杂物上浮困难，对钢水纯净度的要求更加严格。当铸机高度 H 与铸坯厚度 D 的比值 $H/D = 25 \sim 40$ 时，又称为低头铸机；当 $H/D < 25$ 时，称为超低头铸机
水平式 连铸机		水平铸机的结晶器和辊列全部水平布置，结晶器与中间罐紧密相连，在中间罐水口和结晶器连接处安装有分离环。不同于其他类型的铸机，拉坯机拖动铸坯反复进行"拖拉→反推→停顿"的周期动作。特点是设备简单、无需高大厂房、工程费用较低，并且无二次氧化和铸坯的变形裂纹问题。它适用于圆坯和多品种小批量的特殊钢连铸。存在的问题是：分离环技术有待改进，并且生产效率和铸坯质量的稳定性较低

图 4-32 为比较常见的弧形连铸机立面图；该连铸系统主要由钢包转台、中间罐车、结晶器及其振动装置、二冷配水系统、拉矫机、引锭杆及其存放装置、定尺装置、切割装置、切前和切后辊道、出坯装置、电控及润滑系统组成。

B 连铸机主要技术参数的确定

连铸机主要技术参数和工程设计依据介绍如下。

a 铸坯断面规格

铸坯断面规格是连铸机选型和设计的首要依据，常见的铸坯规格有：

（1）小方坯：70 ~ 200mm²；

（2）大方坯：200 ~ 450mm²；

（3）矩形坯：100mm × 150mm ~ 400mm × 560mm；

（4）板坯：120mm × 500mm ~ 300mm × 2600mm；

（5）圆坯：$\phi(80 ~ 450)$mm。

b 铸坯定尺

铸坯定尺是铸机辊道长度的设计依据之一，一般根据轧钢生产线轧制钢材的规格和加热炉参数而定，常见规格有：3m、6m、9m、12m 等。

c 铸机圆弧半径

铸机圆弧半径不仅可以反映出铸机的高度，还是铸机最大拉坯厚度和拉坯速度的重要参数。初步确定铸机圆弧半径的经验公式如下：

$$R \geqslant cD \tag{4-1}$$

式中　R——铸机圆弧半径，m；

　　　D——铸坯厚度，m；

　　　c——系数，一般中小型钢坯为 30 ~ 36；大型钢坯及合金钢应大于 40；总之，坯型越小，表面允许伸长率越大，c 值越小；坯型越大，表面允许伸长率越小，c 值越大（通常普碳钢取 $c = 33 ~ 35$，合金钢取 $c = 42 ~ 45$）。

d 铸机拉坯速度

拉坯速度是衡量连铸机技术性能的重要参数。拉坯速度取决于钢水的凝固状况，而钢水的凝固状况又取决于铸坯断面尺寸、钢水温度和钢水的冷却条件。在相同的铸坯断面和冷却条件下，拉坯速度越快，铸坯出结晶器时的坯壳厚度越薄，产生漏钢的危险性越大，并且越容易产生钢坯内部质量问题。因此，在确定拉坯速度时一定要注意确定方法的科学性和合理性。下面介绍两种拉坯速度的计算方法。

（1）根据结晶器坯壳凝固安全厚度推导出最大拉坯速度公式：

$$v_{\max} = K^2 L / \delta^2 \tag{4-2}$$

式中　$v_{\max}$——最大拉坯速度，m/min；

　　　K——结晶器凝固系数，mm/min$^{1/2}$；

　　　L——结晶器有效长度，mm（一般为结晶器长度减去 100mm）；

　　　δ——坯壳厚度，mm，小断面铸坯坯壳安全厚度为 8 ~ 10mm；大断面铸坯坯壳厚度应不小于 15mm。

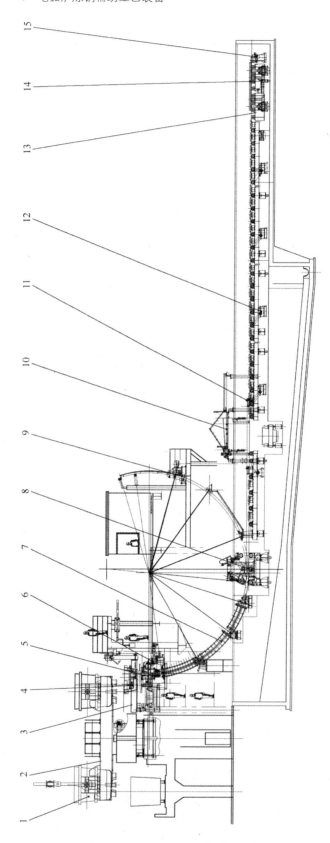

图 4-32　弧形连铸机立面图

1—钢包；2—大包转台；3—中间罐车；4—中间罐；5—结晶器；6—振动机构；
7—二冷段；8—拉矫机；9—引锭杆存放机构；10—火切机；11—定尺装置；
12—运输辊道；13—出坯辊道；14—移钢机；15—固定挡板

（2）根据铸坯断面估算拉坯速度的经验公式：

$$v = eS/A \tag{4-3}$$

式中　v——拉坯速度，m/min；

　　　e——系数（m·mm/min），为经验值，与钢种、结晶器断面尺寸和冷却强度有关；
　　　　　小方坯：$e = 65 \sim 85$；大方坯和矩形坯：$e = 55 \sim 75$；圆坯：$e = 45 \sim 55$；

　　　S——铸坯断面周长，mm；

　　　A——铸坯断面面积，mm^2。

e　冶金长度

冶金长度是钢水开始结晶到完全凝固钢坯液心的长度，也是最大拉坯速度时的液相深度。冶金长度是铸机辊列设计的重要依据，也决定了铸机的生产能力。

液相深度与凝固时间的关系：

$$L_{液} = v_{max}t \tag{4-4}$$

式中　$L_{液}$——液相深度，m；

　　　v_{max}——最大拉坯速度，m/min；

　　　t——铸坯完全凝固所需时间，min。

铸坯厚度与凝固时间的关系式：

$$D = 2K_m\sqrt{t} \tag{4-5}$$

式中　D——铸坯厚度，mm；

　　　K_m——凝固系数，$mm \cdot min^{-1/2}$，取值范围在 $24 \sim 33$ 之间，弱冷取小值，强冷取大值；

　　　t——铸坯完全凝固所需时间，min。

将式 4-5 代入式 4-4 整理得冶金长度计算公式：

$$L_{冶} = L_{液} = V_{max}D^2/(4K_m^2) \tag{4-6}$$

式中　$L_{冶}$——冶金长度，m。

f　连铸机总长度的确定

以刚性引锭杆铸机为例（图 4-33），机身水平长度尺寸计算如下：

$$L_{铸机} = R + L_1 + L_2 + L_3 + L_4 + L_5 \tag{4-7}$$

式中　$L_{铸机}$——连铸机机身水平长度尺寸，m；

　　　R——弧形半径，m，根据铸坯大小和拉速而定；

　　　L_1——拉矫区长度，m，取决于拉矫机类型和液心状况，一般在 $1 \sim 2.5m$ 之间；

　　　L_2——切前辊道长度，m，根据拉速和液心位置而定，一般在 $6 \sim 15m$ 之间；

　　　L_3——切割区长度，m，与设备的切割能力有关，一般在 $3 \sim 4.5m$ 之间；

　　　L_4——输送和等待区辊道长度，m，与定尺和钢坯处理工艺有关，一般应是定尺长度的 2 倍以上；

　　　L_5——冷床或出坯区长度，m，主要取决于钢坯定尺长度，一般为最大定尺长度再增加 1m 的长度。

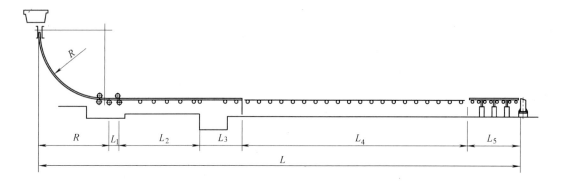

图 4-33　连铸机总长示意图

g　铸机流数的确定

在实际生产中，根据生产需要和工程条件，有一机一流、一机多流和多机多流等多种连铸机的生产组合方式。目前应用最多的是多机多流生产组合方式。

连铸机的流数可按下式确定：

$$n = G/(Av\rho T) \tag{4-8}$$

式中　n——铸机流数；

　　　G——钢水包容量，t；

　　　A——铸坯断面面积，m^2；

　　　v——平均拉坯速度，m/min；

　　　ρ——钢坯密度，t/m^3；

　　　T——允许浇铸时间，min。

h　铸机产能计算

铸机小时产能计算如下：

$$P_{小时} = 60BDv\rho n \tag{4-9}$$

式中　$P_{小时}$——铸机小时产能，t/h；

　　　B——铸坯宽度，m；

　　　D——铸坯厚度，m；

　　　v——铸机拉速，m/min；

　　　ρ——钢坯密度，t/m^3；

　　　n——流数。

铸机平均日产量计算如下：

$$P_{日} = 1440ZG\eta/T_j \tag{4-10}$$

式中　$P_{日}$——平均日产钢坯，t/d；

　　　Z——平均连浇炉数，炉；

　　　G——每炉平均出钢量，t；

　　　η——金属收得率；

　　　T_j——浇铸周期，min。

铸机平均年产量计算如下：

$$P_{年} = 365P_{日}\gamma \tag{4-11}$$

式中 $P_{年}$——平均年产钢坯，t/a；

      $P_{日}$——平均日产钢坯，t/d；

      γ——铸机年作业率，%。

  i   结晶器振动参数的确定

振频：即结晶器每分钟振动的周期次数。根据钢坯的"振痕"状况和实际拉坯速度，可以间接检测出连铸机结晶器的振动频率：

$$f = v/L_{振痕} \tag{4-12}$$

式中 v——实际拉坯速度，m/min；

    $L_{振痕}$——振痕间距，m。

采用负滑脱率控制振动频率的数学模型为：

$$f = \frac{1000(1 + \varepsilon)}{2h_{振动}} v \tag{4-13}$$

式中 ε——负滑脱率，%；

    $h_{振动}$——振幅，mm；

      v——拉坯速度，m/min。

振幅：即结晶器上下移动的距离。一般为 2~20mm，根据经验选择，也可根据式4-13 导出：

$$h_{振动} = \frac{1000(1 + \varepsilon)}{2f} v \tag{4-14}$$

负滑脱率：当结晶器振动下行速度大于拉坯速度时称为"负滑脱"，在整个拉坯过程中负滑脱的程度称为"负滑脱率"，用下式表示：

$$\varepsilon = \frac{v_p - v_{拉}}{v_{拉}} \times 100\% \tag{4-15}$$

式中 v_p——结晶器振动下行的平均速度，m/min（$v_p = 4h_{振动}f/1000$）；

    $v_{拉}$——拉坯速度，m/min。

负滑脱能帮助钢坯从结晶器顺利脱出，并且有利于拉裂坯壳的愈合。正弦振动的负滑脱率一般为 30%~40%。

  j   连续铸钢的金属收得率

连续铸钢的金属收得率即电弧炉冶炼出的钢水与合格铸坯之比的百分数，见下式：

$$\eta = \frac{W}{G} \times 100\% \tag{4-16}$$

式中 η——钢水收得率，%；

    W——合格铸坯质量，t；

    G——钢水质量，t。

与模铸相比，连铸的优势之一就是金属收得率高，一般正常情况下可达到95%以上。

C　连续铸钢新技术的应用

由于电弧炉主要用于生产质量要求比较高的钢种及合金含量较高的特殊钢，因此，连铸新技术的应用更为重要。通过这些新技术的应用，可以进行连续铸钢的品种范围越来越广。连铸对比模铸的优势特点更加突出，如偏析改善、粗糙度降低、晶粒细化、疏松减轻铸坯外形尺寸更加接近成品钢材，从而在提高产品质量的同时，简化了生产流程，降低了生产成本。

可用于特殊钢连铸的新技术主要有：

（1）结晶器液面控制技术。在浇钢过程中，结晶器内钢液面的稳定与否，直接影响铸坯的质量。经常会由于液面控制不好造成溢钢、鼓肚、卷渣、裂纹等操作故障或质量缺陷。正确地应用结晶器液面控制技术是提高铸坯质量稳定性的方法之一。

结晶器液位控制装置主要由控制系统、液位检测系统和执行机构组成。其中，液位检测系统是结晶器液位控制装置的核心技术。

目前液位检测方法主要有：同位素法、涡流法、电磁法、热电偶电极法、浮子法、红外光学法、激光法、工业电视法等多种方法。上述方法各有优缺点，在安全性能、检测精度、响应速度和检测范围等方面都各有所长。应用比较多的是同位素法，其最大优点是兼顾了检测精度和响应速度，并且装置比较简单。需要注意的是放射性元素的正确使用，防止辐射污染。

（2）电磁搅拌及电磁制动技术。电磁搅拌技术是细化晶粒、减少偏析和中心疏松、提高铸坯内部质量的重要手段之一，也是扩大连铸钢种的有效方法之一。搅拌位置有结晶器搅拌、二冷段搅拌和凝固末端搅拌三个电磁搅拌部位。三个部位搅拌的作用和效果各不相同，可根据需要，选择一个部位或多个部位同时进行搅拌。

结晶器位置的搅拌能够促进等轴晶的发展，有利于夹杂物和气体的去除，并且，能使坯壳角部及周边厚度更加均匀。二冷段部位的搅拌，可以破坏树枝状晶的生长，改善钢坯内部组织，减少中心疏松和偏析。凝固末端搅拌可以改善钢坯中心疏松。电磁搅拌主要存在的问题是：安装位置不便，工程成本和运营成本较高。

（3）二次冷却控制技术。人们常把连铸技术说成是冷却技术，钢液形成钢坯的每一个环节，都离不开冷却的作用。其中，连铸的二次冷却是最关键的一个环节，冷却的控制也最为复杂。

二次冷却一般分为几个冷却区段，各段都有一个目标温度，冷却强度的控制自上而下依次逐渐减弱，目的是使铸坯逐渐均匀凝固，并避免出现浇铸过程中的各种质量问题。二次冷却的控制方式主要有两种：一种是人工控制，另一种是自动控制，具体介绍如下：

1）人工手动控制：根据钢种、坯型、铸温、铸速，凭据操作工的经验，手动调整二冷供水阀门控制二冷强度。

2）自动控制：通过理论计算和经验数据积累，制定出连铸不同钢种和不同断面时，拉速与二冷配水的动态控制数字模型，将数字模型输入到计算机，当确定工艺条件后，调出相应的数据表，启动控制程序，用以调整电动阀门开度控制二冷配水强度。这是一种静态的二次冷却自动控制方法。

如果能根据现场仪表实测得到铸坯表面温度对数字模型进行反馈修整，即可实现连铸二次冷却的动态闭环控制，使铸坯在二次冷却区的表面温度始终稳定在最佳状态。但是，准确地测量铸坯表面温度有很大难度，我国部分铸机的二次冷却采用的是推算模拟动态控制。真正实现二次冷却的动态闭环控制，还是我们目前的努力方向。

（4）轻压下技术。在连铸过程中，由于向内生长的凝固前沿形成搭桥，阻隔了钢水的向下输送，并且，由于钢液的选择性结晶凝固与冷却收缩，会导致铸坯的中心偏析和中心疏松的产生。有时也会由于铸坯坯壳经受不住钢水静压力的作用，形成铸坯鼓肚，使中心疏松和偏析的问题更加严重。

轻压下技术是在拉矫过程中，对铸坯的液态区域施加一微小的压下量，用于抵消铸坯的鼓肚和凝固收缩造成的不良影响。正确地应用轻压下技术，可以有效地防止铸坯的中心偏析和中心疏松，提高等轴晶率，从而改善铸坯内部质量，提高铸坯力学性能，并且可以起到细化晶粒的作用。

应用轻压下技术需要注意的问题是：

1）正确选择轻压下的区域位置，如选择不当，不仅不会得到理想的效果，还可能带来负面影响。一般轻压下的最佳位置是钢液凝固点定位在轻压下设备最后一对压下辊上。

2）要根据钢种、拉速和断面尺寸等铸机参数确定压下量，避免因压下量不当引起铸坯内裂或没有起到轻压下的作用。

3）应注意因轻压下导致的应力变化对设备的影响，避免设备变形或疲劳损坏。

（5）保护浇铸技术。保护浇铸技术的作用和目的如下：

1）绝热保温；

2）隔绝空气，防止钢液二次氧化；

3）吸收非金属夹杂物，净化钢液；

4）润滑作用，防止铸坯与结晶器铜管内壁粘连；

5）改善结晶器的传热效果，使铸坯坯壳均匀生长。

保护浇铸的方法如下：

1）采用钢流保护套管和惰性气体密封。用于钢水包向中间罐注入钢水时，防止钢水的二次氧化。生产对质量要求较高的钢种时应用较多。

2）浸入式水口和保护渣的保护浇铸。用于中间罐向结晶器注入钢水时，出于绝热保温、隔绝空气、净化钢液、结晶器润滑等目的，它是目前连铸生产应用最广泛的保护浇铸技术。为了使保护渣获得足够的热量，从而充分熔化，并且防止结壳，侵入式水口外表面与结晶器铜管内壁之间要保持合适的距离。因此，要求钢坯断面不能太小，一般要求最小断面应大于 $120mm \times 120mm$。

3）润滑油（一般为菜子油）保护浇铸。主要用于无法使用侵入式水口和保护渣的小断面铸坯，如铸坯断面小于 $120mm \times 120mm$。润滑油保护浇铸对结晶器的润滑效果良好。

（6）近终形连铸技术。近终形连铸技术是浇铸成型的坯料外形尺寸接近成品材外形尺寸的连续浇铸技术。这一技术的应用使钢铁冶金生产流程更加紧凑，工序能耗更低，生产成本更具市场竞争力。

目前，近终形连铸主要有：

1）薄板坯连铸。一般浇铸厚度为 $20 \sim 80mm$，可直接进入精轧机组，进行最终薄板产品的轧制。

2）带坯连铸。浇铸厚度小于 $10mm$ 的板带可直接进入冷轧机组，进行最终薄带的轧制。

3）薄带连铸。可浇铸厚度小于1mm的非晶带坯。

4）异型坯连铸。目前比较成熟的异型坯连铸技术是H型钢连铸。

（7）中间罐加热技术。稳定的中间罐钢液浇铸温度是连铸工艺顺行和铸坯质量的保障，然而，在实际浇铸操作过程中，中间罐钢液温度经常处于不稳定状态，尤其是开浇初期和浇铸末尾阶段以及中间换罐阶段，中间罐内钢水温度的稳定性很差。如果在这期间对中间罐适当加热，可以补偿中间罐的自然降温。常见的中间罐加热方式有感应加热和等离子加热。

5 电弧炉工程的公辅设施

5.1 电弧炉公辅设施的概述

电弧炼钢炉设备以及生产的顺利运行，必须有健全完善的公用与辅助设施（简称公辅设施）作为技术保障，这也是工程可行性的先决条件之一。与辅助工艺装备不同，公辅设施应由相应的专业人员操作和运行管理。电弧炉公辅设施作为电弧炉工程建设中的一个重要组成部分，对电弧炉炼钢生产的顺利进行起着至关重要的作用，必须受到足够的重视。电弧炉工程的公辅设施主要包括变电站、氧气站、空压机站、燃料站、循环水处理站、废钢原料处理场、废渣处理场、化验室等。

5.2 变电站

在电弧炉炼钢生产过程中，由于负荷波动的电压冲击，造成电网电压闪变，电炉炼钢厂应该在合理的位置建设二级变电站。除了可以对全厂的高低压用电设备进行统一管理外，还可以对上一级电站进行有效的保护。如果电弧炉炼钢生产造成对电网的干扰和冲击以及三项不平衡比较严重时，除应在变电站设置无功功率补偿装置外，还应进行谐波治理。

5.2.1 变电站为电弧炉炼钢车间供电的基本要求

根据电弧炉生产特点及有关规范规定，电弧炉属于二级负荷。对于额定容量大于20t的电弧炉炼钢车间，一般是由两回路独立高压电源供电，额定容量较小的电弧炉炼钢车间，可单回路高压电源供电。

电弧炉炼钢车间的低压供电，应采用双回路独立电源，每一回路电源应保证供给正常生产所需要的负荷用电。小型电弧炉车间在难以取得双回路独立电源时，可由单回路电源供电，但需从临近地点引入一回路独立备用电源，以保证炉体冷却用水、出钢行车运行、钢水浇铸设备、炉体倾动和电极升降等传动机构及设施用电。图5-1为某电弧炉炼钢厂变电站主结线系统图。

5.2.2 公共供电点的确定

公共供电点是指供电电网的接入端同时连接有其他用户负载。对公共供电点的要求如下：

（1）电压波动应符合 GB 12326—1990 的规定范围。一般规定电压波动值不得超过额定电压的5%（包括其他负荷引起的）。

当电源电压波动值超过允许值时，应将供电点接到更高一级的电压网络上，或者安装动态无功补偿装置抑制电压波动。采取何种方案，这需要经过技术经济比较来最终确定。

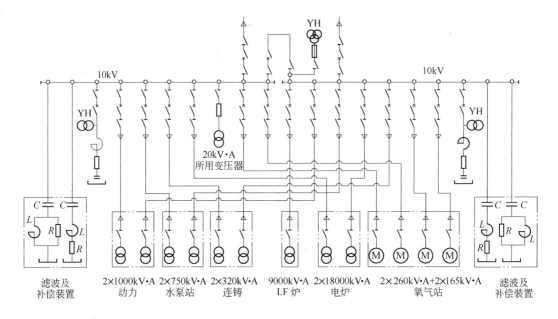

图 5-1　某电弧炉炼钢厂变电站主结线系统图

当采用专用中间变压器供电时，该变压器容量的选择应与炉用变压器过负荷运行状态相适应，此时，供电变压器二次侧的电压波动可不受限制。

电源的电压波动大小与电弧炉工作短路容量及电源短路容量有关，可按下式进行粗略计算：

$$\Delta V = \frac{S_{dg}}{S_{ds}} \times 100\% \tag{5-1}$$

式中　ΔV——电源电压波动占额定电压的百分数；

　　　S_{dg}——电弧炉工作短路容量，$MV \cdot A$；

　　　S_{ds}——电源正常最小短路容量，$MV \cdot A$；按国标《电能质量电压允许波动和闪变》（GB 12326—1990）规定，此值可用投产时系统最大短路容量乘以系数 0.7 之值。

在不采取任何补偿措施的情况下，判断电源的电压波动是否满足要求时，常用电源的正常运行最小短路容量 S_{ds} 与炉用变压器额定容量 S_b 的比值，即 S_{ds}/S_b 来表示。S_{dg}/S_b 与 ΔV、S_{ds}/S_b 之间的关系见表 5-1。

表 5-1　S_{dg}/S_b 与 ΔV、S_{ds}/S_b 之间的关系

S_{dg}/S_b	$\Delta V = 5\%$	$\Delta V = 2.5\%$	$\Delta V = 2\%$	$\Delta V = 1.6\%$
	S_{ds}/S_b			
1.8	36	72	90	112.5
2.0	40	80	100	125.0
2.5	50	100	125	156.3
3.0	60	120	150	187.5
3.5	70	140	175	218.8

当公共供电点（电源点）的正常运行最小短路容量 S_{ds} 与电弧炉变压器额定容量 S_b 的比值小于表 5-1 中所标数值时，可不用加装动态无功补偿装置。

（2）电压不对称度不能超过有关规定范围。由于电弧炉三相电弧电流的不对称会引起供电电源上电压不对称，其不对称值不得超过 2%。因此，要求电弧炉电源正常运行最小短路容量 S_{ds} 满足下式要求：

$$S_{ds} \geqslant 50 \frac{I_f}{I_e} S_b \qquad (5-2)$$

式中　S_{ds}——电弧炉电源正常运行的最小短路容量，$MV \cdot A$；

　　　I_f——电弧炉负序电流，$A(I_f = KI_e，K = 0.86)$；

　　　I_e——电弧炉额定电流，A；

　　　S_b——电弧炉变压器额定容量，$MV \cdot A$。

从式 5-2 可以看出，随着电弧炉变压器容量的增大，运行时引起的电压不对称度增大；随着电弧炉公共电源点短路容量的增大，电弧炉运行对电压不对称度的影响减小。

（3）电源供电变压器容量要能适应电弧炉负荷特性的要求。为减少电弧炉变压器负荷的变化对供电系统电能质量的不良影响，一般要求供电变压器的容量为电弧炉变压器的 2.5 倍以上，若不能满足要求时，可增大供电变压器容量或采用专用中间变压器供电，这需要经过技术经济比较来最终确定。

（4）对于大型高功率电弧炉，应尽可能减少电路的阻抗值。

5.2.3　谐波治理

电弧炉炼钢一般有三个冶炼阶段，即熔化期、氧化期和还原期。电弧炉在熔化阶段，由于其三相负荷不对称，存在较严重的高次谐波。并且，电流的正负两部分波形也不会完全对称，说明系统中还存在偶次谐波。电流不平衡率（负序电流与正序电流的比值）一般为 $10\% \sim 50\%$。表 5-2 为电弧炉熔化阶段谐波电流的特点。

表 5-2　电弧炉熔化期谐波电流值　　　　　　　　　　　（%）

n	1	2	3	4	5	6	7
I_n/I_1	100	8 ~ 12	10 ~ 15	5 ~ 7	5 ~ 9	2 ~ 4	2 ~ 3

电弧炉氧化期由于钢液的强烈沸腾，电弧的等效弧长随之波动，电弧电流也会因此造成不规则的波动。电弧炉还原期的电流、电压变化规律比较稳定，谐波问题较前两个阶段明显好转。

电弧炉由于其自身设备的工作特性，电弧电流变化很不规则，三相电流不平衡且发生畸变。产生大量的谐波电流。谐波电流会使电网电能质量恶化，影响设备的工作效率，使设备损耗增大，因此，有必要对电弧炉谐波电流进行合理的抑制。

采用交流滤波装置就近吸收谐波源产生的谐波电流，是抑制谐波"污染"的有效措施，在运行中与谐波源并联运行，在滤波同时进行无功补偿。可采用 TCR 型、TCT 型或 SR 型静补装置，其容性部分设计成滤波器，此方案可有效地减少波动谐波源的谐波含量，能抑制电压波动、闪变、三相不对称和无功补偿的功能。

5.2.4　谐波治理实例

5.2.4.1　简介

首钢特钢公司变电站110kV侧，原接有5500kV·A的20t电弧炉6台。1995年公司技改新上50t直流电弧炉和60t LF精炼炉各1台，变压器功率分别为30000kV·A和9000kV·A，并保留原5500kV·A的20t电弧炉2台。为了降低谐波干扰对电网的影响，改善电网供电质量，该公司决定对变电站110kV侧进行谐波治理。

在电力部电力科学院的协助下，通过对供电系统全面的测试分析，有针对性地对3、4、5、6、7、11高次谐波进行了静态功率补偿。为了兼顾功率因数补偿和滤除各次谐波分量，采用了3、4、5、6、7为单调谐低通滤波器，11次为高通滤波器的静态补偿滤波方案。

5.2.4.2　滤波器参数的确定

A　滤波器容量的确定

110kV供电母线侧功率因数补偿所需总无功补偿容量为：

$$Q_\Sigma = Q_T + Q_{50} + Q_{60} + Q_{20} + Q_L = 23.853 \text{Mvar} \tag{5-3}$$

式中　Q_T——50MV·A主变所需总无功补偿量，Mvar，$Q_T = Q_0 + Q_k = 3.886$Mvar，激磁无功损耗：$Q_0 = 0.75$Mvar，阻抗无功损耗：$Q_k = 3.136$Mvar；

Q_{50}——50t直流电弧炉所需无功功率（按超额定功率20%运行，其平均功率因数为0.8，功率因数从0.8提高到0.92以上所需无功功率为：$Q_{50} = 5.832$Mvar）；

Q_{60}——60t LF精炼炉所需无功功率（按超额定功率20%运行，其平均功率因数为0.75，功率因数从0.75提高到0.92以上所需无功功率为：$Q_{60} = 4.924$Mvar）；

Q_{20}——两台20t交流电弧炉所需无功功率（按超额定功率20%运行，其平均功率因数为0.75，功率因数从0.75提高到0.92以上所需无功功率为：$Q_{20} = 6.019$Mvar）；

Q_L——10000MV·A动力变压器所需无功功率（按70%额定功率运行，功率因数从0.7提高到0.92以上所需无功功率为：$Q_L = 3.192$Mvar）。

一般来讲，滤波容量远小于功率因数补偿容量，即可取功率因数补偿容量作为总的静态补偿滤波有效容量，可在滤波电容器端电压确定之后，按式5-4对滤波总容量进行校核：

$$Q_{CN} = \frac{3U_{CN}^2 I_n}{\sqrt{1.69U_{CN}^2 - \left(\dfrac{n^2}{n^2-1}\right)^2 U_{1m}^2}} \tag{5-4}$$

式中　Q_{CN}——各滤波支路的装置容量，Mvar；

I_n——各项滤波电流，A；

U_{CN}——电容器额定电压，V；

U_{1m}——母线运行的实际相电压，kV。

各滤波器支路有效容量的分配如表5-3所示。

表 5-3 各滤波器支路有效容量的分配

滤波支路 n ＼ 容量	3rd	4th	5th	6th	7th	11hp
有效值/A	4.688	3.136	5.88	3.242	6.947	6.947

B 滤波器额定端电压及其他参数的确定

滤波器的主要设备是滤波电容器，其基本参数为：额定电压 U_{CN}、装置容量 Q_{cn} 和基波容抗 X_{ce}。电容器额定端电压尤其重要，它决定滤波器其他参数选择，电容器额定电压取决于如下三个因素：

（1）串联电抗器后，基波电流流过引起的电压升高。

（2）谐波电流流过，在电容器两端产生的电压升高。

（3）滤波器所接母线电压波动所引起的电压升高。

上述三个因素的影响，使滤波电容器两端电压高于母线实际运行相电压。经分析计算得到各次滤波电容器的额定端电压，见表 5-4。

表 5-4 滤波电容器的额定电压值

滤波支路 n	3rd	4th	5th	6th	7th	11hp
电容器额定电压 U_{CN}/kV	28	25	25	23	23	23

滤波电容器额定电压及有效容量确定之后，可确定出各个滤波支路的装置容量，如表 5-5 所示。

表 5-5 滤波电容器装置及连接方式

滤波支路 n ＼ 名称	3rd	4th	5th	6th	7th	11hp	合计
有效容量 Q_P/Mvar	4.688	3.136	5.88	3.242	6.947	6.947	30.8
额定电压 U_{CN}/kV	28	25	25	23	23	23	
装置容量 Q_{CN}/Mvar	9.0	4.8	9.0	4.2	9.0	9.0	
连接方式	二串五并	二串八并	二串五并	二串七并	二串五并	二串五并	

表 5-5 为按功率因数补偿所选择的电容器有效容量和装置容量，其容量能否满足滤波要求，要按公式 5-3 进行校核，校核结果见表 5-6。

表 5-6 各滤波电容器支路所需滤波容量

滤波支路 n	3rd	4th	5th	6th	7th	11hp	合计
滤波装置容量 Q_{CN}/Mvar	3.14	2.08	4.37	1.45	3.11	8.02	22.17

表 5-5 与表 5-6 比较之后可知：功率因数补偿所需要容量，完全可以满足滤波容量的要求。根据选定的滤波器支路的容量及电压值，确定滤波电容器、电抗器、电阻器的有关技术参数，如表 5-7 所示。

表5-7　滤波电容器、电抗器、电阻器的有关技术参数

名　称　＼滤波支路 n	3rd	4th	5th	6th	7th	11hp
装置容量 Q_{CN}/Mvar	9.0	4.8	9.0	4.2	9.0	9.0
电容器额定电流 I_n/A	95.2	60.0	115.2	59.2	127.8	129.4
额定电压 U_{CN}/kV	28	25	25	23	23	23
容抗 XC/Ω	294	416.67	217.01	388.65	180.01	177.80
电容 C/μF	10.827	7.639	14.67	8.19	17.683	17.903
感抗 XI/Ω	32.667	26.04	8.68	10.80	3.675	1.469
电感 L/mH	103.98	82.89	27.63	34.36	11.697	4.677
电阻 R/Ω	1.40	1.488	0.62	0.93	0.368	32.318
电阻容量/kW	20	10	20	20	10	20

5.2.4.3　谐波治理效果

在试投运行中已测得的数据表明，基本与仿真数据相符。并作了单支路投、切试验，在切除滤波支路时，谐波电流都有很大的放大倍数。投、切所有滤波器支路时注入供电系统的谐波电流、电压值比较见表5-8。

表5-8　110kV 侧谐波电流、电压值比较

运行工况＼谐波次数 n	切所有滤波装置回路（未治理前）		投入所有滤波装置回路（治理后）	
	谐波电流/A	电压畸变率/%	谐波电流/A	电压畸变率/%
3	12.7	0.761	2.18	0.104
4	8.11	0.657	0.949	0.06
5	20.1	2.04	0.892	0.071
6	3.06	0.309	0.305	0.029
7	3.02	0.369	0.212	0.024
8	1.62	0.231	0.648	0.086
9	1.21	0.197	0.713	0.108
10	2.02	0.367	1.03	0.169
11	3.45	0.694	1.22	0.218
UT/%		2.77		0.663

从表5-8中可看出：当滤波器支路全部切除时，注入系统的谐波电流有很大的放大，经过谐波治理后110kV 侧谐波电流均有很大的改善，其中5 次谐波电流减少22.5 倍，7 次谐波电流减少14.2 倍。从图5-2 中可以看出，谐波治理前后110kV 侧谐波电流有明显的改善。

5.3　氧气站

建设一个能满足冶炼工艺要求的氧气站，这对电弧炉炼钢来说是至关重要的。根据建设条件和炼钢工艺要求，一般氧气站的建设有两种形式：一是建设制氧机组，利用空分技

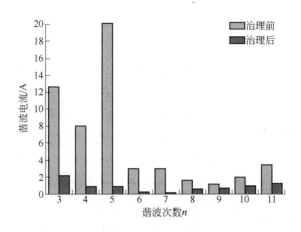

图5-2 谐波治理前后110kV侧谐波电流对照图

术直接生产氧气和副产品氮气。二是建设液氧储罐,由氧气专业生产厂定期运送液氧。不管用何种方式,都要保证安全和用量。

氧气站和输送管路的建设国家有关部门都有严格的规定,一定要严格执行,不可大意!详见 GB 50030—2007《氧气站设计规范》。

如选择建设液氧储罐,由氧气专业生产厂定期运送液氧这一工程方案,优点是:投资较少,工程建设比较简单,但需要确保液氧供应渠道的畅通和稳定。

如选择建设制氧机组这一工程方案,可以利用空气分离技术直接生产氧气、氮气和氩气。一般大型钢厂都会选择自己建设制氧机组。

表5-9 为采用空气分离技术生产电弧炉炼钢工艺常用气体的简介。

表5-9 电弧炉炼钢工艺常用气体简介

空气分离气体元素名称	用 途	占空气的百分比/%	工作点压力/MPa
氧气(O)	助熔升温、切割炉料、氧化反应、泡沫渣技术、二次燃烧技术等	20.95	0.4 ~ 0.8 ~ 1.4
氮气(N)	炉子密封、保护气、吹扫	78.09	0.3 ~ 0.8 ~ 1.2
氩气(Ar)	精炼工艺、底吹技术	0.932	0.3 ~ 0.8 ~ 1.2

根据电弧炉冶炼用氧要求,氧气纯度大于95%,工作点压力为 0.4 ~ 0.8MPa 和 0.8 ~ 1.4MPa,吨钢用氧量为 20 ~ 60m^3。

氧气站的建设规模应根据生产工艺和产能以及发展规划来制定。随着电弧炉强化冶炼技术的发展,氧气站的建设规模有越来越大的趋势。

氧气站的配置:根据钢厂冶金工艺设计的不同,对氧、氮、氩等工业气体的要求也不尽相同,在制定制氧站的工艺方案时需对机组能力、产品纯度、输送压力、升压工艺、系统保安、总体布置、噪声治理进行专题认证。

5.4 空压机站

压缩空气作为动力源被广泛应用于气缸、气动捣打装置、风动送样和工艺吹扫等。由于其工作特性，空压机平均作业率为 20% ~ 30%，一般要求在空压机站建设总储气罐，在用气点建设分储气罐。气压一般为 0.3 ~ 0.6MPa，有些对介质要求严格的地方还要去除油和水分。空压机站的建设比较灵活，可大可小，可以在厂区建设总站，也可分区域建设分站，总之要保证各用气点的工艺要求。应根据工程现场的实际情况进行规划建设。

空气压缩机是空压机站的主体，其种类很多，按工作原理可分为容积式空气压缩机和速度式空气压缩机。容积式空气压缩机的工作原理是压缩气体的体积，使单位体积内气体分子的密度增加以提高压缩空气的压力；速度式空气压缩机的工作原理是提高气体分子的运动速度，使气体分子具有的动能转化为气体的压力能，从而提高压缩空气的压力。

常用的空气压缩机有活塞式、螺杆式、滑片式、离心式、轴流式、喷射式等。其中，活塞式、螺杆式、滑片式为容积压缩，而离心式、轴流式、喷射式属于速度压缩。使用者可根据工作压力、工作流量、用途、工作制度、环境要求、工程和管理能力来进行选择。

5.5　燃料站

在电弧炉炼钢生产过程中，除电能外，还必须利用其他热源配合完成整个生产工艺流程。

燃料一般按其状态来分，有固体燃料、液体燃料和气体燃料三种类型。这三种类型的燃料在一般钢厂都会有不同程度的应用，如：熔化期助熔、对钢包及原材料进行烘烤预热、钢锭的退火和后部工序的热处理等。燃料的应用与管理应与电能一样重视起来。因此，建设好燃料站对燃料集中管理统一调配极为重要，并且要将燃料站纳入电弧炉炼钢厂的能源管理系统。

燃料站的建设要根据燃料种类和实际使用要求而定。首先要考虑安全，其次是运输方便。例如：建设选址要考虑到与明火的安全距离，油料库要建在地平面以下等。对此，国家有关部门都有明确细致的规定，一定要严格贯彻执行，不可马虎大意。表 5-10 对钢厂常用燃料的类别、燃料特性以及存储和运输方式进行了介绍。

表 5-10　电弧炉炼钢常用燃料

燃料类别	特性与应用简介	存储与运输
煤粉	煤粉是常用的固体燃料，由煤块磨制而成，可用于冶炼熔化期助熔或采用煤粉燃烧器的工业炉窑等。 煤粉的主要物理特性有以下几方面： （1）煤粉的颗粒特性：煤粉是由尺寸不同、形状不规则的颗粒所组成，一般煤粉颗粒直径范围为 0 ~ 1000μm，大多为 20 ~ 50μm 的颗粒； （2）煤粉的密度：煤粉密度较小，新磨制的煤粉堆积密度大约为 0.45 ~ 0.5t/m³，贮存一定时间后堆积密度为 0.8 ~ 0.9t/m³； （3）煤粉的流动性：由于煤粉颗粒很细，单位质量的煤粉具有较大的表面积，其表面可吸附大量空气，从而使其具有流动性。这一特性，使煤粉便于气力输送，缺点是易形成煤粉自流，设备不严密时容易漏粉	密封良好的桶装或袋装运输，存储环境应防潮
重油	大型加热炉应用较多	专用油罐车运输，储油罐存储
轻油	一般为柴油，采用气雾烧嘴，油压一般为 0.1 ~ 0.2MPa，压缩空气压力约为 0.4MPa，应用灵活简便，设备投资较少，常用于钢包烘烤	来料桶装运输，地下或半地下储存

燃料类别	特性与应用简介	存储与运输
人工燃气	在我国，钢厂常用的人工燃气主要有发生炉煤气和高炉煤气，其主要成分为一氧化碳，低热值约为 4~6MJ/m，毒性较大，工程建设要做好安全预案。燃气由压缩机压送，低压罐储存。当然，人工燃气还有油制气、加压气化煤气等多种方式，但由于种种原因，在钢厂应用不多	低压罐储气，管道输送
天然气	天然气主要是由低分子的碳氢化合物组成的混合物，其来源一般可分为：气田气（纯天然气）、石油伴生气、凝析气田气和煤层气。低热值约为 35~45MJ/m，是优质燃料用气。在我国资源丰富，主要分布在我国中部、西部和近海三个大区	低压罐储气，管道输送
液化石油气	液化石油气来源于炼油厂，经过适当的分离处理，先将常温下不易液化的气体分离出去，然后经常温加压再分离处理，得到以丙烷（C_3H_8）、丙烯（C_3H_6）、丁烷（C_4H_{10}）、丁烯（C_4H_8）为主要成分的液化石油气 液化石油气常温时呈气态，升高压力或降低温度可以转变为液态。临界压力为 3.53~4.45MPa，临界温度为 92~162℃。气、液态的体积比为 250~300 倍。此外，气态的液化石油气比空气重，液态的液化石油气比水轻。请大家牢记这些特性	一般采用专用的压力容器存储和运输，在用量较大且有条件的地方，也可采用管道运输。储备站点选址和建设应严格执行国家有关规定

5.6　炉前化验室及质量检验设施

在电弧炉炼钢生产中，一般可分为炉前成分化验和产品的质量检验，这是两个不同的系统。

炉前化验主要是对炉前操作各期的钢水成分进行及时的监控分析，要求快速准确，化验室的选址要方便炉前送样。炉前化验室的主要设备及设施如下：

（1）炉前至化验室的快速送样设施。

（2）切-磨-钻等制样加工设备。

（3）成分快速分析（光谱或化学分析）设备。

（4）通报成分用的通讯设备。

（5）通风除尘设备等。

产品质量检验是在除承担炉前的生产检验任务之外，采用分析仪器或精度较高的常规化学分析手段，对边缘成分、许可执行上下偏差的产品试样，进行重验、复验或仲裁，以最终确定钢材是否合格。

除化学成分检验以外，为了确保产品合乎标准规定的产品出厂的质量要求，还必须进行一系列的力学性能、物理性能的检验，因此应该具有完善、可靠的检验设施，如：试样加工（对来样按标准要求进行车、刨、铣或磨的加工，为各类检验提供规范试样）、热处理（按规范对试样进行热处理，为各种检测提供试样）、力学性能检测（用万能材料试验机、冲击韧性检测机等按标准进行钢材各项力学性能检测）、低倍检验（试样经制样、热处理、磨制后再用热酸或冷酸侵蚀试样，以肉眼或放大镜观察，按标准评定钢材宏观组织级别）、高倍金相检验（经切、热处理、磨制、抛光、腐蚀后在金相显微镜下对钢材组织按标准进行评级，以确定是否合格；并可为产品质量控制或科研、新产品试制提供参考数据）、硬度检验（以布氏硬度计、洛氏硬度计、维氏硬度计按标准要求测定钢材样品的硬度）。

有条件还应配备无损探伤检查，持便携式超声波探伤仪（如有需要，还应配备涡流探伤仪，以检测超声波探伤仪不能到达的表皮以下盲区）按要求到现场进行检测，以确保出厂产品在宏观方面不发生用户的质量异议。

5.7 循环水处理站

循环水处理站的建设，在电弧炉工程建设中是必不可少的。而且，水和电一样，都是电弧炉炼钢生产的先决条件。随着现代电弧炉炼钢冶炼强度的不断增长和水冷集成技术的普及，循环水处理站的建设规模有越来越大的趋势。

循环水处理站的建设步骤和注意事项如下：

（1）确定用水点和水质的技术要求。表 5-11 列举了电弧炉炼钢车间主要用水点及技术要求（为一台 30t 电弧炉、一流小方坯连铸机的参考数据）。由于不同设备类型、不同规格和工艺操作习惯对水量要求的区别很大，所以表 5-11 中的数值仅作为参考。

表 5-11 电弧炉炼钢车间主要用水点及技术要求

用 水 点		水压/MPa	水量/$m^3 \cdot h^{-1}$	水温/℃	循环方式	水 质
电弧炉	炉体、炉门、炉盖、炉壁	0.4~0.5	150~250	0~40	开路循环	
	电极卡头、横臂、母线	0.4~0.5	20~30	0~40	开路循环	
	变压器、短网铜排	0.4~0.5	10~20	0~35	开路循环	
连 铸	结晶器	0.6~0.9	100~150	0~40	闭路循环	pH=7~8；硬度≤1~2°dH；过滤精度：≥40目（0.370mm）（参考）；悬浮物含量<200mg/L
	二冷段	0.3~0.5	20~30	0~40	开路循环	
	辊道及设备	0.3~0.5	15~20	0~40	开路循环	
辅助设备及其他	液压站	0.4~0.5	10~20	0~35	闭路循环	
	水冷氧枪	0.4~0.5	50~60	0~40	闭路循环	
	除尘设备	0.4~0.5	40~50	0~35	闭路循环	
	钢渣清理	0.3~0.5	10~30	0~45	开路不循环	

（2）确定水源。根据自然条件，水源有地表水和地下水之分。一般来讲地表水（河流、湖泊）的酸碱度比较适中，取用也比较方便。而在有些地表水资源匮乏的地区，只能取用地下水。但是有些地区的地下水碱度（硬度）较高，取用时需进行软化处理。因此，要根据水资源的实际情况，以及水质和补水量的要求，来确定循环水处理站的建设方案。原则上讲，在水资源匮乏的地区不宜建设大型钢铁企业，电弧炉炼钢企业同样如此，否则，将会加大工程难度。

（3）循环水池的设计与建设。循环水池建设方案的确定是循环水处理站建设的关键环节。首先要根据实际情况确定单位时间冷却水总耗量、蓄水总量、水池结构和冷却方式。一般来讲，水池建在低洼处比较合理，有利于自然回水。水池蓄水量越大，水面越宽，越有利于保持水温。但在很多情况下，由于受到现场条件的影响，水池的蓄水能力受到限制。这就需要增设冷却塔进行辅助降温。水池的蓄水能力一般要求大于单位时间（小时）

设备总用水量的 10 倍以上。

（4）泵动力系统的设计与建设。确定水泵组合方式、供水能力（扬程、流量）、过滤等级和精度、管路设计和控制方式等。

5.8 废钢原料处理场

废钢原料准备作为电弧炉炼钢生产环节的第一步，其处理场地建设的重要性是不言而喻的。废钢原料处理和准备的状况，将对电弧炉炼钢生产的品种、质量、成本以及生产工艺的顺利进行，产生直接的影响。表 5-12 ~ 表 5-14 分别介绍了废钢处理场的功能、场地建设要求和常用设备。根据废钢原料的不同种类，其加工处理方法主要有：落锤破碎、剪切、打包、火焰切割和压块。目前，在废钢原料处理厂的实际建设中，液压剪已成为废钢加工设备的建设重点。在表 5-15 和表 5-16 中，介绍了部分液压剪和打包机的基本性能参数。

表 5-12 废钢原料处理场的功能

功　能	简　介
存储废钢	存储废钢原料是废钢原料处理场的最基本功能
废钢分类	废钢进场后，应对废钢原料进行分检按类存放，一般分为 3 ~ 7 类。分类越细，管理水平越高，越有利于电弧炉冶炼。具体步骤是在进场废钢卸车时，就进行第一次分检。重点是先将可疑爆炸物、密闭容器以及含有砷、锡、铜、铅等有害元素的来料挑出，单独存放处理，然后将一次分检出的合格废钢按待加工类别分区存放，最后再将分检后剩余的非金属物杂质集中减重退料
加工处理	按照一定的外形尺寸和堆密度对废钢原料进行加工处理，如切割、剪切、压缩等
炼钢原料配备	按照炉型吨位、冶炼钢种和工艺要求以及废钢的实际种类，对入炉废钢原料进行称重配比和料次安排

表 5-13 场地建设要求

建设要求	简　介
安全保证要求	场地上下不容许有电缆架（埋）设，严防积水并最好建设有厂房顶的防雨场地
料场选址要求	场地位置的选择应有利于废钢原料的吞吐、检斤计量、加工配料和向冶炼跨转运，确保物流顺畅
场地大小要求	场地面积大小应满足产能和废钢周转要求，料场跨度希望大一些，废钢存储量一般要大于炼钢每日产能的 30 倍，并且要留有足够面积的分检和加工作业区

表 5-14 料场常用设备

料场常用设备		简　介
起重运输	行车	用于料罐吊运，根据料罐最大承载选择公称吨位
	电磁吊	专门用于废钢散料的吊运和分离非金属物，是工作繁忙等级最高的吊车，公称吨位一般为 10 ~ 20t。为保证生产的正常运行，最好设置备用电磁吊
	运料台车	根据料罐吨位、料场与冶炼跨度距离及运输线路状况，选择运料台车类型。一般为多挂机头牵引或多挂卷扬钢绳牵引

料场常用设备		简 介
加工设备	切割设备	最好是人工火焰切割与颚式剪切机配合使用,对无法入炉的特大不规则废钢进行切割,使废钢外形尺寸达到入炉标准
	门式剪切机	大吨位门式液压剪切机的应用,使得入炉废钢原料的堆密度大幅度提高,装料次数显著减少,但是设备投资较大,应用范围受到影响。在我国,国有大型企业应用较多。表5-15列举了部分冶标废钢液压剪设备的基本参数,以供参考
	打包机和压块机	打包机和压块机都是用做对轻薄废钢进行机械挤压的专用设备,用于增加废钢原料的密度。前者可使密度达到 $2 \sim 3 t/m^3$,后者可使密度达到 $4 \sim 5 t/m^3$
	废钢破碎机	废钢破碎机与振动筛、磁选、浮选除尘等配合使用,组成废钢破碎生产线,加工轻薄型废钢。可以有效地去除混杂在废钢中的非金属夹杂物,加工出堆密度较均匀($1.2 \sim 1.7 t/m^3$)并且较为洁净的废钢原料。技术先进,生产率高,节能环保。最适合于连续加料的康斯迪电炉
称量设备	地 衡	地衡一般布置在料场出入口处和配料区域,布置在料场出入口处的地衡用于废钢来料的称重,布置在配料区域的地衡用于配料时对入炉原料进行精确称量
	电子秤	与电磁吊组合,对原料废钢进行辅助称量

表5-15 冶标废钢液压剪基本参数

型 号 基本参数	FYJ05	FYJ06	FYJ08	FYJ10	FYJ12	FYJ16	FYJ20
剪切力/kN	5000	6000	8000	10000	12500	16000	20000
压紧力/kN	1600	2000	2500	3150	4000	4000	5000
侧压力/kN	1600	1600	2500	3150	4000	4000	5000
压盖力/kN	750	750	1600	2240	2240	2500	2500
推料斗/kN	500	500	1000	1000	1000	1600	1600
剪切开口 $b \times h_{min}$/mm×mm	600×450	600×630	1000×640	1000×850	1000×850	1000×850	1000×850
剪刃斜度/(°)	12	12	12	12	12	12	12
料箱尺寸 $l \times b \times h$/mm×mm×mm	500×2000×600	500×2000×800	6000×2240×1000	7100×2500×1000	7500×2500×1500	9000×2500×1500	9000×3000×2000

表5-16 几种打包机的性能参数

最大公称压力/kN	1600	3000	6300	15000
压缩室尺寸/mm×mm×mm	1800×1200×800	2000×1950×725	2800×2200×1000	3475×3000×1050
压块尺寸/mm×mm×mm	320×420×(300~600)	400×420×(400~1000)	500×600×(600~1200)	600×800×(1300~3000)
压块质量/kg	80~160	150~350	450~750	2000~3000
压块密度/t·m⁻³	≥2	2~3	2.2~3	3.1
单次打包时间/min	3	4~5	3~4	3~4

5.9 钢渣处理场

由于电弧炉炼钢的造渣和除渣工艺操作，会产生大量的钢渣。根据冶炼品种和工艺的不同，钢渣总量约占钢水质量的 8% ~ 12%，甚至更多。并且，电弧炉钢渣的类型较多，成分复杂，渣量大。因此，需要建设钢渣处理场对钢渣进行处理和转运。表 5-17 记述了电弧炼钢炉在冶炼碳素结构钢时，不同冶炼期所产出钢渣的特点。冶炼高合金钢时，钢渣的化学成分更加复杂。

表 5-17　电弧炉钢渣类型

不同冶炼期产出钢渣的方式	渣量占钢水质量的百分比/%	简介（主要化学成分）
熔化期钢渣自动流入渣罐或渣坑	2 ~ 4	化学成分与氧化渣近似，含氧化铁略低于氧化期钢渣
氧化期人工除渣，钢渣流入渣罐或渣坑	4 ~ 6	$CaO/SiO_2 = 2 ~ 3.5$、$Al_2O_3 = 4\%$ ~ 8%、$MgO = 9\%$ ~ 12%、$FeO = 5\%$ ~ 30%、P_2O_5、SiO_2，外观：灰黑
还原期存留钢渣至浇钢结束，钢渣从钢包翻入渣罐	4 ~ 5	$CaO/SiO_2 = 2 ~ 3.5$、$Al_2O_3 = 3\%$ ~ 5%、$MgO = 9\%$ ~ 10%、$FeO < 1\%$、$CaF_2 = 5\%$ ~ 10%，外观：灰白

钢渣处理场的建设是电弧炉炼钢工程设计环节中容易被忽视的一个环节，但是环境保护、废渣利用都是现代炼钢工业生产的重要课题，已经得到越来越多电弧炉炼钢生产企业的重视。钢渣处理场的功能建设可分为三个级别：

（1）低级别——只用于废渣存放。

（2）中等级别——能进行筛选分类。

（3）高级别——可资源再生。

钢渣处理的工艺方法较多，应根据钢渣用途、钢渣类型和企业的自身条件来选择钢渣处理工艺。钢渣处理的方法主要有：水淬法、风淬法、热泼法、焖渣法、激冷法等。

为了减少运输环节，钢渣处理场应建在炼钢车间附近，最好设立专门的钢渣运输通道。

经过加工处理后的钢渣，可进行综合利用。目前，主要有以下几种综合利用的途径：

（1）废钢原料：钢渣中一般会含有 10% 左右的荷包钢和铁粒，通过破碎—筛分—水洗—磁选等工序的加工处理，可分离出能够作为原料的铁制品。

（2）烧结矿配料：氧化钙含量大于 50%，含铁品位 15% 左右的细小钢渣颗粒，可以替代石灰石配入烧结矿。

（3）路基建筑材料：粒度均匀，硫化物和游离氧化钙、氧化镁含量比较低，金属铁含量小于 1% 的钢渣粉，与其他料混合（如粉煤灰、石灰）用作基层筑路材料。

（4）水泥：冷却粉化的还原期钢渣（白色），实际上已经具备了水泥的基本特征，如果能够有效地收集再加工，可以制成标准水泥。

（5）混凝土制品：钢渣经过充分冷却并控制好游离氧化钙的含量，进行降低膨胀性的实效处理后，可以生产出多种混凝土制品。

5.10　工业炉窑

与电弧炉生产配套的工业炉窑主要有：

（1）铁合金烘烤窑：对入炉铁合金进行备用烘烤，烘烤温度为300~500℃。

（2）石灰烧制窑：石灰窑的烧制能力应与电弧炉的使用量相匹配，力争做到现烧现用。

（3）煤气发生炉：一般在煤炭供应比较充裕的地区建设，用于加热炉和钢包烘烤等。

（4）原材料干燥室：原材料干燥是电弧炉炼钢质量的保证，尤其是气候比较潮湿的地区，原材料干燥室的建设非常必要。

（5）钢锭退火窑：对于某些特殊钢种，为了改善钢锭的后续加工性能和减少质量缺陷，规定了严格的钢锭退火工艺。应根据退火工艺要求和钢锭规格及退火量的多少，来建设钢锭退火窑。

工业炉窑建设地点的选择，可因地制宜灵活掌握，应兼顾物流运输、安全生产、方便主流程工艺操作和生产管理。

5.11　机修车间

为保证电弧炉炼钢生产的正常运行，机修车间应具有电弧炉生产常用易损件的制作、常规部件的修复等功能，并具有一定的机加工能力、起重运输能力和备件物品的存放能力。机修车间的建设规模，应与电弧炉炼钢设备及其辅助装备的总量和规格有关。

5.12　原辅料库

原辅料包括铁合金、耐火材料、渣料等。要求存放环境干燥，相对密闭，并且物流运输顺畅。库内设置相应的与物流量相符的起重运输装备和称重计量装备。

5.13　电弧炉炼钢车间的起重运输设备

电弧炉炼钢车间的起重运输设备，是电弧炉生产环节中非常重要的公辅设施，包括行车、过跨运料车、工具车及物料运输车辆等，见表5-18。

表5-18　电弧炉炼钢车间的起重运输设备

起重运输设备名称	安装位置	用途简介
冶炼跨天车	冶炼主跨	用于出钢、装料、接换电极、吊换炉壳炉盖等生产操作，配副钩。应根据最大出钢量确定主钩吨位，工作等级为7级
副跨天车	副跨	用于生产准备、连铸或铸锭操作、精整等，工作等级为5~6级
原料跨天车	原料跨	用于原料准备，工作繁忙，工作等级为7级，一般配备电磁吊，无需副钩
过跨运料车	跨间	用于跨间物料运输

6 电弧炉炼钢操作工艺简介

6.1 电弧炉炼钢操作工艺常用术语

在从事电弧炉操作、管理、工程和技术交流的日常工作中，经常会遇到一些与电弧炉炼钢有关的常用术语。为了方便非冶金专业的人士，在参与电弧炉工程有关的学习和交流实践中，尽快地开展工作，下面就将一些在电弧炉炼钢生产和技术交流中常用的技术词汇和专业术语逐一进行讲解。希望通过这种方式的讲解，使大家能够在较短的时间里，对电弧炉炼钢生产技术有一个初步的了解。

在表 6-1 中，分类别列举了一些电弧炉炼钢操作工艺常用术语。

表 6-1 电弧炉炼钢操作工艺常用术语

序 号	类 别	电弧炉炼钢操作工艺常用术语
1	原料准备	备料、备小料、备大料
2	装料方式	冷装、热装
3	操作法	氧化法、矿石氧化法、氧气氧化法、联合氧化法、不氧化法、返回吹氧法
4	炼钢炉渣	造渣、调渣、除渣、部分除渣、除全渣、自动除渣、氧化渣、还原渣
5	搅 拌	搅拌、人工搅拌、机械搅拌、电磁搅拌、气体搅拌、过程自然搅拌
6	沸腾与镇静	沸腾、净沸腾、锰沸腾、大沸腾、镇静
7	脱 氧	脱氧、沉淀脱氧、扩散脱氧、预脱氧、终脱氧、联合脱氧
8	取 样	取样、熔清取样、氧化取样、还原取样、成品取样
9	测 温	测温、结膜读秒测温、热电偶测温、红外线测温、氧化温度、还原温度、出钢温度、浇铸温度
10	成 分	成分的预调、成分的微调

6.1.1 原料准备

原料的准备作为电弧炉炼钢工艺操作的第一步，对电弧炉炼钢生产起着至关重要的作用。原料准备工作的好坏，会直接影响到电弧炉炼钢生产的品种、质量、成本以及工艺操作全过程的顺利进行。

根据原料入炉工艺方式和原料种类的不同，通常将原料分为大料与小料。将经初步配比，在熔化期大量整装加入的各种废钢原料称为"大料"，在氧化期和还原期以及出钢过程中补加的合金原料、造渣原料等统称为"小料"。相应的工种岗位也有备大料工和备小料工之分。表 6-2 对备大料和备小料的操作程序、要求和操作工具及设施，进行了描述和介绍。

表 6-2　备大料与备小料的对比简介

	备　大　料	备　小　料
操作程序	1. 原料分类（按尺寸、形状、成分、密度等进行合理分类。一般可分为 3~5 类，有些要求高的企业还会分得更细。并对易爆物及有害元素进行筛查清理）； 2. 原料加工（破碎、挤压、打包、清理）； 3. 检验（成分和质量）； 4. 称重配料（按照计划钢种及工艺要求配料）； 5. 运送至电炉车间备用	1. 按阶段生产计划进料； 2. 按当天用量提前进行原料的预热烘烤； 3. 根据冶炼工艺进程和实际用量将小料送至炉前备用； 4. 将冶炼剩余小料计量后退回原存放处
操作要求	要求精细操作，合理搭配，尽可能减少装料次数，并且严格控制有害元素和保证入炉原料的清洁、干燥，及严禁爆炸物入炉	应严格按照工艺要求进行，要建立严格的来料检验、烘烤干燥、批号成分跟踪和退料制度，并且要努力做到"一炉一清"
操作工具及设施	1. 起重运输设备：桥式起重机、电磁吊、料篮、运输车辆等； 2. 废钢加工设备：剪切设备、打包设备、筛分设备等； 3. 称重设备：电子秤、地秤	1. 运输车辆：一般为人工手推小车，叉车； 2. 工业炉窑：合金烘烤窑、石灰窑、干燥室； 3. 称重设备：地磅、台秤

6.1.2　装料方式

向电弧炉内装入原料的方式有冷装和热装之分。表 6-3 为冷装和热装的简介。

表 6-3　装料方式简介

装料方式	简　　　介
冷　装	即装入常温固态炉料，如：废钢、铁合金的加入
热　装	即装入高温液态炉料，如：铸余返回、铁水兑入

6.1.3　操作法

在表 6-4 中，列举了电弧炉炼钢常用的几种操作法称谓术语及其简介。

表 6-4　操作法简介

操作法	简　　　介
氧化法	氧化法冶炼时的碳氧反应较为强烈，又可分为矿石氧化法和氧气氧化法以及矿石、氧气联合氧化法三种方法
矿石氧化法	矿石氧化是间接氧化反应，其优点是渣中 FeO 的含量高，有利于除磷；缺点是矿石分解时吸收热能，脱碳速度较慢，并且还会夹带一些杂质进入炉内。 主要反应式为：$2Fe_2O_3 + 2Fe = 6FeO$，$FeO + C = CO + Fe$
氧气氧化法	氧气氧化法是直接氧化反应，其优点是脱碳速度快，放热反应强烈，钢液升温快，节省电能，对钢液的搅拌力度大。缺点是除磷效果较差，而且铁损较大。 主要反应式为：$2C + O_2 = 2CO$，$Fe + O_2 = 2FeO$，$FeO + C = CO + Fe$

操作法	简 介
联合氧化法	目前联合氧化法较为常用。顾名思义，联合氧化法就是氧气和矿石同时或交替使用，如使用得当，其综合效果俱佳
不氧化法	原料全部采用没有杂质的返回料。原料成分要求低于冶炼品种规格的中下限，并且严格控制原料中磷的含量。该操作法没有氧化期，熔清后钢水温度达到规定范围即可还原（可压缩还原），调整成分出钢。该操作法冶炼时间短，铁损少
返回吹氧法	当废钢原料磷含量较低、表面清洁、夹杂物较少并且废钢中有用的合金元素含量较高时，即可采用返回吹氧法冶炼。为了减少合金元素的烧损，进行返回法冶炼时要严格控制吹氧的时机和用氧强度。因此，返回法冶炼过程的碳氧反应强度相对较弱，还原期可适当压缩，该操作法介于氧化法和返回法之间（或称为部分氧化法）

6.1.4 炼钢炉渣

在电弧炉冶炼过程中，炉渣的主要作用是：保温、埋弧、减缓钢液吸气、吸收钢液中的夹杂物和充当各种冶金化学反应的媒介。许多氧化还原反应都是在钢渣界面上完成的。在电弧炉冶炼过程中，造渣与调渣贯穿始终。电弧炉炼钢工人常讲"要想炼好钢，先要造好渣"，这充分说明了钢渣的重要性。常规的电弧炉为碱性炉衬，所以炉渣也应为碱性，渣料主要为石灰（CaO），再根据不同的钢种、不同的工艺、不同的冶炼期和不同的炉况需要添加相应的辅料（如萤石、火砖块、电石等），对渣量、流动性、碱度等进行调整和控制。表6-5列举了不同冶炼时段造渣的要求和目的。

表6-5 不同冶炼期造渣的要求和目的

冶 炼 时 段		造 渣 要 求	目 的
熔化期	熔化前期	提前造渣	提前除磷
	熔化后期	泡沫渣	埋弧保温防辐射
氧化期	氧化前期	高氧化铁含量（氧化渣）、大渣量、高碱度	低温去磷
	氧化中期	薄 渣	去 碳
	氧化后期	补加石灰	防止回磷
还原期		低氧化铁含量（还原渣）、高碱度、渣量适度且流动性良好（出钢时白渣的还原效果最好）	脱氧、去硫、保温、防止钢液吸气

当钢渣中的夹杂物及有害元素饱和到一定程度后或由氧化期转变为还原期时，为调渣或换新渣做准备，需要先进行除渣操作。其方式又可分为部分除渣、除全渣、自动流渣。表6-6列举了不同除渣方式的目的和注意事项。

表6-6 不同除渣方式的目的和注意事项

除渣方式	除渣目的及注意事项
部分除渣	改变渣层厚度，排除有害元素，调整炉渣成分
除全渣	当炉内气氛由氧化气氛转化为还原气氛时，需要停电将渣除净，以便再更换新渣。需要注意的是：渣除净后，应尽快补充渣料，减少钢水裸露时间，避免钢液吸气
自动流渣	其效果和目的与部分除渣相同，只不过要形成自动流渣，要有一定的条件，即钢渣的流动性好，适度的炉体前倾角度，最好还要有一定的碳氧反应强度

电弧炼钢炉的钢渣，来自于原材料里带进的杂质、造渣材料、被侵蚀的炉衬等，炉渣的成分复杂，主要由 CaO、MgO、MnO、FeO 等碱性氧化物，P_2O_5、SiO_2 等酸性氧化物以及 Al_2O_3、P_2O_5 等中性氧化物构成。总碱性氧化物与总酸性氧化物的比值称为碱度，是冶炼控制炉渣性能的重要指标，一般碱度低于 1.6 为低碱度渣，1.7~2.4 为中碱度渣，2.5 以上为高碱度渣。

在现代电弧炉工艺技术中，泡沫渣技术非常重要。良好的泡沫渣可以稳定电弧，并且由于泡沫渣有效地包围着电弧，减少了弧光辐射和对炉衬的侵蚀，出钢时还能起到防止钢流被二次氧化的作用。

炉渣参与炼钢的物理化学过程，它本身的理化性质直接影响着高温条件下的冶金物理化学反应，在炼钢过程中有举足轻重的作用，故有"炼钢即炼渣"的说法。冶炼工艺针对原料和产品的不同而采用单渣法、双渣法、留渣法等不同的操作工艺。但无论如何，对于炉渣都必须按要求控制其组成成分、温度以及渣量，否则就难以获得合乎要求的优质钢液。

6.1.5　搅拌

钢液的充分搅拌是电弧炉冶炼过程中的一个重要环节。其作用是均匀成分、均匀温度、加快反应速度和夹杂物上浮速度。表 6-7 介绍了电弧炼钢炉不同搅拌方式的方法和特点。

表 6-7　搅拌方式简介

搅拌方式	简　介
人工搅拌	操作工手持搅拌耙杆，在炉门口操作，耙头粘裹钢渣后，再按一定的方式推动钢液。此方法简便易行，搅拌效果一般因人而异。适用于中小型电弧炉，通常在取样前、合金加入后和出钢前操作
机械搅拌	以机械手的形式搅拌钢液，搅拌力度大，适用于大型电弧炉和钢包。但在目前快节奏的生产形式下，该方式受到一定条件的限制，实际应用不多
电磁搅拌	利用电磁力驱动钢液流动，进行非接触搅拌。该方式可连续操作，搅拌效果好，自动化程度高，应用广泛，但设备复杂，维护不方便，并且有一定的能量消耗
气体搅拌	气体搅拌是电弧炉生产中应用最有效、最简便、最经济、最广泛的搅拌方式。具体形式有： 1. 直接向钢液吹入氧气或氩气时气体动能驱动钢液流动； 2. 碳氧反应生成 CO 气体使钢液沸腾； 3. 利用透气砖在钢液底部（钢包应用较多）吹入氩气搅动钢液
过程自然搅拌	所谓"过程自然搅拌"，就是在冶炼操作过程中因钢水流动自然形成的搅拌，包括出钢过程、倒包操作过程、RH 冶炼法的吸吐过程等。充分利用好"过程自然搅拌"也是缩短冶炼时间、节能降耗、降低成本和保证钢液质量的重要方法

6.1.6　沸腾与镇静

具体介绍如下：

（1）沸腾——在电弧炉冶炼过程中，钢水在碳氧反应时的一种状态。在碳氧反应形成钢水沸腾的过程中，钢液中的有害元素被氧化，气体和氧化物夹杂随 CO 气泡迅速上浮并得以去除。因此，钢液沸腾是碳氧反应的结果，也是电弧炉冶炼不可缺少的重要环节。

（2）大沸腾——钢水氧化时，如果操作不当，钢液沸腾过于激烈，造成钢水的大沸腾，也会对冶炼操作带来不利的影响。轻则"跑钢"造成浪费，重则可能会发生事故造成人员伤亡。因此，合理适度的钢液沸腾是冶炼优质钢水的前提条件和安全生产的重要保障。

（3）净沸腾——在氧化末期，氧化剂的摄入停止后还应保持一段时间的自然沸腾，又称为净沸腾，一般约为 $5 \sim 10min$，其目的是使气体和夹杂物充分上浮，降低钢液中的氧含量，为还原期做好准备。

（4）锰沸腾——冶炼低碳钢时，氧化后期钢中含氧量较高，为了保碳、清洁钢液应提前脱氧，有时需加入锰铁进行锰沸腾。

（5）镇静——随着冶炼任务的终结，尤其是在出钢过程中大量夹杂物混杂在钢液中。钢水在钢包中，需要保持一定的镇静时间，使钢中的夹杂物上浮出钢液面。因此，合理充分的镇静时间也是最终得到优质钢水的必要条件。需要注意的是：在确定出钢温度时，一定还要将镇静造成的温降因素考虑进去。

6.1.7 脱氧

脱氧是冶炼后期一项非常重要的操作，如果脱氧不彻底，将会造成以下问题：

（1）氧化铁在凝固过程中析出，降低钢的韧性和塑性；

（2）碳氧偏析生成氧化碳气泡造成钢锭内部气孔或皮下气泡等缺陷；

（3）形成 $FeO \cdot FeS$ 共晶体，分布在晶界上，形成钢材热加工时的裂纹缺陷。

因此，在冶炼进入到还原期直至钢水浇铸前，要采取一系列的脱氧工艺措施，确保充分脱氧。常用脱氧剂有：碳粉、硅粉、铝粉、硅钙粉、硅铁、锰铁、硅锰铁、铝块、复合脱氧剂等。表6-8 为常用脱氧方式术语的简介。

表6-8　脱氧操作方式及简介

脱氧方式	简　介
沉淀脱氧	脱氧反应在钢液中进行，脱氧速度较快，但脱氧产物对钢液有一定的污染
扩散脱氧	脱氧反应在渣相中进行，还原渣形成后才能进行。脱氧产物基本不污染钢液，但脱氧速度较慢
预脱氧	还原初期稀薄渣形成前的首次脱氧操作，加入块状铁合金进行沉淀脱氧
终脱氧	出钢前加入强脱氧剂进行沉淀脱氧，由于此时钢液氧含量已很低且又是最后一次脱氧操作，所以称之为"终脱氧"
联合脱氧	预脱氧（沉淀脱氧）、用粉状脱氧剂扩散脱氧、终脱氧，按照一定的顺序和工艺方法联合应用，其脱氧效果最佳

6.1.8 取样

冶炼过程中，操作人员为了掌控冶炼的全过程，需要不失时机地对钢水进行取样分析。取样的工具非常简单：样杯和样勺，另外还需准备一些脱氧用的铝丝。取样前，要对钢水进行充分的搅拌，以使所取钢样的化学成分能够体现钢水的真实状况。

取样的方法是：先将样勺内外均匀粘裹一层钢渣，然后在有代表性的钢水区域内取出样品钢水，插入铝丝脱氧，最后倒入样杯，凝固后，将钢样送检。

　　还有一种方法是采用特制的取样器（如真空取样器），直接插入钢液内取样。由于该种方法存在一定的成本消耗，因此，应用不太广泛，仅在一些特定的条件下使用（如取气体分析样或用作结晶定碳等）。

　　根据取样的工位不同，又分为炉前取样和炉后取样。在表6-9中，介绍了电弧炉炼钢不同工位、不同冶炼时段取样的目的。

表6-9　取样方式简介

取样方式	简　介
炉前取样	炉前取样是指在电弧炉冶炼的不同阶段对钢水进行取样分析。要求取样前确保钢水搅拌均匀，取样部位合理并有代表性，送检及分析快速准确。 一般常规炉前取样有： 1. 熔清样——炉料完全熔清后对钢水成分进行全面了解，为后面的工艺操作提供依据； 2. 氧化末样——掌握并控制氧化期任务的完成情况； 3. 还原样——为确定能否出钢和最终的成分调整量提供依据，有时也叫"出钢样"； 4. 过程取样——在冶炼过程中，由于某种原因，需要对钢水成分进行复核，而进行取样分析
炉后取样	炉后取样是指在钢包中取样和在浇铸的过程中取样，一般是将此样作为成品样备检

　　此外，还有一种根据炉前操作工的实践经验，在冶炼过程中快速判断钢水碳含量的方式，即：用样勺取出钢水，缓慢倒出，观察爆出钢花的形状，以此来对钢水的碳含量进行估测，俗称"看碳花"。作为实验室检验的一种辅助方式，长期以来，这种"看碳花"的方法一直被广泛应用。

6.1.9　测温

　　在电弧炉冶炼时，要根据不同工艺要求对电弧炉炼钢全过程的钢水温度进行严格的控制。在实际操作中，一般是根据操作工的实践经验和专业的仪器仪表对钢水温度进行判断和检测。

　　在表6-10中，列举了几种常用的测温方法和应用特点。在表6-11中，列举了不同冶炼阶段对钢水温度的要求。图6-1为中碳结构钢钢液结膜秒数与温度的关系。

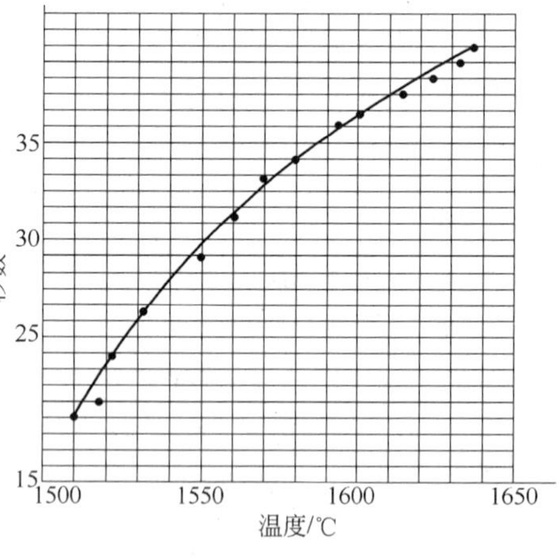

图6-1　中碳结构钢液结膜秒数与温度的关系
（适用于碳素结构钢）

表6-10　几种常用的测温方法

方　法	简　介	应　用　特　点
结膜读秒法	用挂渣后的样勺取出钢液，快速拨去浮渣，观测钢液表面的凝固结膜时间，凭经验来估算钢液温度（图6-1）	简便，成本低廉。需要一定的实际操作经验，由于炼钢工的操作手法、外界条件和钢液成分的不同，造成测量误差较大，仅作为现场冶炼参考

方　法	简　介	应　用　特　点
一次性热电偶	采用一次性热电偶，直接插入钢液测量温度	测量精确度高，是目前应用最广、最有效的测量方法，但要限制测量次数，否则会影响冶炼成本
红外线检测	采用红外线测温仪，间接测量钢液表面温度	操作简便，但受到烟尘、距离和钢渣等因素的影响，测量误差较大，只能在特定的环境下使用

表6-11　电弧炉冶炼各个阶段的温度要求

温　度	要求（中碳钢为例）
氧化温度	氧化开始进行的温度，根据钢种碳含量不同，规定不同的氧化温度，一般应高于熔点100℃左右（或结膜时间不小于30s）
还原温度（除全渣温度）	还原期开始进行的温度，应高于出钢温度10~20℃（或结膜时间不小于35s），以避免还原后期升温
出钢温度	考虑到出钢和浇铸过程的温度损失，一般情况下应高于熔点100~150℃
钢包浇铸温度	在钢包中测温，是掌握和控制铸温、铸速的依据

6.1.10　成分

6.1.10.1　成分的预调与微调

成分的预调与微调实际上就是在冶炼过程中调整钢液合金元素成分的一种步骤和方法，也是根据各元素的物理性质和化学性质，以及冶炼不同钢种的工艺要求来进行的两种冶炼工艺操作。一般预调是在钢水的初炼期完成，是将合金成分预先调整到一定的规格范围之内。而微调一般是在钢水的精炼期完成，是前期预调结果的一种补充和完善，目的是使钢液合金成分能够准确控制在冶炼钢种要求的较精细的范围内，最终完成钢水的合金化。

6.1.10.2　合金元素加入的具体原则

与氧的亲和能力小于铁的合金元素，可以在冶炼的各期加入。一般来说，加入量少的后期加入，加入量多的可前期加入进行成分预调，后期（还原期）再进行成分微调，如：镍、钼、钴、铜等。加料时应远离电弧区，以免元素挥发损失。

与氧的亲和能力强于铁的合金元素，一般是在还原后期加入。有些易氧化元素甚至还要求在钢包加入，例如：铝Al、钛Ti、硼B。

返回法冶炼时，由于氧化强度相对较弱，可以提前加入合金元素，后期进行调整。

难熔合金元素，应提早加入，量多时可同原料一同加入，如钨W。

合金元素的密度与铁相比相差悬殊的，除了要注意其元素的回收率外，还要考虑钢中成分的均匀性，并且注意加强搅拌操作。

6.1.10.3　元素的物理化学性质

在表6-12~表6-14中，列举了电弧炉炼钢常用元素与氧的亲和能力、常用元素的物理性质和不同合金元素的加入方法、时间与回收率的关系。

表 6-12　常用元素与氧的亲和能力

元素名称	Ca	Li	Al	Mg	Ti	C	Si	V	Mn	Cr	Fe	P	Co	Ni	Cu	Pb
氧化能力	强 →														弱

表 6-13　常用元素的物理性质

物理性质 元　素	密度/g·cm⁻³	相对原子质量	熔点/℃	沸点/℃	常用铁合金熔点(参考)/℃
W	19.3	183.92	3410	约6000	2600
Pb	11.34	207.2	327.5	1740	
Mo	10.2	95.95	2622	4727	1700
Cu	8.95	63.54	1083	2595	
Ni	8.9	58.69	1455	3080	1425 ~ 1455
Co	8.8	58.94	1480	3135	
Nb	8.57	93	2469	4744	
Fe	7.89	55.85	1535	2880	
Sn	7.3	118.71	232	2260	
Mn	7.2	54.94	1250	2150	1250 ~ 1275
Cr	7.2	52.01	1800	2500	高碳铬铁: 1470 ~ 1540 低碳铬铁: 1600 ~ 1640
V	6.0	50.95	1700	3000	
Ti	4.5	47.9	1725	3400	1380
Al	2.7	26.98	660	2500	
Si	2.37	28.06	1414	2400	1300 ~ 1330(75% Si)
B	2.34	10.82	2300	2550	1300
Mg	1.74	24.32	651	1107	
Ca	1.6	40.08	845	1440	

表 6-14　合金加入方法、时间与回收率的关系

合金名称	加入方法及时间	回收率/%
镍 Ni	随原料加入	>97
	氧化期、还原期调整	>98
钼铁 Mo-Fe	随原料加入	>95
锰铁 Mn-Fe	还原初期加入	95 ~ 97
	出钢前加入	约98
钨铁 W-Fe	可随原料加入，氧化法冶炼可在稀薄渣时补加； 还原期补加时应注意：块度要小些，应加强搅拌，并且补加后应20 ~ 30min 再出钢	90 ~ 95
铬铁 Cr-Fe	氧化法冶炼时，还原期加入	95 ~ 98
	返回吹氧法冶炼时，随料配入，还原期补加，补加量大于1%时，应在补加后10 ~ 15min 再出钢	80 ~ 90

合金名称	加入方法及时间	回收率/%
硅铁 Si-Fe	出钢前（5~10min）加入	>95
钒铁 V-Fe	出钢前（8~15min）加入	含V<0.30%时约95
	出钢前（20~30min）加入	含V>1%时95~98
钛铁 Ti-Fe	出钢前或包中加入	40~60
硼铁 B-Fe	出钢时加入包中（随钢流下端）	30~50
铝Al、铝铁 Al-Fe	冶炼含铝钢时，出钢前8~15min扒渣加入	75~85
磷铁 P-Fe	还原初或还原末加入	约50
硫黄 S	扒氧化渣后加入	80~90
	出钢时包中加入	约50
铌铁 Nb-Fe	还原期加入	90~95

注：影响回收率的因素比较复杂，此表仅供参考。

6.2 传统的三期操作工艺

6.2.1 简介

由单一电弧炉炼钢设备完成的将废钢原料冶炼成合格钢锭的电弧炉炼钢工艺，我们习惯称之为老三期电弧炉冶炼工艺，即熔化期—氧化期—还原期的全部操作在一台电弧炉内完成的冶炼工艺。

虽然随着电弧炉炼钢技术的发展与进步，以及相应配套设施的不断完善，采用老三期工艺操作的电弧炉越来越少，取而代之的是各种形式的组合式冶炼工艺。但是电弧炉炼钢的基本原理并没有因此而改变。老三期电弧炉冶炼的基本原理仍然是现代电弧炉炼钢的理论基础。只不过代表现代电弧炉炼钢最新技术的组合式冶炼工艺对各个工艺环节的衔接和处理更加有序，更加合理，更加有利于生产效益的发挥。因此，不管我们在电弧炼钢炉工程建设中，采取的是何种现代电弧炉冶炼工艺，都应该对"老三期"电弧炉冶炼工艺有一个比较清晰、完整的了解，才能更准确地掌握和完善各种新型组合工艺技术。

6.2.2 工艺流程

图6-2是典型的电弧炉三期操作工艺流程，简要记述了从原料配备到出钢浇铸的顺序过程以及各种操作。

6.2.3 熔化期

6.2.3.1 熔化期的目的

熔化期的目的是将固体废钢铁料熔化，通过配料、布料、供电、吹氧助熔和提前造渣等操作，达到快速熔化，最大可能地降低电耗，为氧化期创造好条件。根据炉料熔化的过程，又可将熔化期分为三个阶段。

A 引弧和穿井阶段

补炉装料工作完成后，开始送电并操控电极下行。当电极与炉料接触起弧后，随着炉

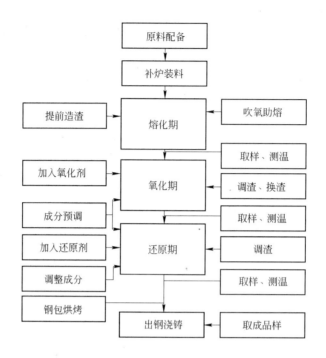

图 6-2 电弧炉三期操作工艺流程

料的熔化,电极也将继续不断地下移,致使炉料形成孔洞,同时炉料下端逐渐形成熔池,并逐渐扩大。图 6-3 为引弧和穿井阶段示意图。

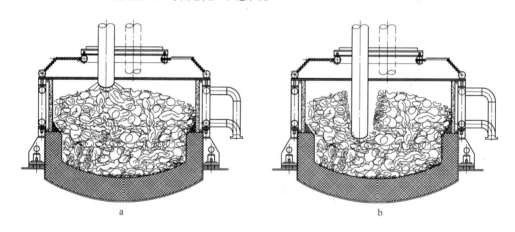

图 6-3 引弧和穿井阶段示意图

a—引弧阶段;b—穿井阶段

B 塌料和熔池扩大阶段

当熔池扩大到一定程度,上部炉料将下沉塌落,熔池液面将随之波动上升,有时塌落的炉料会将电极堆埋,严重时还会造成短路跳闸或电极折断。因此,该阶段是最能考验电极升降系统性能和供电设备系统能力以及配料布料是否合理的阶段。该阶段也是整个熔化期操作最需精心的阶段。图 6-4 为塌料和熔池扩大阶段示意图。

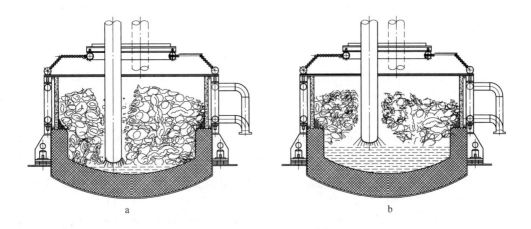

图 6-4　塌料和熔池扩大阶段示意图

a—塌料阶段；b—熔池扩大阶段

C　熔清和升温阶段

该阶段熔池大小基本稳定，主要任务是将剩余炉料熔清，并提升熔池温度，造好渣，为氧化期做好准备。图 6-5 为熔清和升温阶段示意图。

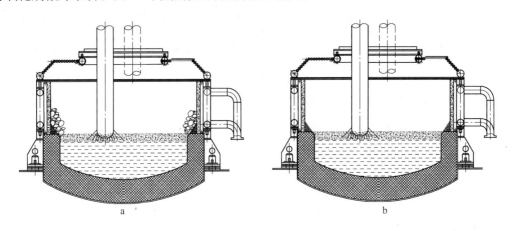

图 6-5　熔清和升温阶段示意图

a—熔清阶段；b—升温阶段

6.2.3.2　熔化期操作要点

由于在一般情况下，熔化期的冶炼电耗约占整个冶炼期的 2/3 以上，熔化期的冶炼时间约占整个冶炼期的 1/2 以上，熔化期的电极消耗约占整个冶炼期的 2/3 以上。因此熔化期的操作将直接影响电弧炉炼钢的产量和成本，所以应该得到充分的重视。熔化期的操作要点如下：

（1）合理布料。合理布料是实现有效利用电弧热能的重要操作。电弧炉内温度场的分布特点是：中心区温度高，炉衬附近温度低，1 号、3 号电极中间靠炉衬的部位是冷区。炉门口处因操作方便，炉料易熔化，而出钢口处操作不便，炉料不易熔化。掌握了上述特点，可将大块不易熔化的炉料布置在中心高温区和炉门口易操作（吹氧助熔）的位置。此外，还应避免大块炉料在炉内翻滚砸断电极。当多次装料时，应将重料安排在头次装入，轻薄料安排在后面装入。

（2）合理供电。为了尽可能地缩短熔化期，应根据电炉变压器和短网条件，采用高电压、大电流、强功率进行熔化期的供电操作。在穿井和塌料阶段还应辅加电抗操作，以降低短路电流，稳定电弧，减少跳闸次数。此外，操作人员应精力集中，既要保证较强且稳定的供电功率，又要避免电流过大跳闸。

（3）合理吹氧助熔。吹氧助熔不是简单地把氧气吹入炉内，而是要根据熔池的变化情况，炉料中碳和其他元素的含量情况、炉料类型以及冶炼品种，采用不同的方法吹氧助熔。

当炉料红热后，采用切割炉料的方法使炉料落入熔池，缩短塌料阶段，这是吹氧助熔最主要的操作方法。

当碳含量较高时，可在熔池形成后，将氧气管插入熔池内，氧气与钢液中碳和其他元素反应，进行放热助熔。但是当碳含量较低或熔池没有形成时，严禁采用此法。

钢中元素的氧化反应式如下：

$$[Fe] + \frac{1}{2}\{O_2\} \rule[0.5ex]{2em}{0.4pt} [FeO] \qquad \Delta H = -238kJ \qquad (6-1)$$

$$[Mn] + \frac{1}{2}\{O_2\} \rule[0.5ex]{2em}{0.4pt} [MnO] \qquad \Delta H = -361kJ \qquad (6-2)$$

$$[Si] + \{O_2\} \rule[0.5ex]{2em}{0.4pt} (SiO_2) \qquad \Delta H = -90kJ \qquad (6-3)$$

$$[C] + \frac{1}{2}\{O_2\} \rule[0.5ex]{2em}{0.4pt} \{CO\}\uparrow \qquad \Delta H = -115kJ \qquad (6-4)$$

熔化期吹氧助熔在放热、加速熔化的同时，还会造成一定程度的元素烧损（氧化）。据有关试验证明，常规吹氧助熔与没有吹氧助熔相比元素烧损（氧化）情况如表6-15所示。

表6-15　常规吹氧助熔时元素的烧损情况

元　素	Si	Mn	Fe	C	P
烧损量/%	80～90	70～80	2～3	0.1～0.2	20～60

一般氧化反应都为放热反应。有人曾经做过研究试验和理论计算，结果证明：因吹氧助熔，每吨钢发生氧化反应而放出的热能，大约相当于70～75kW·h的电能。

目前，国内外较先进的大型电弧炉，普遍采用的是大供氧量的燃氧助熔。其目的是通过燃料和氧气的燃烧放热，提高冷区和炉内温度场，加速炉料熔化，并且元素的烧损也可大幅度减少。

综上所述，合理吹氧助熔是缩短冶炼时间、节能降耗的重要方法。

（4）提前造渣。熔化期钢渣的作用是：将已熔化的钢水覆盖，保温减少热量散失，还有埋弧、稳弧、减少钢液吸气等作用。并且去磷、聚集吸收非金属夹杂。因此，熔化期提前造渣可以为氧化期创造出一个良好的初始条件，是缩短冶炼时间，保证钢质量，降低冶炼成本的有效手段。

提前造渣的方法：一般是在装料前，先垫底加入一定量的石灰（约占本次料重的1%～1.5%），在熔清和升温阶段再补加一定量的石灰。加入石灰的总量一般控制在总钢水量的2%～2.5%左右。此外，还应保证钢渣具有一定的碱度和氧化性。

6.2.4 氧化期

6.2.4.1 氧化期目的

电弧炉炼钢是用回收的废旧钢铁作为基本原料，而在这些回收来的废钢原料中，不可避免地存留有铁锈、塑料、水分、油污泥沙等杂质。随着废钢的熔化这些杂质也会有一部分熔于钢液中，并且冶炼过程中耐火材料的侵蚀以及高温吸气都会增加钢液中的杂质和气体含量，形成严重的质量缺陷。此外，废钢中的残余元素，有可能会超出所冶炼钢种的成分要求，这都需要通过氧化期的工作来进行改善。

氧化期的目的是：

（1）通过碳氧化沸腾，去除钢液中的气体（H_2、N_2）、氧化物夹杂（SiO_2、Al_2O_3、MnO、MgO 等）。要充分理解"脱碳是炼钢的手段而不是炼钢目的"这句话的含义。

（2）去除有害元素磷。由于磷只有在氧化气氛下才能去除，所以一定要在钢水冶炼进入还原期之前，将磷控制在规定范围之内。

（3）调整温度（一般高于出钢温度 10~20℃）和控制残余成分（一般控制在标准成分的下限），为还原期的顺畅操作创造有利条件。

6.2.4.2 原理与方式

通过向熔池供氧和加入渣料，制造高氧化性的炉渣，在一定的条件下氧元素与钢中碳等元素发生化合反应。由于氧化剂的不同，又形成铁矿石氧化和氧气氧化两种不同的氧化方式。表6-16 对矿石氧化和氧气氧化的特点进行了比较。

表6-16 矿石氧化与氧气氧化的特点比较

比较项目	矿石氧化	氧气氧化
反应方式	矿石加入炉内首先吸热分解，渣中氧化铁扩散到钢液中提供氧化条件	氧气直接吹入熔池
对温度的影响	吸热	放热
脱碳速度	较慢	较快
去磷效果	好	差
铁元素损耗	无	较高
冶炼电耗	较高	较低
氧化末期钢中氧含量	较高	较低

A 矿石氧化

铁矿石中含有80%~90%的高价氧化铁（Fe_2O_3 或 Fe_3O_4），入炉后，高价铁转变为低价铁：

$$(Fe_2O_3) + [Fe] = 3(FeO) \tag{6-5}$$
$$(Fe_3O_4) + [Fe] = 4(FeO) \tag{6-6}$$

低价氧化铁（FeO），一部分留在渣中，大部分扩散到钢液中：

$$(FeO) = [Fe] + [C] \quad \Delta H = 120.8kJ \tag{6-7}$$

扩散到钢液中的氧与钢液中的碳、磷等元素发生化合反应。

B 氧气氧化

吹入熔池的氧气，与钢液中的铁元素反应生成氧化铁，再与钢中碳和其他元素反应，称之为"间接反应"。如间接碳-氧反应：

$$[\text{Fe}] + \frac{1}{2}\{\text{O}_2\} = [\text{FeO}] \qquad \Delta H = -238\text{kJ} \tag{6-8}$$

$$[\text{FeO}] + [\text{C}] = [\text{Fe}] + \{\text{CO}\}\uparrow \quad \Delta H = -46\text{kJ} \tag{6-9}$$

吹入熔池的氧气，直接与钢液中的碳和其他元素反应，称之为"直接反应"。如直接碳-氧反应：

$$[\text{C}] + \frac{1}{2}\{\text{O}_2\} = \{\text{CO}\}\uparrow \qquad \Delta H = -114.8\text{kJ} \tag{6-10}$$

6.2.4.3 氧化期的操作顺序

在前期温度偏低、渣量较大时，以脱磷为主。由于渣中的五氧化二磷（P_2O_5）和（$3\text{FeO} \cdot P_2O_5$）在温度升高时有分解回磷的特点，所以适当偏低的温度有利于脱磷反应的进行。

在后期渣量少时以脱碳为主。由于高温薄渣更有利于碳氧反应，要注意终点碳的控制，一般情况下，应低于规格下限0.02% ~0.05%（根据补加合金的碳含量来掌控）。

氧化方法的采用是前期矿石氧化，中期联合氧化，后期氧气氧化。

6.2.4.4 氧化期脱碳量、脱碳速度和氧化温度的掌控

在废钢配料时，需将碳含量配至高于所炼钢种规格要求碳含量的一定值，通过一定强度的碳氧反应，可得到较好的除磷和去除气体夹杂的效果。碳含量配得过低，则氧化强度不够，达不到去除气体夹杂的目的。碳含量配得过高则工艺损耗高，造成不必要的浪费。一般钢种的工艺要求脱碳量大于0.30%。如45钢应将碳含量配至0.68% ~0.75%比较合理，氧化末碳含量控制在0.37% ~0.42%最为理想（一般电弧炉冶炼工艺规定氧化法脱碳量应不小于0.30%，不氧化法脱碳量应不小于0.10%）。

合理地控制脱碳速度（即保持一定的氧化强度）、脱碳量和氧化温度（结膜时间不小于30s或高于熔点100℃左右）是去除钢中气体和夹杂物的充要条件和有效方法。需要强调的是：脱碳不是炼钢的目的，而是去除气体和夹杂的手段。

6.2.4.5 钢中气体、夹杂及有害元素综述

在表6-17中，介绍了钢中气体、夹杂及有害元素的种类、名称、来源以及对钢材性能的影响和去除原理和方式。

表6-17 钢中气体、夹杂及有害元素综述

类 别	名 称	来 源	对性能的影响及一般控制要求	去除原理和方式简介
气 体	H_2、N_2	空气、耐火材料和原料表面的铁锈及其吸附的水分与油污	溶解在钢中的氢和氮的含量主要取决于水汽和氮气的分压。钢中的氢和氮不但降低了钢的力学性能，而且是产生白点、发纹、皮下气泡、中心疏松、时效硬化等缺陷的主要原因，使钢材报废或降为次品。 氮含量增加可使钢的强度加强，但伸长率大幅降低。并且在含有Ti、V、B、Zr的钢中形成氮化物夹杂影响钢的质量。 一般在电弧炉生产过程中，氮含量应小于0.015%	1. 要对耐火材料和入炉原料进行充分烘烤，保证干燥； 2. 要保证一定的脱碳量和脱碳速度，当氧化碳气泡聚集上浮时，钢中气体气泡被吸附而一同上浮出钢液面。氢的溶解速度与脱氢速度之差即为实际脱氢速度； 3. 要合理造渣，避免钢液裸露吸气； 4. 要加强工艺搅拌，改善去气动力学条件； 5. 对于白点敏感的合金钢可采用真空脱气方法，将 H_2 含量降至低于 $2\times10^{-4}\%$，以免产生白点； 6. 合理微合金化可以改变气体元素在钢中的存在形态； 7. 合理的缓冷和热处理工艺操作有利于防止或消除白点

类 别	名 称	来 源	对性能的影响及一般控制要求	去除原理和方式简介
非金属夹杂物	氧化物、硫化物、点状夹杂物	1. 脱氧产物； 2. 出钢过程二次氧化及冷凝过程析出； 3. 原料、耐火材料铸锭时钢渣裹入	夹杂物是造成裂纹和钢材机能下降的主要原因。 当夹杂物颗粒过大、分布不均、数量过多时，会造成评级不合。 钢液中常见的夹杂物的状态为钙、镁、铝的氧化物，钢中各成分交互作用而生成的尖晶石和铁橄榄石、硅酸盐、硅酸锰、硅酸铝等，其总量一般约为 0.01% ~ 0.02%	1. 钢水沸腾过程中，夹杂物或长大上浮或被氧化碳气泡带入渣层； 2. 合理选择和使用脱氧剂，控制脱氧产物的大小和形状； 3. 防止二次氧化，提高耐火材料质量，保证镇静时间与吹氩强度，严格控制铸温铸速； 4. 对纯净度要求较高的钢种，如轴承钢等，可通过炉外精炼和真空处理的方式，使其 O_2 含量降至 10×10^{-4}% 以下； 5. 通过夹杂物产生过程分析，脱氧时产生的夹杂物能够较好地去除，降温时产生的夹杂物能够去除一部分，而凝固过程产生的夹杂物是不能去除的，所以要优化操作
有害元素（特殊要求用钢除外）	P	原材料、铁合金带入	磷随原料进入钢中，有强烈的固溶强化作用，能全部溶于铁素体中，使钢的强度、硬度增加，而显著降低其塑性和韧性。这种脆化现象在低温时更为严重，称为"冷脆"。特别是磷在结晶过程中，易致晶内偏析，局部磷含量偏高，导致冷脆转变温度升高，危害更大。此外，磷的偏析还使钢材在热轧后形成带状组织，对于大型钢锭尤为明显。一般要求优质碳结钢磷含量≤0.04%，碳工钢磷含量≤0.035%	1. 低温、高氧化铁、高碱度渣是脱磷的充分必要条件； 2. 经验证明氧化铁含量为 15% ~ 20%、碱度为 2 ~ 3 时脱磷效果较好。温度是去磷反应过程的外因条件，故宜抓紧氧化前期的低温阶段； 3. 钢渣流动性、渣量影响去磷反应速度，因此，操作要点是：熔化期提前造渣、低温氧化以利去磷
	S	原材料、铁合金带入	因为析集在钢锭结晶表面的硫化物（FeS）熔点低，约为 940 ~ 1160℃，所以含硫高的钢在热加工时产生热脆（即热裂），大断面的钢锭比小断面的钢锭更易产生这种低熔点的夹杂。 一般优质碳结钢要求硫含量≤0.045%，碳工钢要求硫含量≤0.03%，高级优质钢要求硫含量≤0.02%	1. 降低钢中硫含量，要求高温强碱还原气氛去硫，因此，除硫工作主要在还原期完成； 2. 向钢中加入脱硫剂，将锰控制到上限，使 [Mn]/[S]≥6，在凝固过程中形成熔点较高的 MnS 夹杂物； 3. 有些钢可以向钢中加入 Ti、稀土以改变硫化物的形貌
残余元素	Cu、Pb、Zn、Sn、As、Sb（碳素钢 Cr、Ni 有限制，亦属残余元素）	原材料	铜含量高易产生热脆，除易切等有特殊要求的用钢外，一般要求铜含量≤0.2% ~ 0.3%。 Pb：熔点为 327.5℃、密度为 11.34g/cm³，混入钢中易形成低熔点夹杂集于晶界而导致脆断，其氧化能力低，难以去除	由于 Cu 不易氧化，正常冶炼方法不可能去除，只能采取铁水冲兑或改钢号的办法解决。 由于 Pb 不易氧化，密度大易沉积，一般无法去除。有时采用沉淀倒包法或可去除，但通常发现 Pb 高的，只能出炉当原料搭配利用
脱氧剂	Al	脱氧剂、铁合金	铝属于活泼元素，能和钢中的氧生成 Al_2O_3 集团夹杂，脱氧速率较快。但铝含量过高会使钢水变黏给浇铸带来困难	尽可能选择联合脱氧的方法，使用复合脱氧剂，避免单一用铝

6.2.4.6 除磷基本原理

A 除磷的首要条件

钢渣中氧化铁（FeO）的大量存在（约12%~20%）是除磷的首要条件：

$$Fe_2O_3 + Fe === 3FeO \tag{6-11}$$

$$2[P] + 5(FeO) === (P_2O_5) + 5[Fe] \qquad \Delta H = -260kJ \tag{6-12}$$

磷的氧化物密度较小，几乎不溶解在钢液中，而能上浮溶解在渣中。当渣中 FeO 含量达到一定浓度时，渣中 P_2O_5 可同 FeO 进一步结合生成磷酸铁（$3FeO \cdot P_2O_5$）。

$$(P_2O_5) + 3FeO === (3FeO \cdot P_2O_5) \qquad \Delta H = -128kJ \tag{6-13}$$

B 除磷的充分条件

碱度是使钢渣具有较强脱磷能力的充分条件。由于 P_2O_5 和 $3FeO \cdot P_2O_5$ 在钢渣中极不稳定，当条件改变（如温度升高）时很容易分解造成"回磷"。而向渣中加入强碱性氧化物 CaO，可与酸性氧化物 P_2O_5 结合生成稳定的磷酸钙（$4CaO \cdot P_2O_5$）。因此，强碱性氧化物（氧化钙）含量高，尽量多地形成较稳定的磷酸钙，能有效地防止回磷。生产实践证明当渣中 CaO 含量约为 FeO 含量的 2.5~3.5 倍时，钢渣的脱磷能力最强：

$$4(CaO) + (P_2O_5) === (4CaO \cdot P_2O_5) \qquad \Delta H = -690kJ \tag{6-14}$$

$$2[P] + 5[O] + 4(CaO) === (4CaO \cdot P_2O_5) \tag{6-15}$$

式 6-12 + 式 6-14 得：

$$2[P] + 5(FeO) + 4(CaO) === (4CaO \cdot P_2O_5) + 5[Fe] \qquad \Delta H = -950kJ \tag{6-16}$$

C 除磷的外界条件

由于脱磷反应是放热反应，适当偏低的温度有利于放热反应的进行，但温度过低，钢渣的流动性就会变差，传递及反应能力也会变差，反而不利于脱磷（一般情况下，低碳钢1570℃，中碳钢1550℃，高碳钢1530℃）因此，要合理控制温度，并且及时调渣换渣。

此外，Si、Mn、Cr、C 等元素含量（影响磷的氧化）、渣量（影响钢液中磷降低的幅度）及其流动性（影响脱磷反应速度）也是影响脱磷效果的重要因素。

6.2.4.7 去除钢中气体和非金属夹杂物的基本原理与方法

在高温状态下，钢液不可避免地会溶解吸收 N_2、H_2 等气体，也会由于原材料的带入和耐火材料的侵蚀产生非金属夹杂物。如果不对其进行有效的控制和去除，将会对钢材的质量带来极大的危害。

通过向一定温度和碳含量的钢水中加入矿石或吹入氧气，形成一氧化碳气泡上浮并逸出，即可达到去除钢中气体和夹杂的目的。其原理是：由于一氧化碳气泡的真空效应，钢液中的有害气体向气泡内扩散，气泡迅速聚集、长大并上浮。气泡上浮的过程也就是钢水沸腾的过程，钢液中的夹杂物也就随之迅速上浮或被气泡带至渣中。因此，合理地控制脱碳速度、脱碳量和氧化温度是去除钢中气体和夹杂物的有效方法，也是电弧炉炼钢的基本原理之一。

采用矿石和氧气进行氧化生成一氧化碳气泡的化学反应过程如下：

（1）当采用矿石氧化时：

$$铁矿石溶解 \longrightarrow (Fe_2O_3) 或 (Fe_3O_4)$$

$$Fe_2O_3 + Fe = 3FeO \tag{6-17}$$

$$Fe_3O_4 + Fe = 4FeO \tag{6-18}$$

$$(FeO) \xrightarrow{扩散} [FeO] \qquad \Delta H = 120.8kJ \tag{6-19}$$

$$[FeO] + [C] = [Fe] + \{CO\} \qquad \Delta H = -46kJ \tag{6-20}$$

$$\{CO\} \xrightarrow{长大并逸出} CO\uparrow \tag{6-21}$$

即

$$(FeO) + [C] = [Fe] + \{CO\}\uparrow \qquad \Delta H = 74.8kJ \tag{6-22}$$

(2) 当采用氧气氧化时：有间接氧化和直接氧化两种反应机理。

1) 间接氧化：

$$[Fe] + \frac{1}{2}\{O_2\} = (FeO) \qquad \Delta H = -238kJ \tag{6-23}$$

$$(FeO) + [C] = [Fe] + \{CO\} \qquad \Delta H = -46kJ \tag{6-24}$$

$$\{CO\} \xrightarrow{长大并逸出} CO\uparrow \tag{6-25}$$

2) 直接氧化：

$$[C] + \frac{1}{2}\{O_2\} = \{CO\}\uparrow \qquad \Delta H = -114.8kJ \tag{6-26}$$

6.2.4.8 氧化期注意事项

氧化期注意事项具体如下：

(1) 炉温过低时，严禁铁矿石大量加入，以免在升温后发生激烈沸腾，造成事故。

(2) 如耐火材料大量剥落，炉渣中将含有大量的 MgO，渣子流动性极差，应立即除渣换新渣。

(3) 应根据工艺和原料的配备，严格控制氧化温度、脱碳量和脱碳速度。

(4) 认真造渣、调渣和换渣，控制好钢渣的碱度、流动性和氧化铁的含量。

(5) 在冶炼操作过程中尽量避免钢水裸露，减少钢液吸气的趋向。

(6) 精心掌控终点碳。氧化末期应进行静沸腾，时间为 5 ~ 10min。当治炼低碳钢时，还应按 0.2% 计算加锰铁做"锰沸腾"，为还原期做好准备。

6.2.5 还原期

6.2.5.1 还原期的任务

脱氧、脱硫、调整成分和出钢温度是还原期的主要任务。其中脱氧是关键，脱氧操作得好，脱硫就快，合金成分就会稳定，合金回收率就高，夹杂物少。反之就会阻碍还原期的其他各项工作的顺利完成，所以还原期要重点抓好脱氧工作。

6.2.5.2 脱氧基本原理

A 扩散脱氧

根据钢渣和钢液的两相平衡理论，将粉状脱氧剂均匀有序地抛撒在钢渣表面上，通过扩散反应，逐步脱除钢液中的氧。反应式如下：

$$(FeO) + (C) \rightleftharpoons [Fe] + \{CO\} \uparrow \qquad (6\text{-}27)$$

$$2(FeO) + (Si) \rightleftharpoons (SiO_2) + 2[Fe] \qquad (6\text{-}28)$$

$$3(FeO) + 2(Al) \rightleftharpoons (Al_2O_3) + 3[Fe] \qquad (6\text{-}29)$$

由于扩散脱氧反应是在渣相中进行，反应产物不会污染钢液。但是脱氧速度较慢，而且在有限的还原冶炼时间内脱氧不可能做到完全彻底。

　　B　沉淀脱氧

沉淀脱氧是将与氧结合能力比铁强（如锰、硅、铝、钙、钛等元素）的块状脱氧剂直接投入到钢液中，溶解后与钢液中的氧发生反应，从而降低钢液中氧的含量。由于沉淀脱氧的脱氧剂直接与钢液中的氧发生反应，所以反应速度较快。又由于反应产物几乎不溶解在钢液中，其密度又小于钢液，因此反应产物会聚合长大并上浮至钢渣中。由于不同夹杂物的物理特性不同，上浮的速度也不同。夹杂物的上浮速度见下式：

$$v_c = Kr^2 \qquad (6\text{-}30)$$

式中　v_c——上浮速度；

　　　K——夹杂物的综合物理特性比值；

　　　r——夹杂物颗粒半径。

但是，由于各种因素的影响，部分脱氧产物来不及上浮出钢液面，将会以夹杂物的形式留存于钢液中，严重时会给钢材性能造成危害。沉淀脱氧反应式如下：

$$2[O] + [Si] \rightleftharpoons (SiO_2) \qquad (6\text{-}31)$$

$$[O] + [Mn] \rightleftharpoons (MnO) \qquad (6\text{-}32)$$

$$3[O] + 2[Al] \rightleftharpoons (Al_2O_3) \qquad (6\text{-}33)$$

$$[O] + [Ca] \rightleftharpoons (CaO) \qquad (6\text{-}34)$$

$$2[O] + [Ti] \rightleftharpoons (TiO_2) \qquad (6\text{-}35)$$

在表 6-18 中，列举了电弧炉炼钢常见化合物的物理性质。

表 6-18　电弧炉炼钢常见化合物的物理性质

序　号	化合物	熔点/℃	密度/g·cm⁻³	序　号	化合物	熔点/℃	密度/g·cm⁻³
1	FeO	1369	5.9	7	VN	2000	5.47
2	TiO_2	1560	4.2	8	Al_2O_3	2045	3.9
3	MnS	1610	4.02	9	AlN	>2200	3.26
4	SiO_2	1713	2.26	10	Cr_2O_3	2277	5.0
5	WO_2	1770	12.11	11	CaO	2500	3.4
6	MnO	1785	5.18	12	ZrO_2	2700	5.49

序　号	化合物	熔点/℃	密度/g·cm^{-3}	序　号	化合物	熔点/℃	密度/g·cm^{-3}
13	MgO	2800	3.5	17	$3CaO·Al_2O_3$	1535	
14	TiN	2900	5.1	18	$CaO·Al_2O_3$	1600	
15	BN	3000	6.93	19	Fe		7.9
16	$MnO·SiO_2$	1270					

研究表明，脱氧产物熔点低，在钢液里能呈液态，在钢液里就易于聚合长大上浮。另外，脱氧产物同钢液面对界面张力较大时，即便脱氧产物熔点高些，也易于在钢液中粘接聚合长大上浮。

C　综合脱氧

综合了扩散和沉淀两种脱氧方法的特点，根据不同钢种冶炼工艺的要求，两种方法交叉使用，如氧化末期至还原初期的预脱氧，采用沉淀脱氧。当还原期稀薄渣形成后，采用由弱到强的分步扩散脱氧。还原末期至出钢前的终脱氧采用强脱氧剂进行沉淀脱氧。由于综合脱氧法既保证了脱氧速度又可最大限度地控制夹杂物的增长，所以，目前综合脱氧法已被广泛使用。

6.2.5.3　脱硫基本原理

$$(FeS) + (CaO) \Longrightarrow (CaS) + (FeO) \tag{6-36}$$

$$(FeS) + (CaO) + (C) \Longrightarrow (CaS) + [Fe] + \{CO\} \uparrow \tag{6-37}$$

$$2(FeS) + 2(CaO) + (Si) \Longrightarrow 2[Fe] + 2(CaS) + (SiO_2) \tag{6-38}$$

$$(SiO_2) + (CaO) \Longrightarrow (CaO·SiO_2) \tag{6-39}$$

（1）炉渣中CaO是脱硫的首要条件，一般是通过向渣中加入强氧化物（如石灰），调整炉渣碱度（$CaO/SiO_2 \approx 2.5 \sim 3.5$），提高钢渣的脱硫能力。而酸性物质$SiO_2$与CaO会结合成没有脱硫能力的$CaO·SiO_2$。

（2）炉渣中FeO是脱硫的制约条件（式6-36）。通过还原脱氧操作（见式6-37～式6-39）降低渣中氧化铁和其他不稳定的氧化物含量（FeO含量$<1\% \sim 0.5\%$），有利于脱硫反应顺畅进行。

（3）适量加入CaF_2，能降低钢渣熔点，能改善还原渣的流动性，提高硫的扩散能力，同时能与硫反应生成易发挥产物，并且不会对碱度产生影响。

（4）适当提高渣温，改善钢渣流动性，提高硫的扩散能力，可加速脱硫过程。

（5）根据不同的冶炼工艺和现场实际情况调整渣量，渣量一般控制在钢水量的3%～5%范围内。

（6）钢渣混出，或直接向钢水包中喷吹CaO，加大钢渣与钢液的接触，从而强化脱硫反应。

6.2.5.4　还原期补加合金的计算方法

还原期补加合金的计算方法如下：

（1）一般碳素钢的计算：

$$合金加入量 = \frac{钢水量 \times (规格 - 炉中残余量)}{合金料成分 \times 收得率} \tag{6-40}$$

（2）一元合金加入计算（减本身法）：

$$合金加入量 = \frac{钢水量 \times (规格 - 炉中残余量)}{合金成分 - 规格} \qquad (6-41)$$

（3）多元合金加入计算（补加系数法）。先用一般计算法计算出合金预加总量，再乘以各合金的补加系数，即可得出各合金的实际加入量。具体可分为6步：

1）实际钢水量 = 原装入量 × 收得率(%)　　　　　　　　　　　　　　　(6-42)

2）初步预算出合金加入总量(一般计算法)

3）各项合金料占有(%) = $\dfrac{规格}{合金成分} \times 100\%$　　　　　　　　　　(6-43)

4）纯钢水占有量 = 100% - 各项合金占有量(%)　　　　　　　　　(6-44)

5）补加系数 = $\dfrac{合金占有量(\%)}{纯钢水} \times 100$(每加入 100kg 合金料要补加的量)　(6-45)

6）合金补加量 = 合金预加总量 × 补加系数　　　　　　　　　　　(6-46)

最后按下式进行补加系数的验算：

$$钢水化学成分 = \frac{系数 \times 合金料成分}{1 + 各元素补加系数之和} \qquad (6-47)$$

（4）还原期钢水成分不正常时常用的应急方法。用低磷、低硫、低杂质的高碳生铁增碳：

$$生铁加入量 = \frac{钢水量 \times 需增碳量}{生铁碳成分 - 规格碳中限} \qquad (6-48)$$

倒包冲兑降低有害元素成分含量：如有害元素超标，先将炉内部分钢水翻倒出，再将等量合格钢水冲兑入炉（冲兑钢水量 = 翻倒出的钢水量）。

$$冲兑钢水量 = \frac{炉中剩余钢水量 \times (炉中有害元素含量 - 标准控制量)}{炉中有害元素含量 - 冲兑钢水有害元素含量} \qquad (6-49)$$

（5）补加系数法计算举例：

4Cr5MoSiV1（H13）装入量 = 20000kg

1）实际钢水量 = 20000 × 98% = 19600kg（98% 为收得率）

控制规格：（Cr 4.9，Mo 1.2，Si 1.08，V 0.9）

炉前取样分析结果：（Cr 3.8，Mo 1.0，Si 0.8，V 0.6）

2）初步预算合金加入量（合金收得率均按 100% 计算）：

$$Fe\text{-}Cr(成分 70\%) = \frac{19600 \times (4.9\% - 3.8\%)}{70\%} = 308kg$$

$$Fe\text{-}Wo(成分 80\%) = \frac{19600 \times (1.2\% - 1.0\%)}{80\%} = 49kg$$

$$Fe\text{-}Si(成分 60\%) = \frac{19600 \times (1.08\% - 0.8\%)}{60\%} = 91.5kg$$

$$Fe\text{-}V(成分 42\%) = \frac{19600 \times (0.9\% - 0.6\%)}{42\%} = 140kg$$

合计：308 + 49 + 91.5 + 140 = 588.5kg

3）各项合金占有量（％）：

$$Fe\text{-}Cr\ 占有量（\%）= \frac{4.9\%}{70\%} \times 100\% = 7\%$$

$$Fe\text{-}Mo\ 占有量（\%）= \frac{1.2\%}{80\%} \times 100\% = 1.5\%$$

$$Fe\text{-}Si\ 占有量（\%）= \frac{1.08\%}{60\%} \times 100\% = 1.8\%$$

$$Fe\text{-}V\ 占有量（\%）= \frac{0.9\%}{42\%} \times 100\% = 2.14\%$$

4）纯钢水占有量（％）=100％ - （7 + 1.5 + 1.8 + 2.14）％ = 87.56％

5）各种合金的补加系数：

$$Fe\text{-}Cr\ 补加系数（\%）= \frac{7\%}{87.56\%} \times 100\% = 7.99\%$$

$$Fe\text{-}Mo\ 补加系数（\%）= \frac{1.5\%}{87.56\%} \times 100\% = 1.71\%$$

$$Fe\text{-}Si\ 补加系数（\%）= \frac{1.8\%}{87.56\%} \times 100\% = 2.06\%$$

$$Fe\text{-}V\ 补加系数（\%）= \frac{2.14\%}{87.56\%} \times 100\% = 2.44\%$$

合金补加量：

$$Fe\text{-}Cr = 588.5 \times 7.99\% = 47kg$$

$$Fe\text{-}Mo = 588.5 \times 1.71\% = 10kg$$

$$Fe\text{-}Si = 588.5 \times 2.06\% = 12.1kg$$

$$Fe\text{-}V = 588.5 \times 2.44\% = 14.4kg$$

合金补加量合计：47 + 10 + 12.1 + 14.4 = 83.5kg；

合金加入总量：588.5 + 83.5 = 672kg；

理论出钢量：19600 + 672 = 20272kg。

6.2.5.5 还原期注意事项

还原期注意事项如下：

（1）根据钢种的实际需要，制定合理的还原期操作工艺，选择合适的还原剂、渣系和渣量。

（2）成分调整要根据合金元素与氧的亲和能力，按照一定的顺序进行（如：Ca、Li、Al、Mg、Ti、C、Si、V、Mn、Cr、Fe、P、Co、Ni、Cu、Pb），正确选择合金的加入时机。表6-19为不同类型的合金在电弧炉炼钢过程中的加入时间。

表6-19 合金加入时间

合金类型	加 入 时 间	举 例
不易氧化的合金元素	氧化末期加入，量大时可随原料一同加入	钨、镍、钴、铜
一般易氧化的合金元素	还原初期加入	铬、锰、硅
极易氧化的合金元素	还原后期或钢包加入	钛、硼、稀土元素

（3）防止成分不均，应加强钢水搅拌。

（4）为了使脱氧、脱硫反应顺利进行，并且给出钢浇铸创造良好的条件。应该按工艺要求严格控制整个还原期的温度（过热度一般控制在120℃左右），尽量防止还原后期升温。

（5）提前做好出钢准备，保证出钢口通畅、清洁、干燥，防止二次氧化和过度降温。

6.3　钢水的浇铸

6.3.1　钢水的结晶凝固过程

图6-6是液态钢水在模内结晶凝固成为固态金属的结晶组织分布示意图。整个结晶凝固过程可以分为以下三个阶段完成：

（1）第一阶段形成的结晶带也叫做急冷带，是由于铸锭模壁与钢液温差极大，使刚接触模壁的钢液急速结晶凝固，形成细晶粒的无明显方向的等轴晶组织。根据不同的锭模和浇铸工艺，急冷带的厚度约为几毫米至十几毫米。其凝固时间一般为几分钟。

（2）第二阶段形成的结晶带也叫做柱状晶带。由于热量向外传递渐缓，结晶生核长大，也逐渐具有方向性。在仍保持较大的由内向外温度梯度的情况下，结晶生核向锭心发展，成为柱状晶组织。由于钢的选择性结晶，在柱状晶生长发展的过程中，熔点较低的元素成分被析出；一部分被推向锭心，另一部分会留在柱状晶之间，形成夹杂物。当夹杂物聚集较多并且分布不均时，会使钢锭形成偏析缺陷，影响钢的力学性能和加工性能。

炼钢生产中会采取一些措施和方法，来限制柱状晶带的发展，如适当降低钢水过热度、锭模预热、减少夹杂物的绝对数量等。此外，合理的后续热加工（轧、锻）工艺，也可改善柱状晶组织对钢材的不利影响。

（3）第三阶段形成的结晶带也叫做中心等轴晶带，是由于钢锭心部热量向外传递困难，柱状晶停止发展。随着钢锭外部继续冷却，心部未凝固钢水温度降至熔点以下，短暂的结晶停滞现象不再继续。但此时，由于外层凝固时析出并被驱至心部的夹杂物等因素的影响，形成大量的结晶核心，由此发展成为中心等轴晶组织。

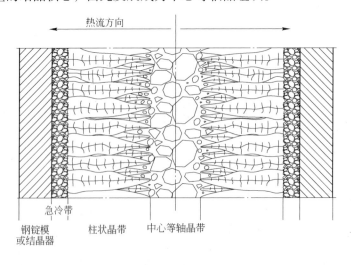

图6-6　钢水凝固结晶组织分布示意图

由于中心等轴晶带是夹杂物和有害元素（如 S、P、H、N 等）的富集区，所以中心等轴晶带的质量好坏与否，也基本上决定了整个炼钢冶炼期的质量。

6.3.2 钢水的浇铸形式

表6-20 介绍了电弧炉炼钢常用的三种钢水浇铸形式。

表 6-20　钢水的浇铸

类　型	简　　介	应 用 特 点
铸　锭	将钢水浇入铸铁制作的锭模，在锭模内凝固成型。铸锭是轧钢和锻钢生产的原料，可分为上浇铸和下浇铸。成型产品是轧钢或锻钢生产的原料。下浇铸钢锭在电弧炉炼钢生产中应用最为广泛，是我们介绍的重点	品种规格多，生产批量少的特殊钢生产企业应用较多
铸钢件	根据不同要求制成型腔，将钢水浇入型腔自然冷却成型，再经过清砂、加工等工序，即可成为最终产品	一般情况下产量会受到作业场地面积的限制，机加工和铸造行业应用较多
连续铸钢	根据不同的需求，钢水可通过不同类型的连铸机拉坯成型，再经热轧制或锻造等压力加工生产工序。金属收得率高，产能大，成本低。并且，随着连铸工艺和设备技术的发展，可进行连铸生产的品种越来越多	适合于品种规格少，产量高的普钢生产和部分合金钢长线产品的生产

6.3.3 铸温、铸速的确定

本节着重讲解下浇铸钢锭在冶炼钢种、钢水的浇铸形式以及浇铸工艺装备确定以后，接下来需要确定的就是浇铸工艺的主要参数：铸温和铸速。虽然有许多钢种由于本身特性的原因，容易在浇铸过程中产生各种各样的缺陷。例如：高硅钢易出缩孔，模具钢易成分不均，不锈钢易形成表面缺陷，合金结构钢的裂纹以及轴承钢的夹杂物等。但是，只要我们认真对待浇铸这一环节，了解这些缺陷产生的机理，合理地掌控铸温、铸速，就可以有效地避免或改善上述缺陷。为了保证较好的钢锭质量，铸温、铸速的一般控制原则是：低温、快注。图6-7 为下浇铸钢锭示意图。

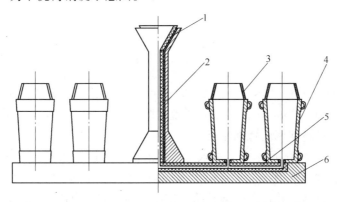

图6-7　下浇铸钢锭示意图

1—水口盘；2—中注管；3—冒口；4—钢锭模；5—汤道砖；6—浇铸底盘

6.3.3.1　钢水出钢温度

$$t_{出钢} = t_{液相点} + \Delta t_1 + \Delta t_2 + \Delta t_3 \qquad (6\text{-}50)$$

式中　$t_{出钢}$——钢水出钢温度;

　　　$t_{液相点}$——钢水液相点温度;

　　　Δt_1——出钢过程温降;

　　　Δt_2——钢水在包中镇静时段温降;

　　　Δt_3——钢水浇铸过程温降。

举例：Cr12MoV 的出钢温度（表 6-21）。

表 6-21　Cr12MoV 的出钢温度

钢号	液相点温度/℃	出钢过程温降/℃	包中镇静时间温降/℃	钢水过程温降/℃	包中温度/℃	开注温度/℃	出钢温度/℃
Cr12MoV	1394	25	36(6min)	50（浇两盘）	1480	1444	1505

6.3.3.2　钢水浇铸速度的控制

浇铸速度是指单位时间钢水注入钢锭模的质量。根据冶炼品种和钢水温度以及钢水铸入钢锭模的不同阶段来控制浇铸速度。图 6-8 为浇铸时不同阶段钢水注入锭模后流动状况的示意图。

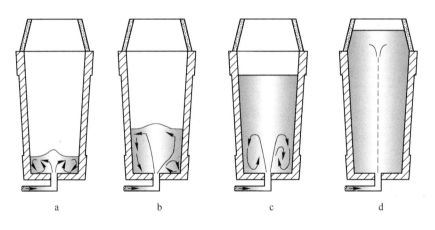

图 6-8　锭模铸锭车浇钢示意图
a—开流；b—跟流；c—增流；d—补缩

（1）开流：如图 6-8a 所示。开流要求缓慢并且平稳，如果开流过猛（即浇铸速度过快）会造成钢锭下部 100mm 处表面皮下严重缺陷，如果后续钢水补入再不及时，会使整根钢锭报废，尤其是高碳钢应特别注意。

（2）跟流：如图 6-8b 所示。当钢水漫过整个模底后进行跟流使钢水平稳上升。从锭模底部到锭身中部这一段钢水进入锭模中形成涡流循环，其运动情况如图 6-8b 所示。在这个阶段钢水温度较高，并且由于钢水循环流动使锭身表皮急冷带厚度较薄，过快的铸速除了容易产生表面缺陷（气孔等）外，还容易造成热裂。所以这一阶段应均匀跟流，不宜过快，特别是要防止忽快忽慢的铸速，一定要保持模内钢水液面平稳上升。

（3）增流：如图 6-8c 所示。当钢水浇铸到锭身约一半以上后，由于钢锭模截面积加大及模内钢水压力增加，使模内钢水上升速度减慢，而且钢流不能直冲到上部，只能在中下部循环，上部钢水温度得不到补充，上升液面容易结膜，结膜一旦卷入锭内就会形成缺陷。因此，该阶段应适当增流防止产生缺陷。

（4）补缩：如图 6-8d 所示。当钢水液面接近冒口线时，应适当减流，在减流情况下钢水上升至冒口浇高 2/3 处时再减成细流补缩，直至浇铸操作结束。一般来讲，冒口补缩时间要超过锭身浇铸时间。温度正常的情况下，细流补缩操作较为合理。如温度较低时也可以采用断流冲压的操作方法，但是采用此法操作时一定要注意汤道耐火材料的质量，以免将杂质冲入锭内。

由于影响补缩量的主要因素是钢水的液态收缩和凝固收缩，而影响液态收缩和凝固收缩的主要因素又是浇铸温度和钢水成分。在这里需要说明的是：在钢的全部收缩过程中还有一种收缩叫做固态收缩。虽然固态收缩量较大，约为 6%～7%，但是它与补缩量无关，因此不在本文的分析讨论范围之内。表 6-22 记述了在钢水凝固过程中，温度、碳及合金元素对钢液收缩的影响以及总补缩量的估算。

表 6-22　温度、碳及合金元素对钢液收缩的影响

项　目		钢的液态收缩 $e_{液}$	钢的凝固收缩 $e_{凝}$	总补缩量估算 e
温度对收缩量的影响		式中 $e_{液} = a_{液}(t_{注} - t_{液相})$ $e_{液}$——液态收缩量； $a_{液}$——液态体积收缩系数（一般每变化 100℃ 时，$a_{液}$ 值取 1.6%，而当钢中碳含量提高 1% 时，$a_{液}$ 可提高 20%）； $t_{注}$——浇铸温度； $t_{液相}$——液相线温度	$e_{凝}$ 为凝固收缩量，与温度关系不大，一般钢的液相线和固相线的范围的扩大而增大（一般取 3%）	$e = e_{液} + e_{凝}$
碳元素对收缩量的影响	0.0（纯铁）	1.51%	1.98%	3.49%
	0.11%	1.50%	3.12%	4.62%
	0.20%	1.50%	3.39%	4.89%
	0.30%	1.59%	3.72%	5.31%
	0.40%	1.59%	4.03%	5.62%
	0.50%	1.62%	4.13%	5.75%
	0.60%	1.62%	4.04%	5.66%
	0.70%	1.62%	4.08%	5.70%
	0.80%	1.68%	4.05%	5.73%
	0.90%	1.68%	4.02%	5.70%
	1.00%	1.75%	3.9%	5.56%
	1.50%	1.96%	3.13%	5.09%
	2.00%	2.11%	2.50%	4.61%
	2.50%	2.33%	2.00%	4.33%

项　目		钢的液态收缩 $e_{液}$	钢的凝固收缩 $e_{凝}$	总补缩量估算 e
合金元素对 收缩量的影响	Ni 9.44%	0.25%	3.40%	3.65%
	Mn 8.5%	2.28%	0.44%	2.72%
	Si 3.6%	2.05%	1.77%	3.82%
	Cr 13.7%	1.66%	0.90%	2.56%
	W 2.5%	1.39%	3.2%	4.59%

根据浇钢温度和钢水成分以及冒口的不同，一般情况下钢水补缩量应该在 2.5% ~ 4.5% 的范围之内。

6.4　钢锭的缓冷与热处理（退火或高温回火）

6.4.1　钢锭的缓冷与热处理的目的

根据钢种的不同需要采取不同的冷却制度。如果冷却及处理制度不合理将会出现钢锭裂纹废品，钢锭硬度过高难以进行表面精整，钢锭组织严重地不均匀等一系列的问题。但是，这一重要工序又往往被一些新建电炉炼钢企业所忽视，以致钢锭质量得不到有效的控制，在这里希望提请大家注意。通过了解钢锭缓冷与热处理的工艺制度，估算出缓冷和热处理钢种的数量百分比，从而确定缓冷与热处理设施的建设规模。

表 6-23 归纳总结了钢锭的缓冷与热处理的目的。

表 6-23　钢锭的缓冷与热处理的目的

序　号	目　的
1	消除钢锭内应力（包括热应力和组织应力）
2	使一些硬度较高的钢锭得以软化，以利于进行表面精整
3	使钢锭组织均匀化

6.4.2　钢锭的缓冷与热处理的工艺制度

有些钢种在钢锭缓冷结束后，若不及时进行退火处理消除应力，则在钢锭存放过程中会自然炸裂，尤其是高淬透性的钢种和马氏体及莱氏体钢。因此，对这类钢工艺要求在浇铸后 48h 或更早的时间内及时入炉退火（如 4Cr5MoSiV1 热作模具钢工艺规定缓冷出坑后立即入炉退火）。表 6-24 列举了几种钢锭缓冷与热处理的工艺制度。

表 6-24　钢锭缓冷与热处理的工艺制度简介

序　号	工艺制度	简　介
1	模　冷	浇钢结束后，钢液在锭模中自然凝结冷却至常温。钢锭大小不同，模冷时间也不同；钢锭越大，模冷时间也越长。钢种不同模冷时间也不同
2	坑　冷	红热钢锭脱模后，立即入坑缓冷。坑冷时间也随钢锭的大小和钢种的不同而不同
3	模冷—退火或坑冷—退火	模或坑冷至常温后送入退火炉处理
4	红送—退火	钢锭脱模后立即入炉退火处理

6.4.3 钢锭的缓冷

6.4.3.1 钢锭的缓冷方式

钢锭缓冷的方式按钢种及锭型大小而定。但是各生产企业的生产工艺、操作习惯和设备条件存在很大差异，因此目前没有统一规定。一般地讲，就钢的组织应力和硬度来看，以马氏体类钢最为严重，珠光体-马氏体类钢其次，珠光体类钢再次之。而不论何种组织类型，碳含量越高，其组织应力和硬度就越大。而钢锭体积越大，其组织应力和不均匀程度就越严重。因此，可大体划分为以下几种缓冷方式：

（1）珠光体类钢，含合金元素较少，并含碳较低的钢种，如10号～40号钢，15Cr～30Cr等都可采用模冷。

（2）珠光体类钢，含合金元素较多，含碳较高的钢种，如T7～T12，40Cr，38CrMoAl，60Si2，GCr15等小型钢锭可以模冷，大于600kg的钢锭可用坑冷。

（3）珠光体-马氏体钢类，如12CrNi2，5CrMnMo等钢类可采用坑冷。

（4）马氏体类钢，碳含量较低时，因其有足够的塑性，如18CrNiW，20Cr2Ni4等钢种的小型钢锭可采用坑冷，大型钢锭应采用坑冷退火。

（5）马氏体类钢，碳含量较高的过共析和莱氏体钢，如2Cr13～4Cr12，W18Gr4V，3Cr2W8V等钢种，不论大小均要采用坑冷退火或红送退火。

6.4.3.2 缓冷时间

一般认为，钢锭越大，缓冷时间越长，表6-25为不同锭重的缓冷时间参考。

表6-25 不同锭重的缓冷时间

序　号	钢锭重量/kg	模冷时间/h	坑冷时间/h
1	<1000	2～4	16～24
2	1000～2000	5～8	20～24
3	>2000	>8	约24

6.4.4 钢锭的退火

6.4.4.1 退火方式简介

退火方式包括热退火、冷退火、完全退火、等温退火、球化退火、扩散退火和去应力退火。

（1）热退火：用于容易产生钢锭裂纹的钢种，脱锭后红热钢锭入炉，炉温800～900℃。

（2）冷退火：可改善钢锭内粗大和不均的铸态组织，消除内应力和降低钢锭硬度，便于清除表面缺陷。钢锭入炉温度低于300℃。

（3）完全退火与等温退火：完全退火又称重结晶退火，一般用于亚共析成分的各种碳钢与合金钢钢锭或铸件的最终热处理，或作为某些重要品种的预先热处理。

完全退火操作是将亚共析钢件加热至A_{c_3}以上20～40℃，保温一定时间后，随炉缓慢冷却至500℃以下，在空气中冷却至常温。

完全退火的全过程所需时间非常长，特别是对于某些奥氏体比较稳定的合金钢，甚至需要数天的处理时间。在对应于钢的 C 曲线上的珠光体形成温度进行奥氏体的等温转变处理，在等温处理的前后，适当加快冷却速度，从而大大缩短了整个退火处理的时间。这种退火方法就叫做等温退火。

（4）球化退火、扩散退火与去应力退火：球化退火主要用于过共析的碳钢及合金工具钢。过共析钢在热加工之后，应进行球化退火处理，使网状二次渗碳体及珠光体中的层片状渗碳体变成球状的渗碳体，从而有利于后续的加工和淬火处理。

扩散退火又称均匀化退火，它是将钢锭、铸件或锻坯加热至略低于固相线的温度下长时间保温，然后缓慢冷却的热处理工艺。对于等向性和均匀性能要求很高的合金钢，应对其钢锭进行长时间较高温度的扩散退火，以消除钢锭或铸件在凝固过程中产生的枝晶偏析及区域偏析，使其成分和组织均匀化。由于扩散退火需要在高温下长时间加热，因此奥氏体晶粒十分粗大，需要再进行一次正常的完全退火或正火，以细化晶粒，消除过热缺陷。

去应力退火又称低温退火或高温回火，主要用于消除残余应力。在去应力退火的过程中没有组织变化。一般是将钢件随炉缓慢加热（100～150℃/h）至 500～650℃（$<A_1$），经一段时间保温后，随炉缓慢冷却（50～100℃/h）至 300～200℃以下出炉。残余应力主要通过钢在 500～650℃保温后缓冷过程中消除。

6.4.4.2　退火钢种的数量估算

由于各厂生产条件和订货要求不同，实际生产中应以实际订货要求和自身条件确定退火钢种和数量。表 6-26 参考了国内某特殊钢企业部分品种的退火数量比例，仅作为电弧炼钢炉工程建设时，评估退火设施建设规模的设计参考。

表 6-26　某钢厂部分钢种的退火数量比例

序号	钢　种	退火数量比例/%	备　注
1	不锈耐热钢	约 20～40	一般生产中，约占 60%～80% 的奥氏体不锈钢不需要退火，需要退火的钢种仅为马氏体和珠光体的钢种
2	高速钢、模具钢	约 100	
3	合金工具钢（除模具钢外）	约 20～40	马氏体及珠光体-马氏体钢种需要退火
4	合金结构钢	2～5	马氏体及珠光体的钢种需退火，一般数量很少
5	轴承钢（锭重 >1000kg）	100	该钢种易产生碳化物偏析和严重的铸造应力
6	其他（如碳素工具钢和碳素结构钢的大型钢锭）	约 1	

6.4.4.3　退火制度参考实例

以下实例仅供参考，生产企业应根据自己生产的实际情况制定本企业的退火制度。

（1）入炉、升温、降温及出炉温度。表 6-27 为不同退火方式下的退火制度。

表 6-27　入炉、升温、降温及出炉温度

退火方法	入炉温度/℃	升温速度/℃·h⁻¹	降温速度/℃·h⁻¹	出炉温度/℃	
				打开炉门	出　炉
热退火	800～900	≤100	≤50	<300	200
冷退火	<300	≤100	≤50	≤350	300

（2）保温温度。表6-28为不同钢种的保温温度参考。

表6-28　保温温度

钢　种	合金工具钢	合金结构钢	碳素工具钢、滚珠钢	不锈耐热钢	扩散退火
保温温度/℃	950～1050	850～950	850～950	900～970	1150～1180

（3）保温时间。表6-29为不同规格钢锭的保温时间参考。

表6-29　保温时间

锭重/kg	约200	约500	600～750	1000～1100	1400～1600	约3000	>5000
保温时间/h	6	8	10	12	14	16	20

（4）三组软化退火（回火）制度。一些特殊钢生产企业，为了方便起见，将合金钢锭软化热处理制度大体分为三组（表6-30），便于钢锭软化后的切削加工。

表6-30　三组软化退火制度及简介

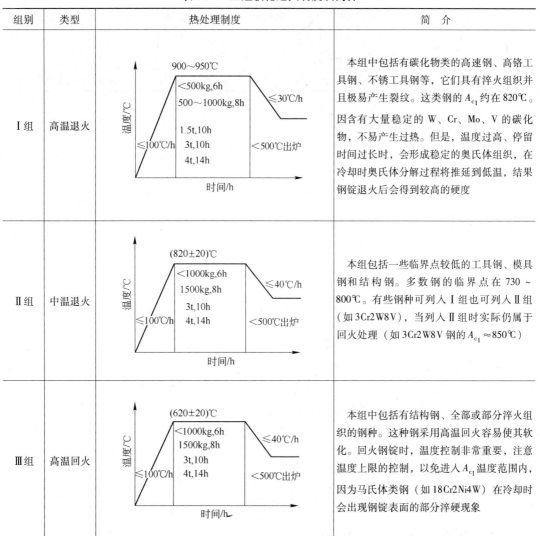

组别	类型	热处理制度	简　介
Ⅰ组	高温退火	900～950℃　<500kg,6h　500～1000kg,8h　1.5t,10h　3t,10h　4t,14h　≤100℃/h　≤30℃/h　<500℃出炉	本组中包括有碳化物类的高速钢、高铬工具钢、不锈工具钢等，它们具有淬火组织并且极易产生裂纹。这类钢的A_{c_1}约为820℃。因含有大量稳定的W、Cr、Mo、V的碳化物，不易产生过热。但是，温度过高、停留时间过长时，会形成稳定的奥氏体组织，在冷却时奥氏体分解过程将推延到低温，结果钢锭退火后会得到较高的硬度
Ⅱ组	中温退火	(820±20)℃　<1000kg,6h　1500kg,8h　3t,10h　4t,14h　≤100℃/h　≤40℃/h　<500℃出炉	本组包括一些临界点较低的工具钢、模具钢和结构钢。多数钢的临界点在730～800℃。有些钢种可列入Ⅰ组也可列入Ⅱ组（如3Cr2W8V），当列入Ⅱ组时实际仍属于回火处理（如3Cr2W8V钢的A_{c_1}≈850℃）
Ⅲ组	高温回火	(620±20)℃　<1000kg,6h　1500kg,8h　3t,10h　4t,14h　≤100℃/h　≤40℃/h　<500℃出炉	本组中包括有结构钢、全部或部分淬火组织的钢种。这种钢采用高温回火容易使其软化。回火钢锭时，温度控制非常重要，注意温度上限的控制，以免进入A_{c_1}温度范围内，因为马氏体类钢（如18Cr2Ni4W）在冷却时会出现钢锭表面的部分淬硬现象

6.5   钢锭的精整

6.5.1   钢锭精整的目的

电弧炉炼钢生产最后的一道工序就是钢锭表面的检验和精整。由在浇铸过程中的种种原因造成的钢锭表面缺陷（表6-31），如表面气孔、皮下气孔、表面结疤、折皮、冷溅、夹砂等，应及时发现这些缺陷并进行表面修磨清理。否则，这些缺陷会在后续的钢材加工过程中扩大，造成更大的损失。

表 6-31   表面缺陷类型、形成原因及危害

序号	表面缺陷类型	形成原因和危害
1	表面气孔或皮下气孔	由于钢水冶炼脱气不良，或锭模内壁铁锈未及时清理干净，或锭模和耐材浇铸前没有烘干，都可能造成表面气孔或皮下气孔。在轧制工程中不能焊合而造成钢坯表面开裂
2	折皮或结疤	浇铸时钢水上升面上的氧化膜卷入钢锭，在后续轧制或锻造时会在折皮处开裂
3	冷　溅	浇铸时钢水上升过程中产生沸腾使钢水飞溅到模壁上，凝固后又为上升的钢水所包围，形成缺陷
4	夹　砂	由于清理工作的问题或耐火材料质量不良被钢水冲掉进入模中，造成表面夹砂

6.5.2   钢锭精整的方法

大多数厂家采用砂轮修磨机对钢锭进行表面局部修磨。特殊情况（如缺陷面积较大并且钢锭冶炼成本较高的钢种）可采用专用设备进行钢锭整体扒皮。少数情况（如表面缺陷较为明显，去除缺陷比较容易时）也可采用风铲进行剔除。如果钢锭表面缺陷位置较深，面积较大，造成精整量过大时，可判定钢锭报废。判定尺度可根据各厂实际情况而定。

6.6   电弧炉炼钢操作要点

电弧炉炼钢操作要点如下：

（1）废钢原料要精心分类、合理搭配；

（2）补炉装料要准确、快速、安全；

（3）冶炼过程中要精心配电、合理控温、严格执行工艺；

（4）熔-氧期要提前造渣、合理供氧；

（5）入炉辅料和耐火材料要烘烤干燥、操作现场一炉一清；

（6）取样分析和温度检测要及时而且真实；

（7）成分调整要计算准确无误，并根据合金元素与氧的亲和能力掌控好加入时机和顺序；

（8）钢水浇铸要低温快铸。

6.7   现代电弧炉炼钢操作工艺技术的改进

现代电弧炉炼钢操作工艺主要改进技术如下：

（1）熔氧合一。在合理配碳和备料的前提下，提前造渣，边熔化边吹氧，自动流渣，也就是将熔化期和氧化期合并在一起完成。可以大大缩短冶炼时间，减少损耗。

（2）压缩还原。通过加强改善还原期的脱氧工艺环节，在保证脱氧效果的前提下缩短还原时间，可以减少耐材侵蚀，提高生产效率。

（3）留钢操作和无渣出钢。采用挡渣出钢、虹吸出钢或偏心底出钢的方式，将钢渣和少部分钢水留存在炉内。可缩短接下一炉的冶炼时间，减少合金元素的损耗，提高渣料的利用率，节省能源。尤其是采用炉外精炼的组合式操作工艺，不希望氧化渣进入到精炼炉，无渣出钢技术更为重要。就目前的技术状况分析，偏心底出钢效果更为明显，其应用技术也更加成熟。

（4）搅拌技术。钢液的充分搅拌是电弧炉冶炼过程中的一个重要环节。其作用是均匀成分、均匀温度、加快反应速度和夹杂物上浮速度。因此搅拌技术的改进也是现代电弧炉操作工艺技术的重要部分。除了人工搅拌外，其他常见的搅拌方式有：机械搅拌、气体搅拌、吸吐搅拌、电磁搅拌等。

（5）水冷挂渣技术。水冷挂渣技术是将渣线以上炉壁改为水冷钢结构形式，利用表面涂层和冶炼时的钢渣自然喷溅形成挂渣隔热层。其常见结构形式一般分为箱式和管式两种，目前管式水冷炉壁发展较快。

水冷挂渣炉壁的优点是：

1）炉膛容积扩大，可减少装料次数；

2）减少了耐火材料用量和损耗；

3）炉役期大大延长。

使用水冷挂渣炉壁需要注意的问题是：

1）冷却水耗量加大，在工程设计阶段要予以充分考虑；

2）大量的冷却水会带走一定量的热能（但与生产节奏加快后，其他优点带来的好处相比，这些损耗可以不用考虑）。

（6）泡沫渣埋弧吹氧。液态钢渣的物理化学性能达到一定条件时，通过特定的工艺手段，例如：向钢渣内吹入氧气和炭粉，由此形成大量的 CO 气体被钢渣吸收产生泡沫从而使渣层变厚。电弧在泡沫渣的覆盖下对钢水进行加热，弧光辐射损失大为降低，热效率显著提高。

（7）废钢预热技术。电弧炉烟气余热的利用，尤其是靠电弧炉自身排放烟气的余热来预热废钢，节能降耗，一直是人们努力研究的课题。从初始阶段在除尘管路沿途设立预热料仓到双壳电弧炉和竖炉电弧炉（Fuchs Shaft Furnace）以及康斯迪电弧炉（Consteel），都显示出人们对这一技术的追求与渴望。

（8）强化冶炼技术。实际上这是一种围绕缩短冶炼周期的多项专业领域的综合技术。包括超高功率供电技术、二次短网强化技术、燃氧枪及二次燃烧技术、长弧泡沫渣技术、工艺装备及工艺耗材的强化技术等。其最终目的是提高产能，降低生产成本。

（9）不同炉型的组合冶炼。为了提高电弧炉的生产效率，发挥不同冶炼设备的优势和特点，将传统的电弧炉三期冶炼工艺进行"分解—细化调整—再分配"，通过合理的生产调度，采用不同类型的冶炼设备进行组合冶炼，从而得到更加理想的钢水质量、生产效率和技术经济指标（将在第6章重点介绍电弧炼钢炉与其他冶炼设备的组合生产工艺）。

7 电弧炼钢炉与其他冶炼设备的
组合生产工艺

由单一冶炼设备完成的将废钢原料冶炼成合格钢锭的电弧炉炼钢工艺，我们习惯将其称之为老三期电弧炉冶炼工艺。随着生产技术的不断进步和品种、质量、成本以及产能的迫切需求，这种传统的单炉冶炼工艺已经被逐步改变。越来越多的企业，根据自身的条件和不同的市场取向（如品种、质量、产能、成本的需求不同），将具有不同优势特点的冶炼设备与电弧炉组合成彼此密切相关的炼钢生产线，形成新的冶炼工艺。目前，在许多场合人们都习惯将这些新的冶炼方法称为多步法冶炼工艺或炉外精炼工艺。由于这些冶炼工艺技术的核心设备是电弧炉。所以，从电弧炉工程技术的观点出发，本书将这些不同形式的生产线和冶炼技术统称为电弧炉与其他冶炼设备的组合生产工艺。

为了讲解和描述的方便，在图 7-1 中，我们用图示将电弧炉与不同冶炼设备的组合分为：前期熔炼设备组合和后期精炼设备组合。并介绍几种常见的冶炼设备组合工艺，供大

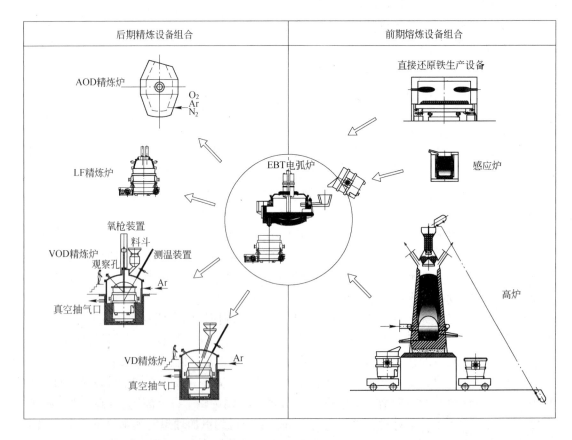

图 7-1 冶炼设备组合示意图

家参考选择。

7.1 前期熔炼设备组合

由于在电弧炉炼钢的全部过程中，熔化期的冶炼电耗约占整个冶炼期的2/3以上，熔化期的冶炼时间约占整个冶炼期的1/2以上，熔化期的电极消耗约占整个冶炼期的2/3以上。因此熔化期的操作将直接影响电弧炉炼钢的产量和成本。而根据企业自身条件进行前期熔炼设备的合理组合，正是提高产能降低成本的简便易行的有效办法。下面将介绍几种比较常见的电弧炉与不同冶炼设备的前期熔炼组合。

7.1.1 中频感应炉与电弧炉的熔炼组合

这种组合方式的主要目的是为了缩短熔化期时间，匹配生产节奏。工程建设及工艺技术简便易行，生产条件受到一定制约的企业可参考采用。具体方法是：在炼钢主厂房内，建设以电弧炉为主的工艺布局。中频炉配合熔化废钢，其吨位大小不限，建设规模视条件而定。中频炉钢水冲兑量最好不大于钢水总量的50%。也有一些生产企业根据炼钢工艺的需要将中频炉用于熔化铁合金，进行液态合金冲兑。

7.1.2 高炉与电弧炉的熔炼组合

随着废钢原料的紧缺和吹炼技术的发展与完善以及炼钢成本竞争的需要，目前，电弧炉炼钢在熔化期冲兑铁水的比例有越来越高的趋势。一些有条件的企业采用高炉铁水冲兑或直接100%地加入到电弧炉内进行吹炼（即所谓的电炉转炉化）。在当前废钢原料成本居高不下的形式下，这种组合方式在很多地方取得了一定的经济效益。但是，由于受到各种因素的限制（吹炼能力、环保控制能力、冶炼品种、炼铁原料供应条件等），这种组合目前还具有一定的局限性，并不适合所有电炉炼钢生产企业。

7.1.3 直接还原铁生产设备与电弧炉的熔炼组合

由于优质废钢资源的紧缺和可炼焦煤资源的减少以及人们对环境保护意识的加强和超高功率电弧炉技术的发展，使直接还原铁成为优质废钢的替代品用于电弧炉炼钢生产有了更大的发展空间。

直接还原铁生产工艺主要分为气基法和煤基法，其中气基还原法在世界很多地方得到了迅猛的发展，其产能约占据了总产能的90%，基本以竖炉工艺为主。采用回转窑、隧道窑、转底炉等煤基法工艺生产的直接还原铁约占总产能的10%。虽然煤基法生产的直接还原铁产量占世界总产量的比例不大，但是鉴于我国的特殊情况，发展气基法生产直接还原铁不太现实，而我国广泛的煤炭资源分布和储备，为发展煤基法生产直接还原铁打下了良好的基础。

我国曾经将发展直接还原铁生产列为我国钢铁工业重点发展方向之一，在一些地方也相继建设了"直接还原铁—炼钢"生产项目。但是，由于种种原因，这项技术目前在我国还没有真正发展起来。如果能够根据国情和地区优势，并结合直接还原铁—炼钢生产的工艺特点发展该项技术，可以认为该项技术在我国还有很大的发展潜力。

煤基法生产直接还原铁的工艺设施主要有隧道窑、回转窑和转底炉三种。图7-2为隧道窑资料图片。隧道窑工艺生产直接还原铁，工艺简单，投资少，但是产量低，占地面积大，不适宜大中型企业。

图 7-2 隧道窑资料图片

图 7-3 为回转窑生产直接还原铁工艺流程图。

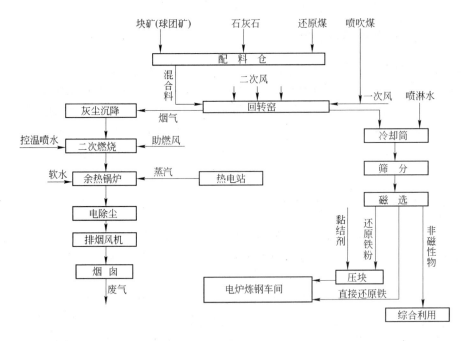

图 7-3 回转窑生产直接还原铁工艺流程图

回转窑是煤基法中应用最广的一种生产工艺。其主要工艺过程是：首先进行原料处理，经破碎和筛分的合格物料通过带式运输机连续送至料仓，然后按一定速度加入到回转窑的进料端。回转窑缓慢转动，并通过向窑内喷入煤粉和助燃空气，使炉料加热和还原的同时向出料口移动，反应温度控制在 1100℃ 以下，约经过 8~10h 后，炉料完成还原反应从回转窑的另一端出窑。产品出窑后再经冷却、筛分、磁选等工序，最后送至电弧炉。

回转窑工艺需注意的是防止炉料结圈堵塞回转窑通道。

图 7-4 为转底炉生产直接还原铁的流程示意图。该方法的工艺原理与回转窑相似，为

了加强还原效果，增加了造球环节。该系统产能高，工程占地比较集中，环境保护和预热利用效果好并且自动化程度高。转底炉工艺系统综合技术比较先进，当然工程投资也相对较高。

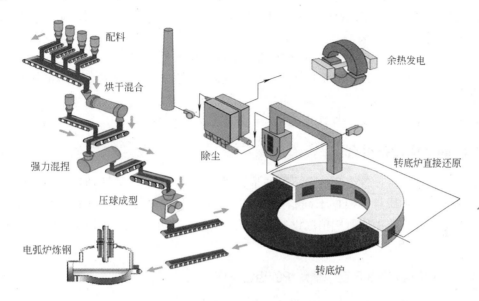

图 7-4 转底炉生产直接还原铁的流程示意图

图 7-5 为转底炉外观资料图片。

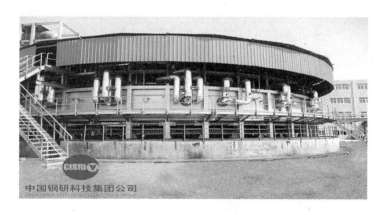

图 7-5 转底炉外观资料图片

直接还原铁生产设施与电弧炼钢炉组合的最大特点是：在熔炼期可以连续不断地向电弧炉内送入磷硫含量较低的直接还原铁，并且还可以利用运送通道进行炉料预热和电炉除尘。冶炼操作的自动化程度可大大提高。该生产工艺适合于留钢操作的大型 EBT 电弧炼钢炉和连续加料的康斯迪电弧炉，尤其适合废钢资源紧张并且铁矿粉和非焦煤资源丰富的地区。

应用这一组合需要注意的是：

(1) 由于脉石含量多，会造成调渣困难，并且冶炼电耗会相应增加，因此要求还原铁的金属化率不能太低，一般要求金属化率大于90%。

（2）要注意直接还原铁碳含量低、氧化铁含量高的特点，合理控制还原铁的加入量和其他原料的配兑比例。煤基法生产出的直接还原铁碳含量一般约为0.25%，冶炼时应根据品种的需要配入一定含量的碳。气基法生产的直接还原铁碳含量略高些，如控制得当，可做到不配加碳或少配加碳。

（3）还要特别注意还原铁的加入方法，尽量不要大量集中加入，并且不要加入到冷区，避免大量堆积结块，影响熔化速度，或使碳氧反应失控，造成大沸腾跑钢甚至发生安全事故。

（4）应采取大留钢量的操作工艺，一般留钢量大于40%。

7.2 后期精炼设备组合

如果说前期熔炼设备组合的主要目的是为了成本和产能，则后期精炼设备组合的主要目的是为了品种和质量。根据不同精炼设备的功能特点，精炼设备的组合也有很多种形式，下面介绍几种典型的后期精炼设备与电弧炉的组合，并简要介绍该组合的冶炼工艺和工程建设特点以及注意事项。

7.2.1 EBT 电弧炉与 LF 钢包精炼炉的组合操作

7.2.1.1 特点简介

这是一个目前最为流行的组合式电弧炉炼钢操作工艺，现代电弧炉的一些先进的工艺技术，在该组合工艺中得到了非常有效的应用。冶金质量和技术经济指标都有不错的表现，综合效益明显，已被国内外大多数电弧炉炼钢企业所采用。EBT 电弧炉和 LF（Ladle Furnace）钢包精炼炉在整个冶炼过程中，具有明确的设备分工，具体见表7-1。

表7-1 EBT 电弧炉和 LF 钢包精炼炉的冶炼操作分工

项　目	EBT 偏心底出钢电弧炉	LF 钢包精炼炉
冶炼工作内容及目的	在 EBT 电弧炉内进行钢水的熔化、氧化和初炼，目的是充分地去除气体夹杂和有害元素，节能降耗，提高生产率	在 LF 炉进行精炼的目的是：充分还原钢水、脱氧、脱硫、调温、调整成分并且进一步去除氧化物夹杂。此外，还可以用 LF 炉调节生产节奏，匹配连铸生产
工艺操作说明	大功率、强氧化、快节奏、留钢留渣出钢是 EBT 电弧炉的操作要点与特点；安全合理地填封出钢口与稳定可靠地开启出钢，努力提高自流率，是 EBT 电弧炉操作的关键环节	根据工艺要求进行造还原（或氧化）泡沫渣，埋弧冶炼，吹氩搅拌，喂丝补加合金等精炼操作

在这一组合中，EBT 电弧炉大功率、强氧化性、留钢操作、快节奏的优势得到了充分的发挥。由于留钢留渣操作，熔化速率加快，成分调整和还原期的任务都分配到 LF 炉去完成。EBT 电弧炉始终在强氧化、大功率的状态下高效运行。

LF 钢包精炼炉具有电弧加热功能，一般要求设备的升温能力约为 3~5℃/min，可以进行钢水保温和小幅度的温度调整，用于完善冶金的还原过程和调整生产节奏。通过钢包底部的透气砖进行吹氩操作，不仅可以搅拌钢水、加速反应、均匀成分和温度，还可以促使夹杂物上浮纯净钢水。

LF 炉的操作主要是在还原气氛下进行的，操作要点是低电压大电流供电，合理调控吹氩量（如有电磁搅拌装置还应控制搅拌强度），重视钢包和入炉原料的烘烤制度，严格避免后期钢水升温过大。

7.2.1.2 工艺流程

图 7-6 为 EBT-LF 组合工艺流程图，描述了 EBT 电弧炉和 LF 钢包精炼炉的工艺操作内容以及这一组合之间的衔接操作过程。

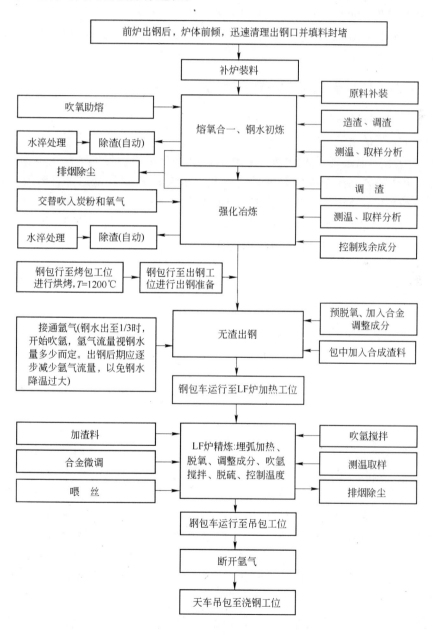

图 7-6 EBT-LF 组合工艺流程图

7.2.1.3　工程建设特点和注意事项

工程建设特点和注意事项具体如下：

（1）这一组合冶炼工艺以及工程建设首先要注意生产节奏的匹配，其次是要注意设备的合理布局。一般来讲，超高功率 EBT 电弧炉的冶炼周期是 LF 炉的两倍以上，因此可以考虑一台 EBT 电弧炉配一台 LF 精炼炉，或两台 EBT 电弧炉配一台 LF 精炼炉的组合方案。

（2）设备平面布置的方式有多种选择，但总体设计原则是：钢水调配方便安全，工艺流程顺畅，并考虑设计事故状态下的应急措施。

（3）这一组合一般采用高架式设计，并且最好 LF 炉轨面与 EBT 出钢车轨面标高相同且连通，这样 EBT 出钢后，可不用天车，直接运行至 LF 工位。

（4）由于 LF 钢包精炼炉的工作特性，对包衬耐火材料的选择有很高的要求，尤其是渣线部位，一般使用镁铬砖、白云石砖或镁碳砖的较多。

7.2.2　电弧炉与 AOD 氩-氧吹炼炉的组合操作

7.2.2.1　特点简介

这种组合主要是用于生产不锈钢，电弧炉只是用于熔化钢水和进行初步冶炼，初炼后的钢水在 AOD 炉内通过氩-氧混合吹炼，从而达到去碳保铬的目的，此法也称之为二步法不锈钢冶炼生产工艺。由于操作简便，工程投资和生产成本较低，并且节奏快，产能较高，已被许多生产不锈钢的企业所采纳。目前世界上采用该方法生产的不锈钢，约占总产量的 70% 以上。但是，此种方法的适用范围和冶炼品种还有一定的局限性，仅适用于品种单一、生产批量大且对钢中气体要求不高的情况。

AOD 氩氧精炼炉的基本原理是：

钢中碳与氧反应生成一氧化碳：

$$2[C] + O_2 \longrightarrow 2CO\uparrow \tag{7-1}$$

钢中铬与氧反应生成氧化铬：

$$4[Cr] + 3O_2 \longrightarrow 2(Cr_2O_3) \tag{7-2}$$

钢中碳与渣中氧化铬反应，铬被还原到钢中：

$$3[C] + (Cr_2O_3) \longrightarrow 2[Cr] + 3CO\uparrow \tag{7-3}$$

要达到降碳保铬的目的，就要使碳优先于铬氧化，形成选择性的氧化关系。在吹氧的同时，再吹入一定比例的惰性气体（如氩气）来降低 CO 分压，从而使上述反应能够向着 CO 的生成方向顺利进行，并且将渣中的铬元素还原到钢液中，最终达到"降碳保铬"的目的。

AOD 系统包括如下几个部分：炉体装置、供配气系统、加料系统和除尘系统。炉体外形近似于转炉，只是炉熔比的设计一般要小于转炉，为 $0.58 \sim 0.65 m^3/t$。为了减少喷溅，也可将炉熔比适当扩大，但是最好不要超过 $1m^3/t$。熔池的深度、直径和炉膛的有效高度之比，约为 1:2:3。混合气体的吹入风口安装在出钢口侧对面炉底侧壁上。装料和出钢时，炉体前倾，风口外露于钢液面之上。正常吹炼时，炉体摇正，风口位于钢液面以下进行吹炼。风口为双层套管结构，外层通氩气，用于冷却风口，中心孔通氩氧混合气体进行吹炼。

供配气系统的建设是 AOD 氩氧炉的重点，需要进行精细准确的计算和工艺设计。根据初炼钢水的化学成分和每个吹炼阶段的碳含量，可以计算出每个阶段需要吹入的氧气量，再根据供氧速度及氩氧比例计算出每个阶段的吹炼时间。并且，还可以用计算机自动控制整个吹炼过程。

用氧量的经验计算公式如下：

$$Q_{O_2} = 9.3w(C_1) + 8.0w(Si) + 1.4w(Mn) + \frac{17.2}{1 + 50w(C_2)} + 2.0 \qquad (7-4)$$

式中　Q_{O_2}——每阶段氧气需要量，m^3/t；

　　$w(C_1)$——每阶段吹炼开始时钢中的碳含量，%；

　　$w(C_2)$——吹炼阶段末要求达到的碳含量，%；

　　$w(Mn)$——吹炼开始时钢中的锰含量，%；

　　$w(Si)$——吹炼开始时钢中的硅含量，%。

在理想状态下，应按照熔池的碳含量和钢液温度，连续地变化氩氧混合比。但是，由于种种原因，在实际操作中只能分三个或四个阶段变化氩氧比例。每个阶段的氩氧混合比，应按照该阶段终结时的碳含量和温度来确定。

第一阶段：当吹炼初期，碳含量较高时，可用 $w(O_2):w(Ar) = 4:1$ 或 $3:1$，将碳降至 0.2% 左右，此时熔池温度约为 1680℃。

第二阶段：采用 $w(O_2):w(Ar) = 2:1$，将碳降至 0.1% 左右，此时熔池温度约为 1690~1720℃。

第三阶段：采用 $w(O_2):w(Ar) = 1:2$，将碳降至 0.02% 左右，此时熔池温度约为 1700~1730℃。

当吹炼碳含量小于 0.01% 的超低碳钢种时，可增设第四阶段，采用 $w(O_2):w(Ar) = 1:3$ 或 $1:4$，继续进行吹炼。为了保护炉体耐火材料，应将钢液温度控制在 1730℃ 以下。

AOD 与电弧炉组合生产不锈钢与其他方法相比有如下工艺特点：

(1) 电弧炉只承担熔化任务，生产节奏加快，冶炼能耗降低，产能提高，成本下降。

(2) 可以使用廉价的高碳铬铁，有利于成本的控制。

(3) 可以生产电弧炉单炉三期工艺难以冶炼的超低碳不锈钢，并且铬的收得率高。

(4) AOD 生产工艺有利于钢中气体和夹杂物的去除，从而得到较高纯净度的钢液。

(5) 电弧炉生产的材料消耗降低，但是增加了 AOD 的材料消耗，并且需要消耗大量的氩气。因此，氩气的供应是 AOD 生产的先决条件。

(6) 与 VOD 生产工艺相比，AOD 工艺设备简单，操作灵活方便，生产率高，投资少，见效快。但是 AOD 生产品种单一，氩气用量是 VOD 的 10 倍，还需要用一定量的硅铁还原，并且精炼效果不如 VOD 生产工艺。

7.2.2.2　工艺流程

图 7-7 为电弧炉与 AOD 氩-氧吹炼炉组合冶炼不锈钢的操作工艺流程范例，虚线框内为 AOD 操作，AOD 冶炼周期约为 60~80min。

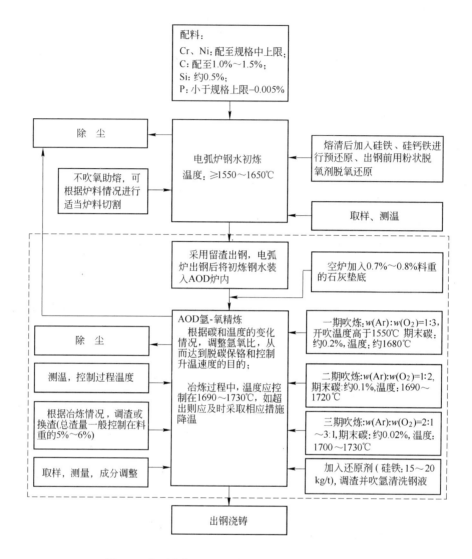

图 7-7　电弧炉与 AOD 氩-氧吹炼炉组合工艺流程图

7.2.2.3　AOD 工程建设特点和注意事项

AOD 工程建设特点和注意事项具体如下：

（1）温度控制是 AOD 高合金收得率的重要保证，因此需要配置连续测温装置。

（2）应采用活动炉座结构，以便吊运和更换。

（3）由于 AOD 的生产节奏快，炉衬寿命不是很高，因此在工艺平面设计时，要充分考虑生产准备区域面积的充裕和倒运线路的顺畅，以便进行炉衬的修砌、烘烤和备用存放。

（4）为了方便更换炉壳，炉前操作平台最好设计为活动平台，并且设有专门的风口更换平台。

（5）安全可靠、操作方便、控制准确的阀门站是供配气系统建设的关键，根据工艺要求和冶炼过程中钢液温度和钢液碳含量的实际情况，控制顶枪供氧量及供氧时间，同时控制风口供氧量及供氧时间、氮气氩气的比例，从而合理节省。

（6）在 AOD 吹炼过程中，会产生大量的高温烟气，但是由于烟气中 CO 的含量不稳定，回收利用价值不高，所以一般是采用燃烧法将 CO 在汽化冷却烟道内完全燃烧。汽化冷却装置的作用是降低烟气温度，回收余热，为烟气除尘创造条件。

（7）AOD 的正常冶炼周期约为 60~90min，可与一台超高功率电弧炉或两台高功率电弧炉进行组合，或再配置一台 LF 炉用于微调钢水成分和温度及调整配合连铸生产节奏。

7.2.3 电弧炉与 VD 真空脱气设备的组合操作

7.2.3.1 简介

所谓 VD（Vacuum Degassing），实际上就是将电弧炉出钢后的钢水包（经常是与 LF 炉配合使用）放至真空室内，进行抽真空处理，并在真空状态下加料、搅拌、测温、取样等。真空压力一般要求在 0.5×10^5 Pa 以下，主要是为了脱除氢、氮等有害气体。用于对冶炼工艺有一定要求的特殊钢（如轴承钢，国家规定发放生产许可证的条件之一就是钢水需经过 VD 处理）。在尽量短的时间内，达到精炼所需的真空度是这一精炼设备组合的工作目标。因此，真空系统的建设和设计是这一组合的重点。目前，真空精炼系统采用的真空泵一般是蒸汽喷射泵，具体要求是：抽真空能力强，具有一定的抗烟尘污染能力，并且操作安全可靠，维修方便。根据钢水真空处理时的工艺特点，一般需要分级设计真空度。

VD 系统主要由如下部分组成：真空室、蒸汽供应装置、真空泵站、水冷系统、吹氩搅拌系统、合金加料系统、取样及测温装置等。

VD 真空脱气设备的主要不足是：没有加热功能，需要提高出钢温度和精确掌控钢水降温过程，并且由于受钢渣层覆盖的影响，脱气速度也较慢。

7.2.3.2 工艺流程

图 7-8 为电弧炉与 VD 真空脱气炉组合冶炼轴承钢的操作工艺流程范例。

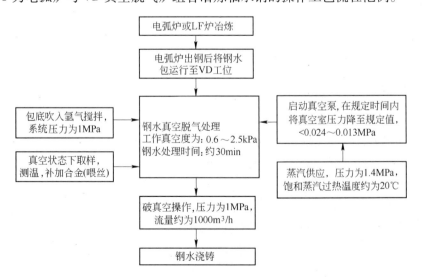

图 7-8 电弧炉与 VD 真空脱气设备的组合工艺流程

7.2.3.3　工程建设特点和注意事项

工程建设特点和注意事项具体如下：

（1）由于 VD 系统功能的单一性（脱气），在工艺设计和生产中一定要注意生产工艺节奏的设计和工艺平面布局，不但要考虑钢水脱气的效果，还要考虑钢水的温降以及破真空后钢水能够及时地进行浇铸。

（2）由于 VD 工艺操作过程中，钢水体积膨胀的幅度较大，所以在设计钢水包时，一定要留有足够的自由空间，并且在真空室内要留有事故应急坑，以备不测。应急坑底标高应低于车间地面一定距离。

（3）当钢水容量较大时，钢包底部脱气效果较差，因此钢包容积越大，越要重视钢水的搅拌。目前常用的方法是气体（氩气）搅拌和电磁搅拌。

（4）合理选择真空泵以及根据钢水放气的规律采用多极可调组合抽真空设施（150t VD 设计参考：4 级 MESSO 蒸汽喷射泵，第 5 级采用水循环泵。抽气能力 400kg/h，真空度达到 67Pa 时，用时 8min。蒸汽喷射泵工作压力 1MPa，工作蒸汽最高温度为 250℃，过热度为 20℃，冷却水进水温度不大于 32℃，出水温度不大于 42℃，压力波动小于 10%）。

（5）良好的密封性能和工艺操作性能是真空室建设的重点，钢包入口一般设计为环形水冷法兰结构，在真空盖上安装取样、测温装置及窥视装置，并且真空盖配有动作可靠的提升和移动装置，真空室下方吊装钢包盖。

7.2.3.4　真空泵抽气能力的计算方法

计算方法具体如下：

（1）启动真空泵抽气能力的计算：

$$S_{启} = \left(\frac{p_1 - p_2}{p_1} V_1 + a V_2 \right) \times 1.293 \times \frac{60}{t} \times \frac{1}{0.95} \tag{7-5}$$

$$\approx \left(\frac{p_1 - p_2}{p_1} V_1 + a V_2 \right) \times \frac{82}{t}$$

式中　$S_{启}$——启动真空泵抽气能力，kg/h；

　　　p_1——起始真空度，kPa，p_1 = 大气压力（101.3kPa）；

　　　p_2——计算要求达到的真空度，kPa；

　　　V_1——真空室总容积，m³；

　　　V_2——真空室耐火材料体积，m³；

　　　a——耐火材料放气量，m³/m³；

　　　t——达到预定真空度所需的时间，min；

　1.293——空气密度，kg/m³；

　0.95——系统漏气率。

如忽略耐火材料放气量的影响，式 7-5 可写成：

$$S_{启} = \left(\frac{p_1 - p_2}{p_1} V_1 \right) \times \frac{82}{t} \tag{7-6}$$

（2）工作真空泵抽气能力的计算。当真空泵正常工作时，还要将钢水的放气量（如

CO、H_2、N_2 等）和工艺要求惰性气体的吹入量（如氩气）考虑进去，见下式：

$$S = \frac{82}{t}\left(mC_0n + \frac{p_1 - p_2}{p_0}V_1\right) + S_{\text{气}} \tag{7-7}$$

式中　S——工作真空泵抽气能力，kg/h；

　　　m——被处理的钢水量，t；

　　　C_0——钢液放气量，m^3/t；

　　　n——钢液放气系数（根据工艺操作而定）；

　　　p_1——起始真空度，kPa，p_1 = 上一级真空度；

　　　p_2——计算要求达到的真空度，kPa；

　　　p_0——大气压力，kPa；

　　　$S_{\text{气}}$——单位时间输入的惰性气体，kg/h；

　　　t——从起始真空度达到预定真空度所需的时间，min。

7.2.3.5　VD 真空泵性能参数系列选择参考

VD 真空泵性能参数系列选择参考如表 7-2 所示。

表 7-2　VD 真空泵性能参数系列选择参考

钢包容量/t	工作真空度为 67Pa 时的抽气能力/kg·h^{-1}	处理一次总耗汽/t	蒸汽压力为 8~10atm 时的蒸汽耗量/t·h^{-1}
30	120	1	3.5
50	150~180	1.5	4.5
80	200~250	2	6
120	250~350	2.5	8
150	400	4	12
200	450~500	5	15

注：1atm = 101325Pa。

7.2.4　电弧炉与 VOD 真空精炼炉的组合操作

7.2.4.1　简介

VOD（Vacuum Oxygen Decarburizition）也是一种钢包精炼设备，是在 VD 炉顶部安装可上下调节的氧枪，增加了吹氧脱碳功能。VOD 与电弧炉组合，可以生产不锈钢和超低碳特殊钢种。电弧炉作为初炼炉将废钢融化，并预调整好除碳、硅以外的其他元素，将钢水倒至钢包内，再送至 VOD 工位，然后在真空状态下进行吹氧脱碳处理，在真空吹氧脱碳的同时从钢包底部吹入氩气进行搅拌。

VOD 的基本原理与 AOD 大致相同，反应式也相同。VOD 生产工艺与 AOD 生产工艺所不同的是：VOD 直接通过抽真空不断地降低钢水环境的 CO 分压 p_{CO}，从而使钢水中的冶金化学反应能够向着 CO 的生成方向进行。并且，由于在真空状态下，CO 气体逸出的阻力减少，CO 反应将会更加顺利，同理渣中的铬元素被还原到钢液中，最终达到"降碳保铬"的目的。还有不同的是 VOD 的反应容器是钢水包，无需进行倒包操作。

VOD 组合适用范围广，可用于生产耐热钢、铁基耐腐蚀合金、精密合金、镍铬电热合金、滚珠钢、合金结构钢、微碳电工纯铁、超低硅铝焊条钢及高强度高韧性弹簧钢等品种，尤其适宜生产 C、N 含量极低的超纯不锈钢及合金。

VOD 组合满足了冶炼不锈钢和超低碳品种所必需的热力学和动力学条件——高温、真空、搅拌。但是，由于其工程投资和生产成本较高，产能较低并且操作较为复杂，因此，适合于氩气供应不方便、小规模多品种并且对产品质量有特殊要求的生产企业。

7.2.4.2 工艺流程

图 7-9 为电弧炉与 VOD 真空精炼炉的组合工艺流程范例。

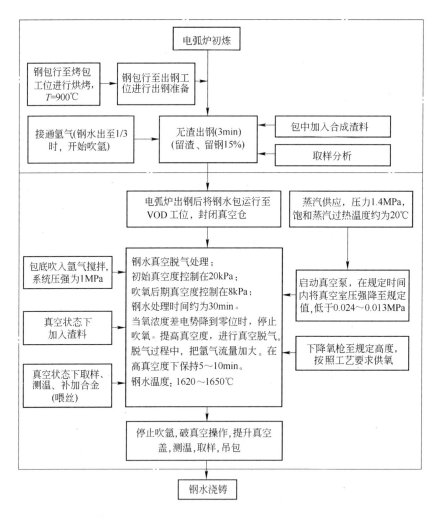

图 7-9 电弧炉与 VOD 真空精炼炉的组合工艺流程图

7.2.4.3 工程建设特点和注意事项

注意事项具体如下：

（1）由于真空脱碳时钢水膨胀，钢包高度设计时应该留出足够的自由空间（约为 1000～1200mm）。

（2）与 VD 炉相同，在真空室内要留有事故应急坑以备不测。

（3）选用非自耗氧枪（拉瓦尔氧枪），并精心控制氧枪至钢液面的距离。

（4）由于冶炼温度较高，包衬材料应选用优质耐火材料，尤其是渣线部位更需注意，并且还要考虑到炉渣酸碱度的影响。

7.2.5 电弧炉与电渣重熔精炼炉的组合操作

7.2.5.1 简介

前面介绍的几种冶炼设备组合基本都是在线设备组合，而下面介绍的电弧炉与电渣炉的组合是离线设备组合，即电弧炉的建设与电渣炉的建设可以分别独立进行，并且可以各自独立组织生产。按照电渣炉要求的规格，先由电弧炉生产出半成品钢锭（可以经锻打形成电渣母材，也可直接浇铸成电渣母材），再由电渣炉将母材重熔精炼成为合格成品电渣钢锭。

电渣重熔精炼是改善钢锭质量非常有效的冶金手段，生产工艺较为成熟，主要应用于有较高要求的特殊用钢（如优质工、模具钢等）。

电渣重熔生产线的建设以及装备组成较为简单，除了电渣炉本体外，还包括供电系统、渣料加工及烘烤装置、母材加工装置、电渣锭缓冷及退火装置、冷却系统和除尘装置。电渣冶炼跨天车的工作级别低于一般炼钢厂冶炼跨天车，厂房的建设也相对简单。单炉生产率低、能耗较高是这一组合的主要缺点。

7.2.5.2 工艺流程

图 7-10 为电弧炉与电渣重熔精炼炉的组合工艺流程范例，虚线框内的工艺操作应在电渣车间内完成。

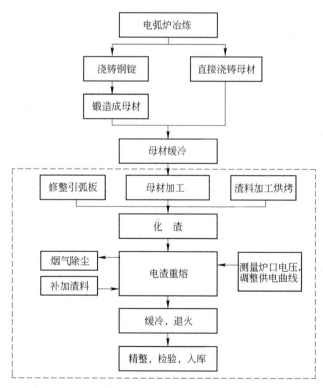

图 7-10 电弧炉与电渣重熔精炼炉的组合工艺流程

7.2.5.3　工程建设特点和注意事项

电渣炉生产线的建设相对比较简单，厂房和天车的要求也不高。首先要重点考虑工艺布局合理，并且要留有充足的区域面积，进行前期的生产准备和电渣锭后期的工艺处理。其次不要忽略除尘设施的建设。虽然整个生产过程中烟尘量不是很大，但是由于在熔炼时会产生微量的 SF_4 等有害气体，所以还是要特别注意。

7.2.6　几种常用钢包精炼方法简介

前面介绍了 LF、VD、VOD、AOD 等几种常见电弧炉的后期组合精炼方法。每一种精炼方法都有各自的工艺技术特点和适用范围。由于不同用户对产品质量的要求以及不同企业的生产条件都各不相同，因此，还有许多种不同的钢水精炼方法。下面再简要介绍几种可以与电弧炼钢炉组合操作的钢包精炼方法，以供参考。

7.2.6.1　ASEA-SKF 法

用无磁性的奥氏体不锈钢制成钢水包，配上电磁感应搅拌，再设置电弧加热和真空脱气装置，就形成了所谓的 ASEA-SKF 钢包精炼法。这种精炼方法的工艺性能比较全面，几乎涵盖了炉外精炼的全部功能，可以进行脱气、脱氧、脱碳、脱硫、加热、去除夹杂和调整成分等操作。

ASEA-SKF 法的工程设计有两种方式：一种是设计电弧加热和真空脱气两个工位，包盖同加热和脱气装置一同上下移动，电磁感应装置固定在钢包车上，当进行加热或脱气操作时，钢包车承载钢水包行至两个工位之一进行加热或脱气处理，在两个工位都可以同时进行钢液的电磁感应搅拌。另一种设计方案是钢包车工位相对固定，通过旋转升降装置转换加热和真空脱气两个包盖体的位置，从而完成对钢水的加热或脱气处理操作。

ASEA-SKF 法适用范围广，对钢水的综合精炼处理能力较强，但是设备较为复杂，工程投资较大，不太适合大型钢水包应用。

7.2.6.2　VAD 法

VAD 法，即电弧加热真空脱气法。VAD 法综合了 VD 和 LF 的功能，配置上氩气搅拌装置后，可以进行加热、脱气、脱氧、脱硫、去夹杂和调整成分等操作。

一般操作方法是将钢水包吊入真空室，扣严真空密闭盖后，可在真空状态下对钢水进行加热和成分微调处理。

VAD 法适用于中小型电弧炉的组合冶炼，冶炼品种范围较广。

7.2.6.3　RH 法

RH 法是一种真空循环脱气的钢包精炼操作方法，主要由浸渍管、真空室、真空排气系统和氩气供应系统组成。可进行脱气、脱碳和调整成分等操作。

RH 法的基本工作原理和操作方法是：将浸渍管插入到钢包的钢液中，开启真空排气系统，提高真空室内的真空度，使钢水从浸渍管口处上升，当钢水上升至一定位置时，在上升管中下端吹入氩气，使上升管和下降管中的钢液密度形成较大的差别，上升浸渍管中的钢水密度较小，被抽到真空室中进行真空脱气。而下降浸渍管中的钢液密度较大，在重力的作用下，真空室内的钢液又从下降管回到钢包中，从而形成钢水循环脱气。

RH 法脱气效果好，处理钢水量大，处理速度较快，适用于大批量的钢水脱气处理。因此，与大型超高功率电弧炉进行组合，冶炼低碳或对气体含量有特殊要求的钢种效果较好。

7.3 一种特殊的设备组合——康斯迪电弧炉

7.3.1 康斯迪电弧炉简介

20世纪80年代，美国英特尔制钢公司（1995年并入意大利德兴集团）开发了康斯迪电弧炉（Consteel）。这一技术的出现，立即得到了大家的关注和认可，陆续有多台套Consteel系统投入运行。

所谓康斯迪电弧炉，其实就是一种水平连续加料式电弧炉，从某种意义来讲，康斯迪电弧炉也应属于组合式冶炼操作工艺范畴。如图7-11所示，康斯迪电弧炉是将原料加工、连续供料、废钢预热、电炉除尘、电弧炉初炼和后期LF炉精炼等设备系统更加有序地组合在一起。

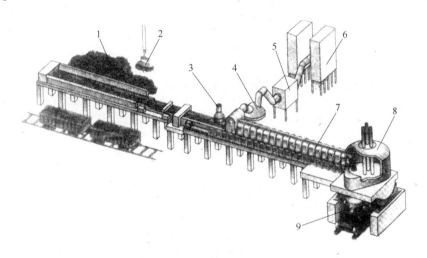

图7-11　康斯迪电弧炉工艺布置示意图
1—废钢原料；2—电磁吊；3—动态密封；4—预热燃烧室；5—冷却器；
6—除尘系统；7—预热室；8—电弧炉；9—钢水包

余热利用率、除尘效率、生产率和自动化程度高，是康斯迪电弧炉的显著优势。而且，电弧炉的容量越大，这一优势就越显著。在循环经济理念越来越受到人们尊崇的今天，可以断定，康斯迪电弧炉必然会得到更大的发展。

康斯迪电弧炉与其他类型电弧炉最大的不同是加料方式。一般电弧炉是在炉顶集中加料，而康斯迪电弧炉是炉壁侧面水平连续加料，因此，应围绕此特点进行工艺和设备设计及工程建设。

7.3.2 康斯迪电弧炉工艺特点

康斯迪电弧炉工艺特点如下：

（1）留钢、留渣操作是康斯迪电弧炉非常重要的工艺环节。留钢量一般为25%～50%，应大于普通EBT电弧炉。留钢量大，有利于缩短冶炼周期，降低冶炼电耗。

（2）连续加料，是康斯迪电弧炉最主要的特点。冶炼时，经加工、配比并预热好的废钢按一定的速度，送入炉内，被炉内液态钢水熔化。电弧在钢渣的覆盖下，连续高效地对钢水进行加热。加料速度的控制主要与电炉功率和预热温度及用氧强度有关。

（3）冶炼过程中，根据原料情况和留渣情况动态地控制调整石灰和白云石的加入量，控制好炉渣的碱度，是康斯迪电弧炉操作的另一个重要的工艺环节。碱度过高或过低都会给冶炼操作带来不利的影响。

（4）在整个冶炼期间，泡沫渣操作几乎伴随了全部工艺操作过程，这也是康斯迪电弧炉操作工艺的一大特点。泡沫渣不但可以埋弧防辐射，造泡沫渣所产生的一氧化碳气体，又是预热段二次燃烧的主要介质，一定厚度的稳定的泡沫渣，是康斯迪电弧炉高效率、低成本运行的保障因素之一。

（5）由于炉内一般不进行还原操作，始终处于熔、氧状态。因此，Consteel 系统应与 LF 钢包精炼炉或其他精炼设备进行组合冶炼。康斯迪电炉主要承担的任务是废钢熔化和气体夹杂以及有害元素的去除。钢水的合金化和后续精炼任务应由其他冶炼设备完成。这一点对于冶炼高合金的钢种来说更为重要。

7.3.3　工艺流程

图 7-12 为康斯迪电弧炉组合生产工艺流程范例，虚线框内为康斯迪电炉工艺操作部分。

7.3.4　设备设计特点

设备设计特点如下：

（1）将原料加工选配设备、除尘设备、炉前加料装置和冶炼设备进行合理有序的组合与配置，是康斯迪电炉能否高效运行的关键。虽然自动化程度高是它的一大优点，但是，如果一旦某一个环节出现问题，将会影响整条生产线的正常运行。因此，设计时要着重考虑的是：工艺件寿命的同步性，故障预警系统的可靠性以及检修和倒换备用系统的快捷性。

（2）由于连续加料和留钢操作，EBT 偏心底出钢是康斯迪电炉的最佳选择。出钢倾角越小，留钢越多，越有利于连续加料操作。

（3）由于一般情况下不需要炉顶开启，所以，相比其他类型的电弧炉，其炉顶机构设计可以简化。由此，带来一系列的好处，如捕集烟尘、保持热能、延长工艺及设备件寿命等。

（4）炉料运送通道与电炉除尘烟气通道在炉料预热段为同一通道。可靠准确地向炉内运送炉料和排放炉内烟气，以及有效地利用烟气余热来预热炉料是该系统的共同任务。因此，要求该系统：密闭性能良好，称重装置准确，机械传动可靠并且检修方便。为了保证炉料的预热温度及烟气余热的利用率，除了对炉料的分布有一定的要求外，该通道还应有保温设计并保证一定的预热段长度。

（5）为了使部分大颗粒烟尘能够沉降在预热段，应大幅度降低烟气在预热段的流速，因此，还要合理设计预热段的截面积。

（6）电炉除尘的选择可以有多种方式，重点是烟气温度的控制，以便能更有效地预热废钢原料。此外，烟尘捕集以加料口为主，炉顶上方捕集为辅。由于在冶炼过程中无需频

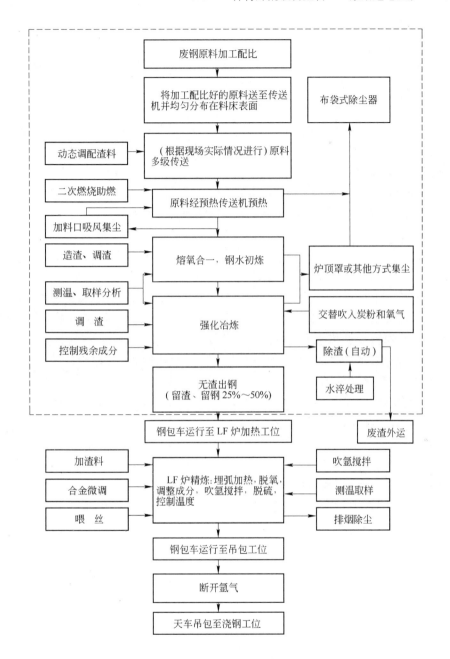

图 7-12 康斯迪电弧炉组合生产工艺流程图

繁开启炉盖，烟尘排放点也相对较少，所以风机处理风量与其他形式的电弧炉相比可以选择相应小一些。

7.3.5 康斯迪电弧炉对比其他电弧炉的明显优势

康斯迪电弧炉对比其他电弧炉的优势如下：

（1）相同的供电能力，康斯迪电弧炉的生产率可提高 20% ~ 30%。

（2）与炉顶集中加料的常规电弧炉相比，康斯迪电弧炉对原料密度要求低，因此可大幅度降低废钢原料成本。

（3）相比其他类型的电弧炉，康斯迪电弧炉对电网的冲击和干扰比较小。

（4）由于冶炼全过程基本上没有穿井期，所以不但电极消耗低，而且噪声也大幅度降低。

（5）由于加料时对炉体的冲击强度大幅度降低和给电时弧光对炉壁及炉盖的辐射减少，不但可使炉龄和炉盖寿命提高，还可减少一部分能量损失。

（6）由于充分利用了烟尘余热来预热废钢和采用了高生产率的组合式冶炼工艺，冶炼电耗也低于其他电弧炉。

（7）自动化程度高，工人劳动强度相对较低。

（8）对厂房的要求和对天车的依赖程度相对较低。

7.3.6　康斯迪电弧炉工程建设注意事项

综合康斯迪电弧炉的上述特点，我们在设计和建设施工中，应着重注意如下方面：

（1）生产布局和工艺平面设计时，应考虑原料场地与冶炼车间的距离要远近合适。距离太远，则会造成工程浪费；距离太近，则会造成生产线过为拥挤，给生产和管理带来不便。此外，要将原料加工和连续供料作为工艺设计的重点。

（2）应在整个连续生产线设计巡检通道，重点部位还应有快速抢修装置和备用设施。以确保炼钢生产的连续稳定的运行。

（3）废钢的预热程度是康斯迪技术的关键，因此，预热段的长度、连续送料的速度、除尘风量和漏风量的控制是康斯迪电弧炉的设计要点。

（4）钢水的合金化和冶炼品种的范围与变更，不是康斯迪电弧炉的优势特点，这应是后期精炼组合设备的任务。如果企业的生产品种比较复杂并且变更频繁，则应该对后期精炼组合设备进行精心选择和规划设计。

（5）康斯迪电弧炉设备工程量较大，并且从工艺和综合效益的角度考虑，不适合中小炉型。此外，如何预防有毒有害气体在废钢预热和运输过程中外泄，也是该工程的难点，特别提请注意。

8 电弧炼钢炉工程建设的前期工作

8.1 电弧炼钢炉工程建设项目的基本工作程序

电弧炼钢炉建设工程涉及了工艺技术、电力供应、给排水条件、原材料状况、下游产品结构和环境保护以及产业政策等多方面的问题。因此，开展工程建设要按照一定的工作程序来进行。图 8-1 是电弧炼钢炉工程建设的基本工作程序流程。在实际工程建设中，对进行到的每一项程序内容，都要有严格的审核和论证，以确保工程圆满完成。

8.2 新建电弧炼钢炉工程项目的前提条件

由于电弧炼钢炉种类繁多，公辅设施复杂，工艺要求和生产条件比较特殊，因此，为了避免盲目施工，尤其是新建项目的施工，应对如下条件要求进行充分论证：

（1）正确的产品结构定位。产品结构主要包括品种、规格及产能。广义地讲，

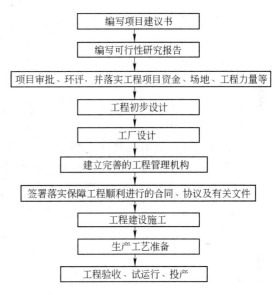

图 8-1 电弧炼钢炉工程建设工作程序流程图

电弧炉可以生产的品种非常广泛，其最适宜生产种类繁多且质量要求较高的特殊钢。但是，根据钢铁生产的规律和特点，具体针对不同的钢材品种，一定会有不同的生产工艺和设备组合，并且对公辅设施的要求和后续成材生产线的建设也各不相同。而且，任何一种特殊钢产品的市场需求量都会有一定的市场限额，对于某一个钢厂来说，很难做到兼顾生产所有特殊钢品种。

因此，根据不同的产品结构和质量要求，来确定不同的生产工艺和设备组合以及相应的生产检验设施和后续压力加工生产线的建设，是电弧炉炼钢工程建设的一大特点。例如，不锈钢生产的配置组合是：AC 炉（或 DC 炉）—AOD—LF，轴承钢生产的配置组合是：AC 炉（或 DC 炉）—LF—VD，一般普碳钢和合金结构钢生产的配置组合是：AC 炉（或 DC 炉）—LF。当然，上面列举的配置组合仅是常规情况下的配置组合，在实际生产中，可以根据企业自身条件和工艺要求，进行多种形式的配置组合。

产品结构就好比是龙头，应该合理、稳定。这里讲的"合理"，就是一定要适合企业自身的条件和生产工艺特点。所谓"稳定"，就是产品结构不要总是变来变去，否则一定会造成工艺流程和生产布局的混乱，生产设备利用率低或不能正常发挥效率。并且，生产

组织盲目无序，最终使企业由于达不到预期的效益而无法正常生产经营。

因此，依托于市场的准确定位，制定合理稳定的产品结构，避免产品结构定位失误，是电弧炉炼钢生产企业组织生产的核心。在此基础上，设计合理的生产工艺流程和工艺布局，集中力量建设先进的生产工艺设备和公辅设施，开展有序的生产组织，才能取得预期的效益。

（2）充实的资金周转能力。这里讲的资金，不仅是工程建设资金，还应包括生产准备资金和生产流动资金。为了保证一条电弧炉炼钢生产线能够高效顺畅运行，不仅需要完整的电弧炉冶炼设备和完善的辅助设施以及健全的辅助工艺装备，还需要进行生产原辅材料和工艺技术的准备，以及较大数量的生产运营资金。

钢铁生产的规律是连续、高效运行。如违反这一规律，断断续续地生产，或者单纯为了节省资金而选用效率低、陈旧落后的设备将就生产，其结果必然是技术经济指标和产品质量落后，无法适应日趋紧张的市场竞争环境或根本无法进行有计划的生产组织，使企业生产链断裂。

（3）良好的外界辅助条件。所谓外界条件，应该包括能源电力的供应、原材料的供应、市场销售渠道、交通运输、地方产业政策以及气候和地理环境等。

电弧炉炼钢企业是高耗能、高运量、高粉尘和废渣处理量以及生产工艺比较复杂的行业。如上述外界条件不理想，又没有相应的补救措施，将会对工程建设和生产运营带来极为不利的影响，需认真对待，谨慎决策。

（4）合理的工艺设计和建设方案。对于一个完整的工程来说，如果生产线的设计、工艺装备的选型以及公辅设施的配置不合理，就如同先天不足，则需后天花费更大的精力和财力去进行修补和改造，不但劳民伤财，最终结果还不一定理想。有些企业长期无法正常经营生产的原因也正是如此。因此，在电弧炉工程建设前应对工艺设计和建设方案进行反复的推敲和论证。确保工艺设计和建设方案先进合理并适合企业自身条件。

（5）具备一定能力和专业资质的工程设计和施工队伍以及得力的工程管理机构。电弧炉工程涉及冶金工艺、机械、电力、给排水、液压、计控、土建等多项技术领域，要求多种专业协同作业配合施工。因此，对工程设计和施工队伍的要求较高，并且，还要有一个稳定的懂技术会经营管理的团队。

8.3　电弧炉炼钢车间的工艺设计

8.3.1　炼钢区域的平面设计

8.3.1.1　设计原则
设计原则如下：

（1）首先要根据厂区的整体布局、已定公辅设施的方位和物流走向，来确定炼钢厂房的最佳位置。

（2）根据主要生产设备的规格类型、数量以及生产规模和炼钢生产工艺流程，来确定厂房的面积大小、厂房跨距、厂房柱间距和特殊跨柱间距。

（3）炼钢车间主要工作区域的划分应包含原料（大料）准备区域、辅料（小料）准备区域、冶炼区域、浇铸及缓冷区域、生产准备区域、机修区域、精整及热处理区域和钢锭及钢坯的码放区域等。由于具体要求和条件不同，各工作区域的工作面积、工作环境、厂房建设要求和建设成本的差别很大，但是各工作区域又是相互衔接和相互配合的。因此，将这些工作区域合理地划分并有序地组合在一起，做到生产工艺合理，物流顺畅，区域面积分配适度，即节省建设投资又能安全可靠地满足生产工艺的需要。上述设计工作最后完成的好坏，最能直接体现电弧炉炼钢工艺平面设计的水平。

（4）电弧炼钢炉的布置是炼钢车间平面设计的重点。根据电弧炉的规格类型和工艺组合方式，又可分为纵向布置和横向布置。

8.3.1.2 电弧炉的纵向布置

电弧炉出钢口与炉门的中心轴线，平行于厂房跨柱中心轴线。装料、冶炼、出钢甚至精炼和浇铸都在同一跨进行。一般变压器室紧邻主厂房外侧建设，适用于中小型电弧炉。

纵向布置的最大特点是参与冶炼的工序较为集中，主冶炼厂房利用系数高。常见问题是冶炼主跨天车工作比较繁忙，如调配不当则会造成工序间的相互干扰。

图 8-2 为电弧炉纵向布置——连续铸钢生产厂的工艺平面布置图。该作业区主要由废

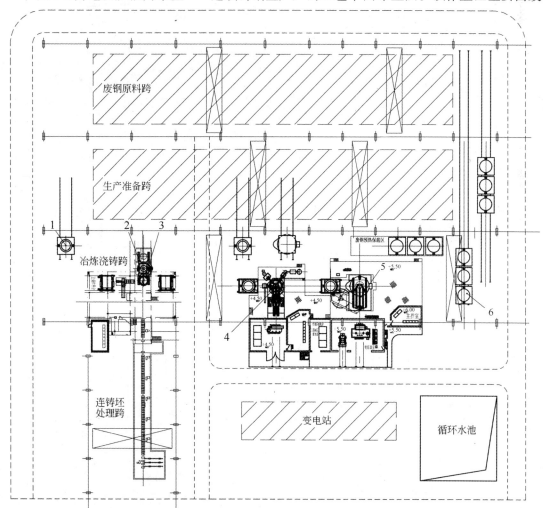

图 8-2　电弧炉纵向布置——连续铸钢生产厂的工艺平面布置图
1—过跨车；2—钢包转台；3—连铸机；4—LF 钢包精炼炉；5—EBT 电弧炉；6—料罐车

钢原料跨、生产准备跨、冶炼浇铸跨和连铸坯处理跨组成，EBT 电弧炉和 LF 为纵向布置，电弧炉冶炼、LF 炉精炼和连铸浇钢在同一跨进行。也可以两台或多台电弧炉左右对称布置，建议连铸线布置在中间，两边的电弧炉向中间的连铸线双向供应钢水，以免因天车故障或天车调配问题，影响钢水的连续供应。该布置方案适用于中小型电弧炉长线产品（品种和规格不经常调换）的生产。

图 8-3 为电弧炉纵向布置——模铸生产厂的工艺平面布置图。该作业区主要由废钢原料跨、冶炼跨（炼钢主跨）和铸锭跨（炼钢副跨）组成，电弧炉纵向布置，出钢后，钢水经钢包车运至副跨进行浇铸钢锭作业。该布置方案适用于中小型电弧炉并且品种规格较多的特殊钢生产。

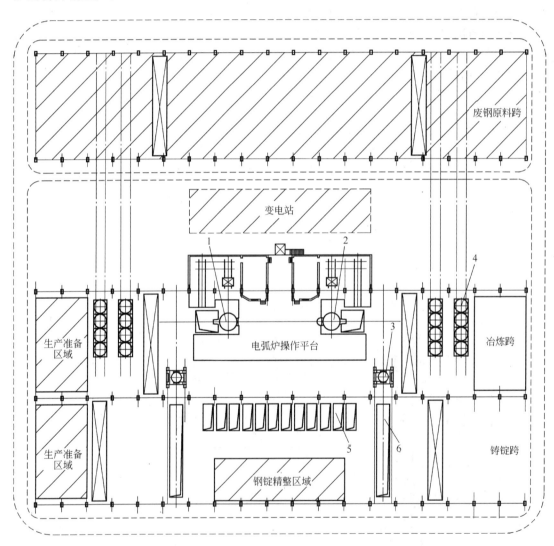

图 8-3　电弧炉纵向布置——模铸生产厂的工艺平面布置图
1—电弧炉（左操纵）；2—电弧炉（右操纵）；3—钢包铸车；4—料罐车；5—缓冷坑；6—铸锭沟

8.3.1.3　电弧炉的横向布置
电弧炉出钢口与炉门的中心轴线垂直于厂房跨柱中心轴线。在一般情况下，装料、冶炼、出钢的操作在同一跨进行，精炼或浇铸在另一跨进行，钢水通过过跨车转运，变压器室大多数建在主厂房内。最大特点是冶炼工序分跨独立进行，互不干扰。通常电弧炉冶炼跨的厂房跨柱间距较大，主冶炼厂房利用系数较低，建设成本较高。小型、多台数电弧炉采用此种方式建设不太经济，常用于大型电弧炉的建设。图8-4为电弧炉横向布置——连续铸钢生产厂的工艺平面布置图。

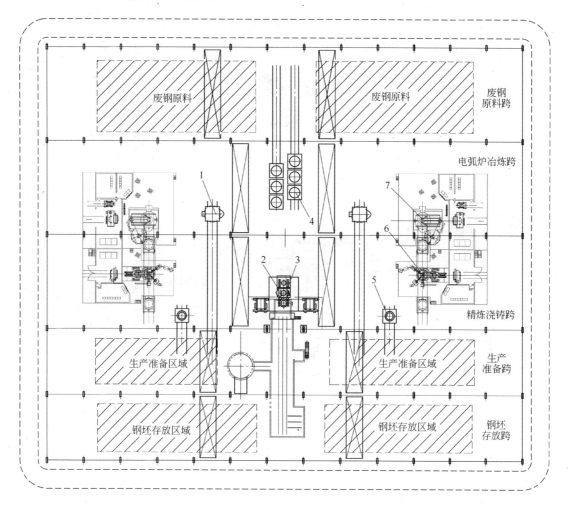

图8-4 电弧炉横向布置——连续铸钢生产厂的工艺平面布置图

1—炉壳过跨车；2—钢包转台；3—连铸机；4—料罐车；5—钢包过跨车；6—钢包精炼炉；7—电弧炉

8.3.2 电弧炉炼钢区域的立面设计

8.3.2.1 设计原则

设计原则如下：

（1）首先根据电弧炉吨位和工作性质，确定天车起吊最大重量和厂房承载最大极限，为厂房建设和天车选型提供合理参数。

（2）满足电弧炉工艺操作要求，如吊换电极、炉前上料和冷却水排放及钢渣排放清理等。

（3）还应结合平面设计，满足电弧炉修换、附属设施和主要工艺存放物品的吊运、生产物流的要求。

8.3.2.2　立面主要参数的确定

电弧炉车间立面参数设计如图 8-5 所示。

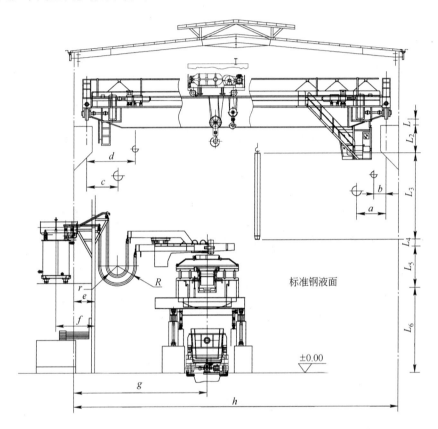

图 8-5　电弧炉车间立面参数设计

A　确定天车轨面标高

天车标高的计算公式如下：

$$h \geqslant L_1 + L_2 + L_3 + L_4 + L_5 + L_6 \qquad (8-1)$$

式中　L_1——天车吊钩极限距离（应含调整安全距离），mm；

L_2——钩具工作尺寸（500～1000mm），mm；

L_3——电极最大长度，mm（$L_3 = L_5 + 300 +$ 单节电极标准长度）；

L_4——电极吊出余量（300～400mm），mm；

L_5——电极把持器顶端的下限位置到标准钢液面的距离，mm；

L_6——标准钢液面距车间 ±0.00 处的距离，mm。

B　确定（车间横断面）电弧炉中心位置和天车吊钩的极限位置

相关因素如下：

（1）变压器位置。

（2）母线接点位置和母线弯曲半径。

（3）电弧炉结构尺寸等。

C　确定标准钢水面（理论设计）位置

立面设计的一个重要环节就是根据操作习惯、厂房和地质条件以及工艺要求来确定电弧炉高低位置，从而确定标准钢液面距车间 ±0.00 处的距离 L_6，一般有以下几种设计方式。

a　地坑式布置

地坑式布置如图 8-6 所示。

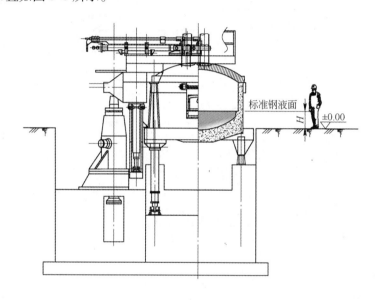

图 8-6　地坑式布置

标准钢液面距车间 ±0.00 处的距离约为 700 ~ 1200mm，在地面上或地面的操作台车上进行冶炼操作。炉体倾动机构等设备在车间地平面以下，并需要较深的出钢坑，厂房条件低矮，轨面标高一般在 9m 以下。主要特点是建设投资较少，但设备维护不太方便，仅适于小型电弧炉和不宜积水的地区。

b　半高架式布置

半高架式布置如图 8-7 所示。

标准钢液面距车间 ±0.00 处的距离约为 3000 ~ 4500mm，部分设备建在车间地平面以下，操作人员在半高架平台上进行冶炼操作，厂房高度适中，天车轨面标高约 12 ~ 13m，建设投资适中，半高架平台下部空间可部分利用，适于中小型电弧炉选用。

c　高架式布置

高架式布置如图 8-8 所示。

标准钢液面距车间 ±0.00 处的距离约为 5000 ~ 7000mm（或更大），基本全部设备都建在地平面以上，因此操作平台较高，一般约为 4500 ~ 6000mm（或更大）。平台下部空间可全部利用，设备维护方便，可进行立体化生产物流和工艺管理。高架式布置是目前现

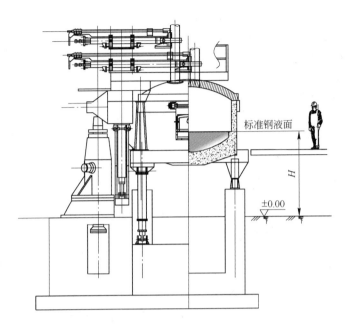

图 8-7　半高架式布置

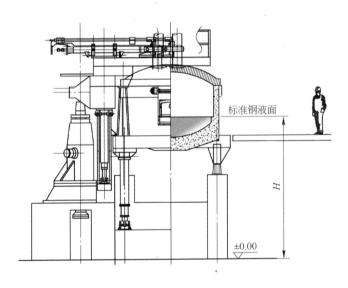

图 8-8　高架式布置

代电弧炉炼钢立面设计的首选。

8.3.3　钢水浇铸区域的设计

　　钢水的浇铸有连续浇铸钢坯和集中浇铸钢锭两种工艺形式。虽然连续浇铸钢生产率高，生产成本低，但是目前通过电弧炉生产的许多种类的特殊用钢，还不能完全采用连续铸钢。在电弧炉炼钢生产企业中，两种浇铸形式都有。对于冶炼品种简单或以生产普钢为主的电弧炉生产企业应以连续铸钢为主。而冶炼品种繁多并以生产特殊钢为主的电弧炉生产企业目前还是以浇铸钢锭居多。

8.3.3.1 连续铸钢

A 连续铸钢的生产能力计算

在通常情况下，连铸产能应大于冶炼产能。在设计铸机流数时也应该留有备份年产能的计算公式如下：

$$Q_a = a \times C_1 \times C_2 \times C_3 \times C_4 \times Q_h \qquad (8-2)$$

$$Q_h = 60nv_m FG$$

式中　Q_a——年产能，t；

　　　a——年日历时间（$365 \times 24 = 8760h$），h；

　　　C_1——连铸机日历作业率，%；

　　　C_2——连铸机日浇铸作业率，%；

　　　C_3——钢水成坯率，$C_3 = \dfrac{浇成坯重}{钢水量} \times 100\%$，一般为95%～98%；

　　　C_4——钢坯合格率，%，根据冶炼品种和工艺技术水平的不同，其数值会有较大的差别，一般在96%～99%之间；

　　　Q_h——理论小时产量，t/h；

　　　n——铸机流数；

　　　v_m——铸机平均拉速，m/min；

　　　F——铸坯断面，m^2；

　　　G——铸坯密度，t/m^3，取值一般为7.6t/m^3。

B 连续铸钢的平面布置

连续铸钢的平面布置具体如下：

（1）根据不同的工艺设计和设备类型，铸机长度一般约为30～50m，以横向布置居多（即连铸机中心线与厂房柱列线相互垂直），在个别情况下也会采用纵向布置。

图8-9为连铸横向平行布置，冶炼浇铸跨、过渡跨和出坯跨平行排列，铸机中心线垂直于厂房柱列线。电弧炉冶炼和钢水浇铸在冶炼连铸跨，生产准备和铸坯处理工序在过渡跨，出坯和钢坯存放在出坯跨。

图8-10为连铸横向丁字布置，冶炼跨与连铸跨呈丁字形布置。该布置方案的最大特点是厂房建设面积小，适用于产能较低的小型钢厂。

图8-11为纵向布置，连铸中心线与厂房柱列线平行，电弧炉冶炼和连铸都在同一跨进行。

连铸生产线一般布置在主厂房的一端，这种布置方式并不常见，主要问题是冶炼跨行车调配不方便，主要在老厂改造或场地条件受到一定的限制时采用。

（2）浇钢位置的选择，要根据厂房条件、铸机设备规格、钢水的调配是否方便等综合情况合理定夺。大多数情况下是在冶炼跨进行浇铸，也可通过钢包转台将钢水转运至另设的浇钢跨进行浇铸。在确定浇钢位置的同时，还要考虑方便铸机零部件的起吊和维修。

（3）在出坯位置附近应留有足够面积的铸坯存放区。

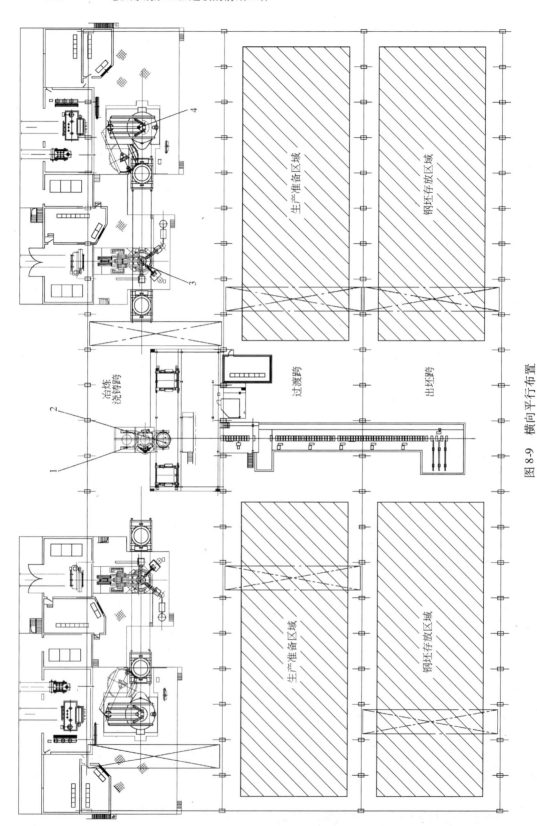

图 8-9 横向平行布置

1—钢包转台；2—连铸机；3—钢包精炼炉；4—电弧炉

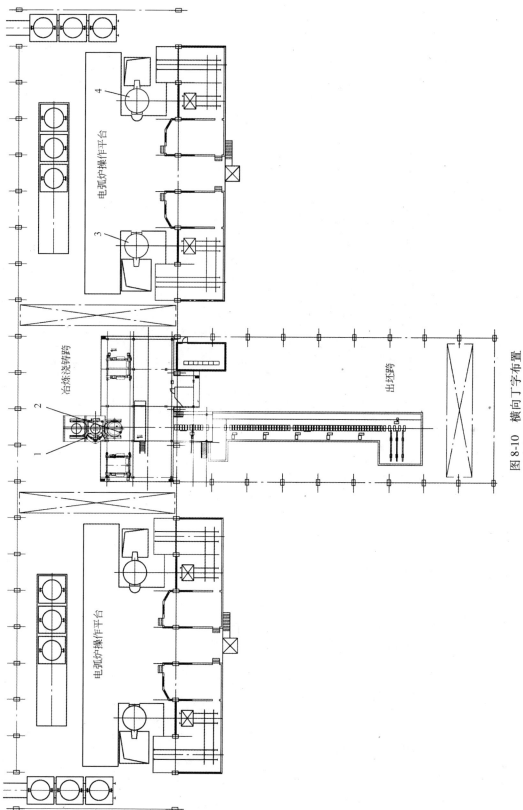

图 8-10 横向丁字布置

1—钢包转台；2—连铸机；3—电弧炉（右操纵）；4—电弧炉（左操纵）

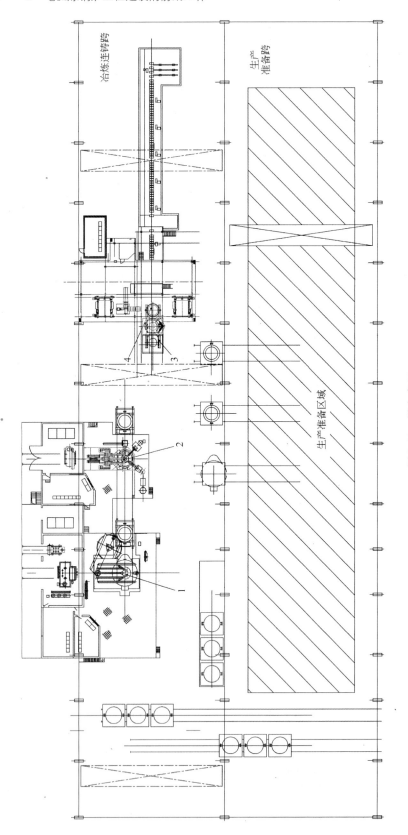

图 8-11 纵向布置

1—电弧炉；2—钢包精炼炉；3—钢包转台；4—连铸机

（4）为了适应连铸生产高效、连续的工作性质，应在铸机附近安排一定面积的连铸生产准备区域，以用于连铸工艺和设备备件的检修和存放。

（5）由于连铸连轧工艺越来越成熟，有连铸连轧条件的企业，在进行连铸平面设计时，应根据现场实际情况规划设计出钢坯热送的路线区域和热送方案。

C．连续铸钢的立面设计要素

连铸机高度立面设计示意图如图8-12所示。连续铸钢的立面设计具体如下：

（1）浇钢跨天车轨面标高的确定：

$$H = h_0 + h_1 + h_2 + h_3 + h_4 + h_5 + h_6 + h_7 + h_8 + (1.4 \sim 1.6) \tag{8-3}$$

式中　H——浇钢跨天车轨面标高，m；

h_0——弧形半径水平中心线标高，m；

h_1——弧形半径水平中心线至结晶器盖板的高度，m；

h_2——结晶器盖板至中间罐水口的高度，m；

h_3——中间罐高度，m；

h_4——中间罐至钢水包水口的高度，m；

h_5——钢水包高度，m；

h_6——钢水包上口至包梁吊环的高度，m；

h_7——龙门钩工作尺寸，m；

h_8——天车吊钩上限位至轨面的距离，m。

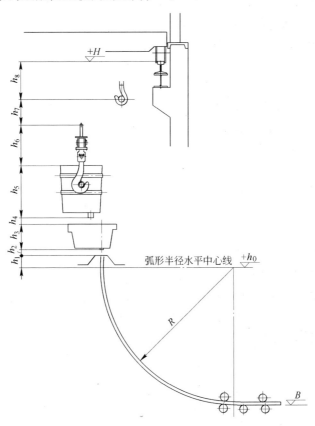

图8-12　连铸机总高度立面设计示意图

（2）出坯轨面标高的确定：确定因素不仅要根据浇钢平台标高、圆弧中心标高和弧形半径，还应考虑排水口的位置、沉淀池深度以及操作和维护是否方便。

D　其他设计要素

其他设计要素如下：

（1）应将给排水的设计作为连续铸钢车间工艺设计的重点之一。

（2）铸机横向布置时，多流铸机过跨的跨间距一般为非标跨。

（3）如果有连铸连轧的规划，则在整体设计时还要考虑后部工序的衔接问题。

8.3.3.2　浇铸钢锭

除少数长线品种外，大多数电弧炉冶炼的特殊钢品种目前还是以模铸钢锭为主。

A　确定浇钢方式

按钢水进入钢锭模的方式分类，浇钢方式可分为上浇铸法和下浇铸法。上浇铸法操作时，虽然没有汤道损失，钢水收得率较高，但是钢锭质量不易保证，除个别特殊情况外一般不被采用。应用最为广泛的还是下浇铸法，这也是我们下面介绍的重点。

因为厂房条件、浇铸锭型、生产品种和规模以及操作习惯的不同，采用下浇铸时，常常需要配备不同的辅助浇铸设施，由此又形成了以下几种浇铸方式：

（1）铸锭车辅助浇铸。在副跨的铸锭准备区域和铸锭车上进行铸锭准备作业，再将准备好的铸锭车运行至冶炼跨，采用天车吊包浇铸。然后，再将铸锭车连同热锭运回至副跨进行脱锭及下一炉铸锭的准备工作。

由于浇钢和红热钢锭远离铸锭准备工作区域，因此，该方式的最大优点是铸锭准备操作的劳动条件较好。

（2）钢包车辅助浇铸。在副跨进行铸锭准备作业，锭盘位置基本固定，用钢包浇钢车将钢水从冶炼跨转运至副跨浇铸钢锭。此方式的最大优点是解放了主跨天车，安全性能大大提高。但在产能较大和冶炼节奏较快的情况下，铸锭准备工序操作较为紧张，劳动条件也不如铸锭车辅助浇铸。

（3）无辅助设备浇铸。全部铸锭工作在冶炼跨进行，采用出钢车直接吊包浇铸。虽然节省了辅助浇钢设备，但是占用了造价较高的冶炼跨的作业面积，而且铸锭的工作环境较差，安全系数降低。因此，无辅助设备浇铸仅适于生产规模较小或个别纵向布置的电弧炉车间。

B　钢锭浇铸的立面设计要素

钢锭浇铸的立面尺寸示意图如图 8-13 所示，立面设计要素如下：

（1）浇钢跨天车轨面标高的确定：

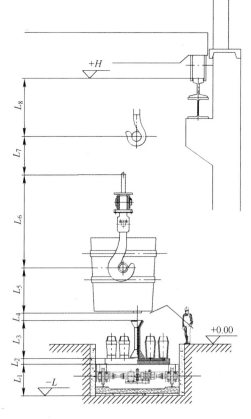

图 8-13　钢锭浇铸的立面尺寸示意图

$$H > L + L_1 + L_2 + L_3 + L_4 + L_5 + L_6 + L_7 + L_8 + (1.4 \sim 1.6) \qquad (8\text{-}4)$$

式中　H——浇钢跨天车轨面标高，m；

　　　L——铸锭坑底标高，m；

　　　L_1——铸锭底盘底距铸坑底距离，m；

　　　L_2——铸锭底盘厚度，m；

　　　L_3——中注管高度，m；

　　　L_4——浇钢调整余量，m，一般在 0.2~0.5m 范围内。

　　　L_5——钢水包耳轴至钢水包水口距离，m；

　　　L_6——吊钩龙门钩中心距，m；

　　　L_7——龙门钩起升余量，m；

　　　L_8——吊钩上限位至轨面距离，m。

（2）浇钢操作工站位的确定：浇钢工的合理站位原则应该是水平目视范围在 L_4 位置之内（图 8-13）。根据现场的实际情况，浇钢工可以站在地面、台架或台车上进行浇钢操作。

　　C　铸锭区域的平面设计要素

在确定锭型、浇铸支数、中注管和锭盘的外形尺寸等设计参数后，还应对如下工艺区域进行规划设计：

（1）钢锭缓冷坑的设计。对于电弧炉钢锭的铸造工艺来说，缓冷坑的设置是非常重要的。缓冷坑的大小、深浅和数量，要根据钢锭的规格、产能和缓冷工艺来确定。缓冷坑的位置应该在钢锭脱模位置附近，并且方便天车操作。缓冷坑要求确保干燥，因此建设时应注意防水。除此之外，缓冷坑还应该具有一定的保温和抗撞击能力。对于有些钢锭品种，缓冷工艺还要求加盖或埋砂。

（2）铸锭准备工作区域。该区域进行"脱模—锭盘清理—卧砖—镦模—吸风"等铸锭准备工作。生产作业面积大小应根据产能、锭型和生产节奏而定，一台中小型电弧炉的铸锭准备工作区域一般最少需要 2~3 跨。根据该区域的工作性质，应该在该区域设置压缩空气使用点，并且留有运送耐火砖的通道，如果条件许可还应该就近建设存放耐火砖的干燥室。

（3）钢锭精整和成品锭存放区。对于浇铸钢锭的特殊钢生产企业，钢锭的检验和修磨精整是必需的。一般是将钢锭的精整区和临时存放区设计在一起，所需面积也是要根据产能和品种来确定。一个年产 20 万~30 万吨的生产企业，该区域的占位不会低于 4 跨。

（4）钢锭的热处理区域。对于一些特殊用钢，为了消除钢锭内应力，改善组织状态，还要对钢锭进行退火或高温回火处理。需要进行热处理设施的建设，一般都建在副跨边缘或钢锭存放区附近，并且热处理炉的窑车应能运行至天车钩吊的范围之内。

8.3.4　其他公辅区域的设计

8.3.4.1　废钢原料准备区域

表 8-1 为废钢原料准备区域的建设要求和简介。

表 8-1   废钢原料准备区域的建设要求和简介

建设要求	简　介
安全保证要求	场地上下不容许有电缆架（埋）设，严防积水并最好建设有厂房顶的防雨场地
料场选址要求	场地位置的选择应有利于废钢原料的吞吐、检斤计量、加工配料和向冶炼跨转运，确保物流顺畅
场地大小要求	场地面积大小应满足产能和废钢周转要求，料场跨度希望大一些，废钢存储量一般要大于炼钢每日产能的 30 倍，并且要留有足够面积的分检和加工作业区

8.3.4.2   工艺辅料准备区域

电弧炉炼钢所需要的工艺辅料主要包括：耐火材料、造渣材料等，需要设专门的存放区域，为方便生产工艺操作，应选择兼顾使用、物流和集中管理的地方建设。可在炼钢车间主、副跨的某个区域或建设独立库房。

8.3.4.3   生产准备区域

在进行电弧炉炼钢车间工艺设计时，生产准备区域的设计安排非常重要。生产准备区域设计安排的合理与否，将会影响炼钢生产的顺利进行。

电弧炉炼钢的生产准备工作主要包括：钢包砌筑、中间罐砌筑、炉盖砌筑、炉体的打结、水冷炉壁安装以及工艺件的修复和存放等。

生产准备区域位置的确定，应主要考虑吊运和物流。为确保安全生产，生产准备工作区域应尽量避开天车吊运物品的繁忙线路。一般是在炼钢车间的两端设立，或建设独立的生产准备车间。

8.4   电弧炉炼钢车间初步设计的主要内容

8.4.1   工程概述

在工程概述部分中，应着重阐述如下内容：

（1）有关规定和要求：指的是上级下达的任务书以及对该工程建设有指导意义的文件及说明（包括批准单位、文号、日期）。

（2）相关合同和协议：相关合同协议中对该工程的生产规模、品种规格、工艺技术、进度要求以及限制条件的规定和要求。还有与该工程有关的原材料供应的协议、设计和施工的分工协作协议、需从国外引进设备和技术的协议。

（3）设计依据：摘录上述文件中规定和提供的产品大纲、主要工艺过程、主要生产原材料来源、工程地理位置、气象条件、水文地质资料、周边环境及要求、运输条件、工程占地面积和特殊要求。

（4）工艺合理性与可靠性程度：根据上述设计依据，对该工程总体工艺设计的合理性和可靠程度进行定性评估，要实事求是，有理有据。

（5）对于改扩建项目，应简要说明现存问题和改扩建后的效果。

（6）设计方案比较：在初步设计的准备阶段，可能同时会有几套设计方案候选，在这里，可将几个方案进行概括比较，指出所选方案的优缺点，并说明最终确定该方案的主要原因。

（7）设计遗留问题及解决建议：由于种种原因，任何设计很难做到尽善尽美，都会留有遗憾或缺陷，电弧炉的工程设计也是如此。应该将所发现的遗留问题一一指出，并提出相应的建议，以便等到时机条件都成熟的时候再解决。

8.4.2　工程设计特点描述

对于电炉炼钢车间的初步设计来说，应该围绕如下几个方面进行描述：
（1）原料供应方式。
（2）炼钢方式及规模。
（3）钢水浇铸方式及工艺要求。
（4）炼钢系统的组成及范围。
（5）分期建设方案及远景发展规划。

8.4.3　生产计划

制定电弧炉炼钢的生产计划主要包括如下内容：
（1）产品大纲。主要内容包括：冶炼品种、规格、锭型、锭重、铸坯断面、定尺长度、计划产量，用表格分类列出。
（2）炼钢产能计算。主要内容包括：单炉平均产量、电弧炉座数、平均冶炼时间、单炉作业率、检修制度、年生产率、日出钢炉数、日产钢量、年产钢量、钢水收得率、合格钢锭（或钢坯）年产量。
（3）主要原料。主要内容包括：主要原料的来源、种类、供应量及其配比。
（4）原料供应条件要求。主要内容包括：废钢的分类、规格及成分，辅助原料及铁合金的质量要求。
（5）耐火材料的品种、规格及性能要求。

8.4.4　车间组成、工艺布置、生产操作流程说明及金属平衡

主要内容包括：
（1）车间组成及工艺布置。
（2）工艺流程图及工艺操作简介。
（3）炼钢生产操作的金属平衡图。
（4）生产工艺要求。
（5）生产准备、初炼、精炼与连铸（或模铸）操作的生产配合说明。
（6）电弧炉炼钢生产过程的机械化、自动化和检测水平。
（7）入炉原料的加入方法。
（8）安全生产规定和设备维护检修制度。

8.4.5　主要设备的选择及配置

主要内容包括：
（1）电弧炼钢炉及其精炼组合设备的选型、规格容量大小、主要技术参数、结构及传动特点、数量及简介。

（2）起重运输设备的选型、规格、技术参数、安装地点、数量和工作制度。

（3）除尘设备选型、技术参数、安装位置和工作制度。

（4）辅助工艺设备的选型、规格、技术参数及简介。电弧炉炼钢常用的辅助工艺设备有：氧枪、加料机、喂丝机、补炉机、测温装置、吹氩装置等。

8.4.6　环境保护及综合利用

内容包括：烟尘治理、三废（废气、废水、废渣）的处理方式和噪声的防治措施及综合利用。

8.4.7　安全生产

为了杜绝安全隐患，保证安全生产，在初步设计中应根据相关规定予以强调，并制定出具体的防范措施。

8.4.8　电弧炉炼钢工程辅助设施的建设

为了保证电弧炉炼钢生产的顺利进行，辅助设施的建设是必不可少的。主要建设内容包括：机修车间、炉前化验室、生产准备车间、原料车间、精整车间、成品库、工业炉窑和风动送样设施等。

8.4.9　动力系统设施概况

应包括如下内容：

（1）电力设施概况简介。

（2）给排水设施概况简介。

（3）空压机站概况简介。

（4）燃料供应站概况简介。

（5）氧气站概况简介。

8.4.10　总图运输

总图运输应包括如下内容：

（1）图示或文字描述总图的位置和周边情况。

（2）各工序之间、车间之间的运输关系和运量的计算。

8.4.11　土建及采暖通风

内容如下：

（1）厂房的形式、结构特点。

（2）通风采暖的标准及说明。

（3）主要设备的基础类型和要点说明。

8.4.12　经济分析及主要经济指标

从投资、成本和劳动生产率等方面结合其他因素与同类生产企业进行分析比较，论证经济效果，并编写出（列表）该工程项目的主要技术经济指标、生产成本和原材料消耗。可根据工程项目经济分析的实际需要参考选用下列表格：表 8-2 为电弧炉技术经济指标；表 8-3 为金属平衡计算参考数据；表 8-4 为电弧炉冶炼的能耗及原材料消耗；表 8-5 为还原期加入炉中的铁合金元素收得率的参考值；表 8-6 为电弧炉炼钢车间生产岗位及人员配置参考。表 8-2～表 8-6 中数据是在特定条件下做出的参考数据，在实际工作中应根据本企业的实际情况取值、计算和分析，并根据需要增减项目或表格。

表 8-2 电弧炉技术经济指标

序号	规格型号	容量/t 公称	容量/t 平均	炉壳直径/mm	变压器容量/kV·A	单炉冶炼时间/min	日历作业率（作业时间/日历时间）/%	日历利用系数/t·(MV·A·d)$^{-1}$	合金比/%	炉龄炉	单炉年产量/万吨

表 8-3 金属平衡计算参考数据

收得率/%	熔损/%	铸余/%	汤道/%	废品/%	其 他	损失合计/%
88～92	2～5	<3	1.5～3.0	<2		8～12

表 8-4 电弧炉冶炼的能耗及原材料消耗

项 目 名 称			单 位	参考数值	说 明
		金属料合计	kg/t	1180～1120	
金属料单位消耗	钢铁料	合 计	kg/t	1040～1060	
		废 钢	kg/t		
		生 铁	kg/t		
		铁 水	kg/t		
	铁合金	合 计	kg/t	30～50	参考数值仅供全废钢冶炼低合金钢时参考使用
		硅 铁	kg/t		
		锰 铁	kg/t		
		铝	kg/t		
		铬铁、镍铁等	kg/t		
	其 他	铁矿石	kg/t	15～25	
		还原铁	kg/t		
工艺辅料单位消耗		电 极	kg/t	4～5	
		钢锭模（或结晶器铜管）	kg/t	20～30(0.01～0.02)	
		石 灰	kg/t	70～80	
		萤 石	kg/t	10～20	
		吹氧管	kg/t	1.5～2	
		镁 砂	kg/t	20～25	
		耐火砖	kg/t	30～40	
		炭 粉	kg/t	4～5	
		硅铁粉等还原剂	kg/t	4～5	
		保护渣及发热剂等	kg/t		

项　目　名　称		单　位	参考数值	说　明
能源及动力 单位消耗	冶炼电耗	kW·h/t	400 ~ 700	
	车间辅助用电	kW·h/t	20 ~ 30	
	氧气消耗（标准状态）	m³/t	20 ~ 40	
	压缩空气消耗（标准状态）	m³/t		
	氩气消耗（标准状态）	m³/t		
	冷却水消耗	m³/t		
	燃料（油、煤、气）消耗	kcal/t		

注：1cal = 4.1868J。

表 8-5　还原期加入炉中的合金元素收得率（参考值）　　　　（%）

元素	Mn	Si	Ni	Cr	Mo	W	Ti		Al	V	B
							≤0.15%	>0.15%	>0.8%		
收得率	97	95	99	97	95 ~ 98	95 ~ 98	30 ~ 60	40 ~ 70	85	85 ~ 95	30 ~ 60

表 8-6　电弧炉炼钢车间生产岗位及人员配置参考（不包括生产管理人员和技术人员）

序号	岗位工种	人员配置参考			说　明
		年产：15 万 ~ 20 万吨； 电炉吨位：(10 ~ 20t) × 4	年产：30 万 ~ 45 万吨； 电炉吨位：(30 ~ 50t) × 3	年产：45 万 ~ 60 万吨； 电炉吨位：(75 ~ 100t) × 2	
1	炉前炼钢工	(18 ~ 24) × 4	(24 ~ 30) × 3	(30 ~ 36) × 2	产能相同的条件下，大型电弧炉操作人员较少
2	炉后铸造工	16 ~ 20	30 ~ 40	35 ~ 45	人员按连铸工艺操作配置
3	天车工	15 ~ 24	30 ~ 40	36 ~ 46	
4	备料工	10 ~ 15	15 ~ 25	20 ~ 30	
5	化验工	6 ~ 12	8 ~ 15	10 ~ 16	
6	生产准备工	8 ~ 16	12 ~ 25	15 ~ 28	
7	设备维修工	5 ~ 12	10 ~ 20	12 ~ 25	
8	动力运行工	6 ~ 9	10 ~ 15	12 ~ 18	
9	合　计	90 ~ 142	165 ~ 280	212 ~ 308	

注：表 8-6 为三种不同吨位的电弧炉和设计产能，按生产普钢，并且连续铸钢生产的情况下的岗位操作人员配置
参考。而在实际工作中，岗位操作人员的实际配置，根据产能、设备规格、设备自动化程度、冶炼生产品种、
工艺制度以及操作工熟练程度的不同会有很大的变化。在年产量相同的条件下，电弧炉吨位越大、自动化程
度越高、生产品种越简单、操作工越熟练，则人员配置要求越少，相反，人员配置则要求越多。

8.4.13　工程概算

工程概算内容编写的繁简程度，应该根据工程项目的大小、重要程度以及建设单位的
需要而定。如果需要，还应该由工程概算专业人员审核、汇总、编制成册，并作为工程设

计附件。概算内容和编写顺序如下：

（1）概述：简要说明、概算包括范围、投资简表及投资分析。

（2）总概算及综合概算书，如表8-7所示。

表 8-7 总概算表

工程或费用名称	概算价值/万元					建筑面积/m²	设备质量/t	附 注
	建筑工程	设备费用	安装工程	其他费用	合计			

（3）单位工程概算书，如表8-8和表8-9所示。

表 8-8 建筑工程概算表

单价依据	工程费用名称	单 位	数 量	单价/元	合计/元

表 8-9 设备及安装工程概算表

价格依据	设备名称及技术性能	单位	数量	重量/t		单价/元		合计/元	
				单重	总重	设备费用	安装费用	设备费用	安装费用

参 考 文 献

[1] 胡庶华. 冶金工程[M]. 北京：商务印书馆，1932.

[2] 李士琦，高俊山. 冶金系统工程[M]. 北京：冶金工业出版社，1991.

[3] 毕梦林. 冶金技术经济[M]. 北京：冶金工业出版社，1990.

[4] 冶金工业部情报标准研究所，钢铁标准室. 钢铁产品标准化工作手册[M]. 北京：中国标准出版社，1990.

[5] 中国大百科全书，矿冶卷[M]. 北京：中国大百科全书出版社，1984.

[6] 李士琦. 现代电弧炉炼钢[M]. 北京：冶金工业出版社，1993.

[7] 中国金属学会，冶金部钢铁研究总院编. 钢铁词典[M]. 北京：中国物价出版社，1995.

[8] [日] 盛利贞，等. 钢铁冶炼基础[M]. 陈襄武，译. 北京：冶金工业出版社，1978.

[9] 东北工学院，西安冶金学院. 冶金原理[M]. 北京：中国工业出版社，1961.

[10] 林慧国，林钢，吴静雯. 袖珍世界钢号手册[M]. 北京：机械工业出版社，2003.

[11] 丁培墉，梁英教，杨光芝. 物理化学[M]. 北京：冶金工业出版社，1979.

[12] 马青，等. 冶炼基础知识[M]. 北京：冶金工业出版社，2011.

[13] 实验方法汇编. 北京钢厂编辑印制，1981.

[14] 李正邦. 钢铁冶金前沿技术[M]. 北京：冶金工业出版社，1997.

[15] 朱应波，宋东亮，曾昭生，等. 直流电弧炉炼钢技术[M]. 北京：冶金工业出版社，1997.

[16] 王振东，曹孔健，何纪龙. 感应炉冶炼[M]. 北京：化学工业出版社，2009.

[17] 知水，王平，侯树庭. 特殊钢炉外精炼[M]. 北京：原子能出版社，1996.

[18] 陈建斌，杨治立，贺道中. 炉外处理[M]. 北京：冶金工业出版社，2008.

[19] 赵沛，成国光，沈甦. 炉外精炼及铁水处理实用手册[M]. 北京：冶金工业出版社，2004.

[20] 薛正良，李正邦，张家雯. 钢的脱氧与氧化物夹杂控制[J]. 特殊钢，2001，(6)：24.

[21] 电弧炉炼钢工艺技术规程. 北京钢厂编辑印制，1988.

[22] 史宸兴. 实用连铸冶金技术[M]. 北京：冶金工业出版社，1998.

[23] 徐进，姜先畚，陈再枝，等. 模具钢[M]. 北京：冶金工业出版社，1998.

[24] 《电气工程师手册》第二版编辑委员会. 电气工程师手册[M]. 第二版. 北京：机械工业出版社，2000.

[25] 钢铁企业电力设计手册[M]. 北京：冶金工业出版社，1996.

[26] 中国航空工业规划设计研究院. 工业与民用配电设计手册[M]. 北京：中国电力出版社，2005.

附　　录

附录1　工程中常用计量单位的表示方法及换算关系

附表1-1　十进制倍率的法定表示方法及其称谓与符号

因　数	10^{18}	10^{15}	10^{12}	10^{9}	10^{6}	10^{3}	10^{2}	10
英文名称	exa	peta	tera	giga	mega	kilo	hecto	deca
中文名称	艾[可萨]	拍[它]	太[拉]	吉[咖]	兆	千	百	十
符　号	E	P	T	G	M	k	h	da
因　数	10^{-1}	10^{-2}	10^{-3}	10^{-6}	10^{-9}	10^{-12}	10^{-15}	10^{-18}
英文名称	deci	centi	milli	micro	nano	pico	femto	atto
中文名称	分	厘	毫	微	纳[诺]	皮[可]	飞[母托]	阿[托]
符　号	d	c	m	μ	n	p	f	a

注：1. 括弧 [ ] 之内的字可略而不读。

　　2. 冶金及材料行业，在表示诸如钢中氮、氢、氧之类微小含量时常用符号"ppm"，它的量级是"百万分之一"，不是法定单位。

附表1-2　可与国际单位制单位并用的我国法定计量单位

量的名称	单位名称	单位符号	与 SI 单位的关系
时　间	分	min	$1\,min = 60s$
	[小]时	h	$1h = 60min = 3600s$
	日，(天)	d	$1d = 24h = 86400s$
[平面]角	度	°	$1° = (\pi/180)\,rad$
	[角]分	′	$1' = (1/60)° = (\pi/10800)\,rad$
	[角]秒	″	$1'' = (1/60)' = (\pi/648000)\,rad$
体　积	升	l, L	$1l = 1dm^3 = 10^{-3}\,m^3$
质　量	吨	t	$1t = 10^3\,kg$
	原子质量单位	u	$1u \approx 1.660540 \times 10^{-27}\,kg$
旋转速度	转每分	r/min	$1r/min = (1/60)\,s^{-1}$
长　度	海　里	n mile	$1n\,mile = 1852m(只用于航行)$
速　度	节	kn	$1kn = 1n\,mile/h = (1852/3600)\,m/s(只用于航行)$
能	电子伏	eV	$1eV \approx 1.602177 \times 10^{-19}\,J$
级　差	分　贝	dB	
线密度	特[克斯]	tex	$1tex = 10^{-6}\,kg/m$
面　积	公　顷	hm^2	$1hm^2 = 10^4\,m^2$

附表1-3　长度、面积、体积、质量等计量单位的换算关系

单位名称	换算关系
长度单位换算	1 米(m) = 100 厘米(cm) = 3 尺 = 1.0936 码(yd) = 3.2808 英尺(ft) = 39.37 英寸(inch) 1 公里(km) = 2 市里 = 0.62137 英里(mile)
面积单位换算	1 米^2 = 10^4 厘米^2 = 1.19603 码^2 = 10.7648 英尺^2 = 1550 英寸^2 1 公亩 = 100 米^2 = 119.6 码^2，一市亩 = 666.67 米^2 1 公顷 = 10000 米^2 = 100 公亩 = 15 市亩 = 2.4711 英亩
体积单位换算	1 米^3 = 10^6 厘米^3 = 35.313 英尺^3 = 61023.37 英寸^3 = 1000 公升 = 220 英加仑 = 264.2 美加仑 1 升(L) = 1 公升 = 0.2642 美加仑(Usgal) = 0.2200 英加仑(Ukgal)
质量单位换算	1t = 1000kg = 1.10229 美吨(sh.ton) = 0.98419 英吨(ton) = 2204.6 磅(lb) = 35273.4 盎司(OZ) 1 盎司(OZ) = 28.35g = 0.0625 磅(lb)　　1 磅 = 16 盎司 = 454g
容积(石油)计量单位换算	1 吨 = 7 桶(轻质油7.2桶)　1 加仑(美) = 3.785 升,1 加仑(英) = 4.546 升 1 桶 = 158.98 升 = 42 加仑(美) (注:原油密度 $d = 0.99g/cm^3$)

附表1-4　压力、压强单位换算

帕[斯卡]（Pa）	微巴（μbar）	毫巴（mbar）	巴（bar）	千克力每平方毫米（kgf/mm^2）	工程大气压（千克力每平方厘米）[at(kgf/cm^2)]	毫米水柱（mmH$_2$O）（kgf/m^2）	标准大气压（atm）	毫米汞柱（mmHg）
1	10	0.01	1.0×10^{-5}	1.02×10^{-7}	1.02×10^{-5}	0.102	0.99×10^{-5}	0.0075
0.1	1	0.001	1.0×10^{-6}	1.02×10^{-8}	1.02×10^{-6}	0.0102	0.99×10^{-6}	7.5×10^{-4}
100	1000	1	0.001	1.02×10^{-5}	1.02×10^{-3}	10.2	0.99×10^{-3}	0.7501
10^5	10^6	1000	1	0.0102	1.02	1197	0.9869	750.1
98.07×10^5	9.807×10^7	98067	98.07	1	100	10^6	96.78	73556
98067	9.8067×10^5	980.7	0.9807	0.01	1	10^4	0.9678	735.6
9.807	98.07	0.0981	9.81×10^{-7}	1.0×10^{-6}	0.0001	1	0.9678×10^{-4}	0.0736
101325	1.01325×10^6	1013	1.013	1.0332×10^{-2}	1.0332	10332	1	760
133.322	1333	1.333	1.333×10^{-3}	1.36×10^{-7}	0.00136	13.6	0.00132	1

附表1-5　力矩和转矩单位换算

牛[顿]米（N·m）	千克力米（kgf·m）	克力厘米（gf·cm）	达因厘米（dyn·cm）
1	0.1020	0.1020×10^5	10^7
9.807	1	10^5	9.807×10^7
9.807×10^{-5}	10^{-5}	1	980.7
10^{-7}	1.020×10^{-8}	1.020×10^{-3}	1

附表 1-6 功和能单位换算

尔格(erg)	焦[耳](J)	千克力米(kgf·m)	马力小时	英马力小时(hp·h)	千瓦时(kW·h)
1	10^{-7}	0.102×10^{-7}	37.77×10^{-15}	37.25×10^{-15}	27.78×10^{-15}
10^7	1	0.102	377.7×10^{-9}	372.5×10^{-9}	277.8×10^{-9}
9.807×10^7	9.807	1	3.704×10^{-6}	3.653×10^{-6}	2.724×10^{-6}
26.4779×10^{12}	2.64779×10^6	270×10^3	1	0.9863	0.7355
26.8452×10^{12}	2.68452×10^6	273.8×10^3	1.014	1	0.7457
36×10^{12}	3.6×10^6	367.1×10^3	1.36	1.341	1

附录2　工程常用物理量及单位

附表 2-1　力学的量和单位

量的名称	符　号	单位名称	单位符号	备　注
质　量	m	千克(公斤),{吨}	kg,{t}	1t = 1000kg
线质量,线密度	ρ_l	千克每米,{特[可斯]}	kg/m,{tex}	1tex = 1g/km,纤维细度单位
面质量,面密度	$\rho_A,(\rho_S)$	千克每平方米	kg/m^2	$\rho_A = m/A$
体积质量 [质量]密度	ρ	千克每立方米 {吨每立方米,千克每升}	kg/m^3 {t/m^3,kg/L}	1t/m^3 = 1000kg/m^3 1kg/L = 1000kg/m^3
动　量	p	千克米每秒	kg·m/s	
动量矩,角动量	L	千克二次方米每秒	kg·m^2/s	
转动惯量,(惯性矩)	$J,(I)$	千克二次方米	kg·m^2	
力 重　量	F $W,(P,G)$	牛[顿]	N	1N = 1kg·m/s^2 = J/m $W = mg$
力矩,力偶矩 转　矩	M M,T	牛[顿]米	N·m	
压力,压强 正压力 切压力	p σ τ	帕[斯卡]	Pa	
[动力]黏度	η	帕[斯卡]秒	Pa·s	
运动黏度	ν	二次方米每秒	m^2/s	
表面张力	γ,σ	牛[顿]每米	N/m	1N/m = 1J/m^2
功 能[量]	$W,(A)$ E	焦耳 {瓦[特][小]时,电子伏}	J {W·h,eV}	1W·h = 3.6kJ 1eV = 1.60217733 × 10^{-19}J
功　率	P	瓦[特]	W	1W = 1J/m

附表 2-2　常用电学和磁学的量和单位

量的名称	符　号	单位名称	单位符号	备　注
电　流	I	安[培]	A	
电荷[量]	Q	库仑,{安[培][小]时}	C,{A·h}	1C = 1A·s
电场强度	E	伏[特]每米	V/m	$E = F/Q$,1V/m = 1N/C
电位,(电势) 电位差,(电势差),电压 电动势	V,φ $U,(V)$ E	伏[特]	V	1V = 1W/A = 1A·Ω = 1A/S
电　容	C	法[拉]	F	1F = 1C/V,$C = Q/U$
面积电流, 电流密度	$J,(S)$	安[培]每平方米	A/m^2	

量的名称	符 号	单位名称	单位符号	备 注
线电流，电流线密度	$A,(\alpha)$	安[培]每米	A/m	
[直流]电阻	R	欧[姆]	Ω	$R = U/I, 1\Omega = 1V/A$
[直流]电导	G	西[门子]	S	$G = 1/R, 1S = 1A/V = 1\Omega^{-1}$
电阻率	ρ	欧[姆]米	$\Omega \cdot m$	$\rho = RA/l$
电导率	γ,σ	西[门子]每米	S/m	$\gamma = 1/\rho$
[有功]电能[量]	W	焦[耳]，{瓦[特][小]时}	$J,\{W \cdot h\}$	$1kW \cdot h = 3.6MJ$
磁场强度	H	安[培]每米	A/m	$1A/m = 1N/Wb$
磁位差(磁势差)磁通势，磁动势	U_m F,F_m	安[培]	A	$U_m = \int_{r_1}^{r_2} H dr, F = \oint H \cdot dr$
磁通[量]密度磁感应强度	B	特[斯拉]	T	$1T = 1Wb/m^2 = 1V \cdot s/m^2$
磁通[量]	Φ	韦[伯]	Wb	$1Wb = 1V \cdot s$
磁导率真空磁导率	μ μ_0	亨[利]每米	H/m	
自感互感	L M,L_{12}	亨[利]	H	$L = \phi/I$ $M = \phi_1/I_2$
阻抗,(复[数]阻抗)阻抗模,(阻抗)[交流]电阻电抗	Z $\vert Z \vert$ R X	欧[姆]	Ω	$Z = R + jX, \vert Z \vert = \sqrt{R^2 + X^2}$ $X = \omega L - \dfrac{1}{\omega C}$ (当一感抗和一容抗串联时)
[有功]功率无功功率视在功率	P Q S	瓦[特]{乏}伏[特]安[培]	W {var} $V \cdot A$	$1W = 1J/s = 1V \cdot A$ $P = S\cos\phi$ $Q = S\sin\phi$ $S = \sqrt{P^2 + Q^2} = UI$
功率因数	λ	一	1	$\lambda = \cos\phi P/S$
品质因数	Q	一	1	$Q = \vert X \vert /R$
频率旋转频率	f,ν n	赫[兹]每秒，负一次方秒	Hz s^{-1}	

附表2-3 热学的量和单位

量的名称	符 号	单位名称	单位符号	备 注
热力学温度	$T,(\Theta)$	开[尔文]	K	
摄氏温度	t,θ	摄氏度	℃	$t = T - T_0, t℃ = (T - 273.15)K$ $T_0^{def} = 273.15K$
线[膨]胀系数体[膨]胀系数	α_l $\alpha_V,(\alpha,\gamma)$	每开[尔文]	K^{-1}	$\alpha_l = \dfrac{1}{l} \cdot \dfrac{dl}{dT}, \alpha_V = \dfrac{1}{V} \cdot \dfrac{dV}{dt}$
热,热量	Q	焦[耳]，{卡[路里]}	$J,\{cal\}$	$1J = 1N \cdot m, 1cal = 4.1868J$

量的名称	符　号	单位名称	单位符号	备　注
热流量	Φ	瓦[特]	W	$1W = 1J/s$
热导率,(导热系数)	$\lambda,(\kappa)$	瓦[特]每米开[尔文]	$W/(m \cdot K)$	
传热系数	$K,(k)$	瓦[特]每平方米开[尔文]	$W/(m^2 \cdot K)$	
热　阻	R	开[尔文]每瓦[特]	K/W	
热　容	C	焦[耳]每开[尔文]	J/K	
质量热容	c	焦[耳]每千克开[尔文]	$J/(kg \cdot K)$	$c = C/m$
熵	S	焦[耳]每开[尔文]	J/K	$dS = dQ/T$
质量熵	s	焦[耳]每千克开[尔文]	$J/(kg \cdot K)$	
能　量	E	焦[耳]	J	
焓	H	焦[耳]	J	
质量能	e	焦[耳]每千克	J/kg	
质量焓	h	焦[耳]每千克	J/kg	

附录 3 工程常用材料的物理性能

附表 3-1 常用电工导体材料的电性能（测量温度 20℃）

名　称	电阻率 $\rho/\Omega \cdot mm^2 \cdot m^{-1}$	电导数 $\gamma/m \cdot (\Omega \cdot mm^2)^{-1}$	电阻温度系数 α_{20}/K^{-1}
铝	0.0278	36	+0.00390
锑	0.417	2.4	
铅	0.208	4.8	
铬-镍-铁	0.10	10	
纯铁	0.10	10	
低碳钢	0.13	7.7	+0.00660
金	0.0222	45	
石　墨	8.00	0.125	−0.00020
铸　铁	1	1	
镉	0.076	13.1	
碳	40	0.025	−0.00030
康　铜	0.48	2.08	−0.00003
导电器材用铜	0.0175	57	+0.00380
镁	0.0435	23	
锰　铜	0.423	2.37	±0.00001
黄铜 Ms58	0.059	17	+0.00150
黄铜 Ms63	0.071	14	
德国银	0.369	2.71	+0.00070
镍	0.087	11.5	+0.00400
尼克林合金	0.5	20	+0.00023
铂	0.111	9	+0.00390
汞	0.941	1.063	+0.00090
银	0.016	62.5	0.00377
钨	0.059	17	
锌	0.061	16.5	+0.00370
锡	0.12	8.3	+0.00420

附表3-2 常用绝缘材料的电性能

名 称	电阻率 $\rho/\Omega \cdot mm$	相对介电常数 ε_r	名 称	电阻率 $\rho/\Omega \cdot mm$	相对介电常数 ε_r
聚四氟乙烯		2	页 岩		4
聚苯乙烯	10^{17}	3	皂 石		6
环氧树脂		3.6	大理石	10^9	8
聚酰胺		5	硬橡胶	10^{15}	4
酚醛塑料	10^{13}	3.6	软橡胶		2.5
酚醛树脂		8	人造琥珀	10^{17}	
硬质胶		2.5	电力电缆绝缘		4.2
胶质不碎玻璃	10^{14}	3.2	通信电缆绝缘		1.5
石蜡油	10^{17}	2.2	电缆填料		2.5
石 油		2.2	纸		2.3
变压器油（矿物性）		2.2	刚纸（硬化纸板）		2.5
变压器油（植物性）		2.5	浸渍纸		5
电容器油	$10^{15} \sim 10^{16}$	2.1～2.3	油 纸		4
松节油		2.2	胶纸板		4.5
橄榄油		3	层压纸板		4
蓖麻油		4.7	真 空		1
云母板		5	空 气	10^{18}	1
石 英		4.5	水（蒸馏）	10^{16}	80
玻 璃	10^{14}	5	石 蜡	10^{17}	2.2
云 母	10^{16}	6	马来树脂		4
瓷	10^{13}	4.4	虫 胶		3.7

附表3-3 部分固体材料的力学性能

材 料 名 称		弹性模量 E/GPa	切变模量 G/GPa	体积模量 K/GPa	泊松比 μ	屈服极限 σ_s/MPa	强度极限 σ_b/MPa
金属	铝	70	26	75	0.34	30～140	60～160
	铜	124	46	130	0.35	47～320	200～350
	金	80	28	167	0.42	0～210	110～230
	铁	195	76		0.29	160	350
	铁（铸）	115	45		0.25		140～320
	铅	16	6		0.44		15～18
	镍	205	79	176	0.31	140～660	480～730
	铂	168	61	240	0.38	15～180	125～200
	银	76	28	100	0.37	55～300	140～380
	钽	186					340～930
	锡	47	17	52	0.36	9～14	15～200
	钛	110	41	110	0.34	200～500	250～700
	钨	360	140				1000～4000
	锌	97	36	100	0.35		110～200

材料名称		弹性模量 E/GPa	切变模量 G/GPa	体积模量 K/GPa	泊松比 μ	屈服极限 σ_s/MPa	强度极限 σ_b/MPa
合金	黄铜（65/35）	105	38	115	0.35	62~430	330~530
	康铜（65/40）	163	61	157	0.33	200~440	400~570
	杜拉铝（4.4%铜）	70	27	70	0.33	125~450	230~500
	锰铜（84%铜）	124	47				265
	铁镍合金（77%镍）	220					540~910
	镍铬合金（80/20）	186					170~900
	磷青铜	100			0.38	110~670	330~750
	钢（软）	210	81	170	0.30	240	480
	钢	210	81	170	0.30	450	600

材料名称		弹性模量 E/GPa	切变模量 G/GPa	体积模量 K/GPa	泊松比 μ	拉伸	压缩
非金属	矾土	200~400			0.24	140~200	1000~25000
	砖（A级）	1~50					69~140
	混凝土（28天）	10~17			0.1~0.21		27~55
	玻璃	50~80			0.2~0.27	30~90	
	花岗岩	40~70					90~235
	尼龙6	1~2.5				70~85	50~100
	有机玻璃	2.7~3.5				50~75	80~140
	聚苯乙烯	2.5~4.0				35~60	80~110
	聚乙烯	0.1~1.0				7~38	15~20
	聚四氟乙烯	0.4~0.6				17~28	5~12
	聚氯乙烯（可塑）	约0.3				14~40	75~100
	橡胶（天然、加硫）	约0.001~1			0.46~0.49	14~40	
	沙石	14~55					30~135
	木材（沿纤维方向）	8~13				20~110	50~100

附表3-4 部分液体材料的性能

名称	分子式	密度 $/\text{kg}\cdot\text{m}^{-3}$	质量热容 $/\text{kJ}\cdot(\text{kg}\cdot\text{K})^{-1}$	黏度 $/\text{Pa}\cdot\text{s}$	导热系数 $/\text{W}\cdot(\text{m}\cdot\text{K})^{-1}$	凝固点 $/\text{K}$	熔解热 $/\text{kJ}\cdot\text{kg}^{-1}$	沸点 $/\text{K}$	汽化热 $/\text{kJ}\cdot\text{kg}^{-1}$	相对介电常数 ε_r
醋酸	$C_2H_4O_2$	1049	2.18	0.001155	0.171	290	181	391	402	6.15
乙醇	C_2H_5OH	785.1	2.44	0.001095	0.171	158.6	108	351.46	846	24.3
甲醇	CH_3OH	786.5	2.54	0.0056	0.202	175.5	98.8	337.8	1100	32.6
丙醇	C_3H_8O	800.0	2.37	0.00192	0.161	146	86.5	371	779	20.1
氨（液态）	—	823.5	4.38		0.353					16.9
苯	C_8H_6	873.8	1.73	0.000601	0.144	278.68	126	353.3	390	2.2
溴	Br_2		0.473	0.00095		245.84	66.7	331.6	193	3.2

名　称	分子式	密度 /kg·m^{-3}	质量热容 /kJ·(kg·K)$^{-1}$	黏度 /Pa·s	导热系数 /W·(m·K)$^{-1}$	凝固点 /K	熔解热 /kJ·kg^{-1}	沸点 /K	汽化热 /kJ·kg^{-1}	相对介电 常数 ε_r
二硫化碳	CS_2	1261	0.992	0.00036	0.161	161.2	57.6	319.40	351	2.64
四氯化碳	CCl_4	1584	0.816	0.00091	0.104	250.35	174	349.6	194	2.23
蓖麻油	—	956.1	1.97	0.650	0.180	263.2				4.7
醚	$C_4H_{10}O$	713.5	2.21	0.000223	0.130	157	96.2	307.7	372	4.3
甘油	$C_3H_8O_3$	1259	2.62	0.950	0.287	264.8	200	563.4	974	40
煤油	—	820.1	2.09	0.00164	0.145	—			251	—
亚麻仁油	—	929.1	1.84	0.0331		253		560		3.3
苯酚	C_6H_6O	1072	1.43	0.0080	0.190	316.2	121	455		9.8
海水	—	1025	3.76~4.10			270.6				—
水	H_2O	997.1	4.18	0.00089	0.609	273	333	373	2260	79.54
制冷剂 R-11	CCl_3F	1476	0.870	0.00042	0.093	162		297.0	180(297)	2.0
制冷剂 R-12	CCl_2F_2	1311	0.971		0.071	115	34.4	243.4	165(297)	2.0
制冷剂 R-13	CHF_2Cl	1194	1.26		0.086	113	183	232.4	232(297)	2.0

附表 3-5　部分气体材料的性能

名　称	分子式	密度(0℃) /g·L^{-1}	液化点/K	质量定压热容 c_p /kJ·(kg·K)$^{-1}$	黏度(20℃) /Pa·s	相对介电常数 ε_r(0℃)
空气		1.2929		1.0048	18.12×10^{-6}	1.000576
二氧化碳	CO_2	1.9769	216	5.0074	14.57×10^{-6}(15℃)	1.000946
一氧化碳	CO	1.2504	66	1.0383	18.40×10^{-6}	1.000695
氨	NH_3	0.7710	198	2.1780(23~100℃)	10.2×10^{-6}	1.0072
乙烷	C_2H_6	1.3566	101	1.6496	10.1×10^{-6}	1.00150
氯化氢	HCl	1.6392	161.8	0.8122(13~100℃)	14.0×10^{-6}	
硫化氢	H_2S	1.539	187	1.0262(20~206℃)	13.0×10^{-6}	1.00332
沼气	CH_4	0.717	80.6	0.6573	12.01×10^{-6}	1.000991
二氧化硫	SO_2	2.9269	197	0.6464(16~202℃)	12.9×10^{-6}	1.00905
乙炔	C_2H_2	1.1747		1.6035(13℃)		

附录4 工程常用管径与流速、流量的参考对照

附表4-1 工程常用管径与流速、流量的参考对照

管径(DN)/mm	流量/m³·h⁻¹													
	0.4m/s	0.6m/s	0.8m/s	1.0m/s	1.2m/s	1.4m/s	1.6m/s	1.8m/s	2.0m/s	2.2m/s	2.4m/s	2.6m/s	2.8m/s	3.0m/s
20	0.5	0.7	0.9	1.1	1.4	1.6	1.8	2.0	2.3	2.5	2.7	2.9	3.2	3.4
25	0.7	1.1	1.4	1.8	2.1	2.5	2.8	3.2	3.5	3.9	4.2	4.6	4.9	5.3
32	1.2	1.7	2.3	2.9	3.5	4.1	4.6	5.2	5.8	6.4	6.9	7.5	8.1	8.7
40	1.8	2.7	3.6	4.5	5.4	6.3	7.2	8.1	9.0	10.0	10.9	11.8	12.7	13.6
50	2.8	4.2	5.7	7.1	8.5	9.9	11.3	12.7	14.1	15.6	17.0	18.4	19.8	21.2
65	4.8	7.2	9.6	11.9	14.3	16.7	19.1	21.5	23.9	26.3	28.7	31.1	33.4	35.8
80	7.2	10.9	14.5	18.1	21.7	25.3	29.0	32.6	36.2	39.8	43.4	47.0	50.7	54.3
100	11.3	17.0	22.6	28.3	33.9	39.6	45.2	50.9	56.5	62.2	67.9	73.5	79.2	84.8
125	17.7	26.5	35.3	44.2	53.0	61.9	70.7	79.5	88.4	97.2	106.0	114.9	123.7	132.5
150	25.4	38.2	50.9	63.6	76.3	89.1	101.8	114.5	127.2	140.0	152.7	165.4	178.1	190.9
200	45.2	67.9	90.5	113.1	135.7	158.3	181.0	203.6	226.2	248.8	271.4	294.1	316.7	339.3
250	70.7	106.0	141.4	176.7	212.1	247.4	282.7	318.1	353.4	388.8	424.1	459.5	494.8	530.1
300	101.8	152.7	203.6	254.5	305.4	356.3	407.1	458.0	508.9	559.8	610.7	661.6	712.5	763.4
350	138.5	207.8	277.1	346.4	415.6	484.9	554.2	623.4	692.7	762.0	831.3	900.5	969.8	1039.1
400	181.0	271.4	361.9	452.4	542.9	633.3	723.8	814.3	904.8	995.3	1085.7	1176.2	1266.7	1357.2
450	229.0	343.5	458.0	572.6	687.1	801.6	916.1	1030.6	1145.1	1259.6	1374.1	1488.6	1603.2	1717.7
500	282.7	424.1	565.5	706.9	848.2	989.6	1131.0	1272.3	1413.7	1555.1	1696.5	1837.8	1979.2	2120.6
600	407.1	610.7	814.3	1017.9	1221.4	1425.0	1628.6	1832.2	2035.7	2239.3	2442.9	2646.5	2850.0	3053.6

附表4-2 不同循环方式、不同管径的流速推荐值

管径(DN)/mm	流速推荐值/m·s⁻¹													
	20	25	32	40	50	65	80	100	125	150	200	250	300	350	400
闭式系统	0.5~0.6	0.6~0.7	0.7~0.9	0.8~1	0.9~1.2	1.1~1.4	1.2~1.6	1.3~1.8	1.5~2.0	1.6~2.2	1.8~2.5	1.8~2.6	1.9~2.9	1.6~2.5	1.8~2.6
开式系统	0.4~0.5	0.5~0.6	0.6~0.8	0.7~0.9	0.8~1.0	0.9~1.2	1.1~1.4	1.2~1.6	1.4~1.8	1.5~2.0	1.6~2.3	1.7~2.4	1.7~2.4	1.6~2.1	1.8~2.3

注：1. $Q = 900\pi d^2 v$（式中，Q 为流量，m³/h；d 为管径（DN），m；v 为流速，m/s）。

2. 推荐的管道流速：

（1）泵前（负压力）管道 $v \leqslant 1 \sim 2$m/s（一般常取 1m/s 以下）；

（2）泵后（正压力）管道 $v \leqslant 3 \sim 6$m/s（压力高取大值，压力低取小值；管道短取大值，管道长取小值；油黏度小取大值，黏度大取小值；局部处或特殊情况可取 $v \leqslant 10$m/s）；

（3）回液管道 $v \leqslant 1.5 \sim 2.5$m/s。

附录5 电弧炉投产前应进行的基本测试检验项目

电弧炉投产前，应对其设备参数性能进行全面的测试检验，并记录在案，以此作为电弧炉工程项目的验收条件之一。附表5-1为电弧炉基本实验项目内容。

附表5-1 电弧炉投产前试验项目

序 号	试 验 项 目	
1	大电流线路电气绝缘性能的测量	冷态绝缘电阻的测量
		热态绝缘电阻近似值的测量
2	电极移动调节系统特性的测量	移动速率的测量
		调节器不灵敏区的测量
		移动调节系统响应时间的测量
3	三相短路试验	大电流线路电阻和电抗的测量
		一次侧阻抗不平衡系数的测量
4	熔化期主要运行特性的测量	熔化电耗
		熔化率
		熔化期的平均功率因数
		净熔化时间
5	电弧炉额定容量的测量	
6	水耗的测量	
7	电弧炉各机构动作极限值的测量	电极升降（速度、位移）
		电极卡紧（速度、位移、把持力）
		炉盖升降（速度、位移）
		炉盖旋转（速度、旋转角度）
		炉体倾动（速度、倾动角度）
		炉门升降（速度、位移）

附录6　炼钢专业常用英文缩略语简介

附表6-1　炼钢专业常用英文缩略语简介

ABS	Al Bullet Shooting，向钢包射入"铝弹"提高铝回收，以控制氧含量、夹杂的方法
AIS	Argon Induction Stirring，吹氩感应搅拌
AOB	Argon Oxygen Blowing，氩氧吹炼法
AOD	Argon Oxygen Decarburisaton，氩-氧混吹以达到去碳保铬的目的，是不锈钢冶炼的常用方法之一
AOD-CB	Converter Blowing，从 AOD 底部吹氩氧混合气体，同时从转炉上部送氧，以使部分 CO 二次燃烧
AOD-VCR	AOD-Vacuum Converter Refining，日本大同特殊钢公司发明的把稀释气体脱碳法与减压脱碳法相结合的 AOD 工艺
ASEA-SKF	瑞典 ASEA 和 SKF 公司开发的钢包加热电磁搅拌精炼法
AHLF	电弧加热钢包炉
APIS	电弧炉供能程序计算机控制系统
APV	Arc Process Vacuum，真空电弧加热精炼处理
ASM	Argon Stirring Hot Metal，用氩气搅拌的炉外精炼
ASV	Affinage Sous Vacuum Secondary Refining Treatment，真空二次精炼处理
AVD	Al Vacuum Deoxidation Process，真空铝脱氧工艺（Leybold-Heraeus 公司）
BF	高炉炼铁法
Bethlehem（BSLRP）	钢包加热，具有吹 Ar、脱 O_2、喂丝、合金化等精炼作业功能的方法
BESRA	一种能使废钢预热到约 700℃ 的专用烧嘴
CAB	Capped Argon Bubbling 或 Capped Argon Blowing，钢包密封吹氩搅拌法或钢包吹氩喷粉脱硫法
CAB	指"吹 Ar 钢包精炼法"或"吹 Ar 搅拌 Ca 脱硫法"，两者不尽相同
CAD	Computer-Aided Design，计算机辅助设计
CAS	Composition Adjustment by Sealed Argon Bubbling，在封闭条件下吹氩、调整成分的简易钢包精炼法
CAS-OB	在浸入式罩内进行顶吹氧的 CAS 操作法
CAS-OB-PI	CAS-OB with Powder Injection，带喷粉的 CAS-OB 法
CC（CCM）	连铸（连铸机）
CD	压力铸造
CP	精密铸造
CBT	Concentric Bottom Tapping，电炉中心炉底出钢的无渣出钢法
CLU	蒸汽-氧气混吹法

CPF	炉底出钢电弧炉
CRP	生产超纯铁素体钢（[C + N]≤0.01%）的一种连续精炼法
Centrihro	一种离心旋转补炉机
BRIGUN	一种乾法补炉机
De-P	De Phosphorization，脱磷
De-S	De Sulphurization，脱硫
DH	Dortumund-Horder，公司名称的缩写，钢水提升脱气法
DH-AD	DH-Argon Degassing，吹氩冶炼低碳钢的 DH 法
DH/DHH	Dortmunder Horder Huttenunion Recirculating Vacuum Degassing Process，真空提升脱气法
DVM	即 VIM + VAR 双真空精炼法
DR(DRI)	直接还原产铁法，DRI 通常指电炉原料海绵铁
EAF	电弧炼钢炉
E. B. R	电子束重熔炉
EBM	Electron Beam Melting，等离子熔炼法
EBT	Eccentric Botton Tapping，电弧炉偏心炉底出钢
EMS	Electric Magnetin Stirring，连铸电磁搅拌
ESH	Electro-Slag Heating of Tundish for Long Sequence Casting，多炉连浇中间包电渣加热
ESR	Electric Slag Remelting，电渣重熔法
ESR	Electro Slag Refining，电渣精炼或称电渣重熔
EOF	Energy Optimizing Furnace，节能炼钢炉
F-EMS	连铸最终凝固段电磁搅拌
Finkle	取自美国 Finkle 公司的名称，真空钢包吹氩法
GAZID	真空条件下吹氩搅拌钢包脱气法
GRAF	Gas Refining Arc Furnace，带吹氩、喷粉、电弧加热的精炼法
IP	Injection Powder，喷粉工艺
IRSID	法国钢铁研究院（IRSID）开发的钢包喷粉精炼法
HBI	Hot Briquette directly-reduced Iron，热压块直接还原铁
HCC	Horizontal Continuous Casting，水平连铸
K-BOP	Kawasaki-BOP 法，日本川崎公司发明的底部套筒喷嘴喷吹氧气和 CaO 的转炉复合吹炼法
KES	采用埋入式管束透气砖（TLS 等透气元件砖）的炉底吹气搅拌炼钢法
KMS(OBM-KMS)	改进的 OBM 式顶底复合吹炼碱性氧气转炉炼钢法
KYS	竖式炉-电炉联合炼钢法
KBCA	Si-Ba-Ca-Al 复合脱氧剂
KMCA	Si-Mn-Ca-Al 复合脱氧剂
KR	日本新日铁公司广畑制铁所发明的铁水脱硫工艺，将外衬耐火材料的搅拌器浸入铁水罐内，旋转搅拌脱硫
LD	纯氧顶吹转炉

LF	Ladle Furnace,钢包炉精炼法
LFV	带真空的 LF 炉
LT-OB	在 CAS-OB 基础之上增加埋入式吹氩装置的钢包精炼法
LWS	以液体燃料冷却、保护喷嘴的氧气转炉炼钢法,也可喷入粉剂
M-EMS	Mold Electric Magnetic Stirring,结晶器电磁搅拌
MRP-L	Metal Refining Process with Lance,带氧枪的金属精炼工艺是德国曼内斯曼德马格公司开发的一种顶底复吹转炉,用于不锈钢三步法冶炼
NRP	NKK Refining Process,日本 NKK 公司的双转炉串联脱磷工艺
ORP	Optimum Refining Process,日本新日铁公司的双转炉串联脱磷工艺
PLF	Plasation Ladel Furnace,等离子钢包精炼法
PM	Pulsation Mixing Process,真空脉动脱气精炼法
Q-BOP	Quieter Blowing Process,纯氧底吹转炉,或称 BOM(Oxygen Botton Method)法
Republic	取自美国 Republic 公司的名称,真空电磁搅拌脱气法
RH	Rheinstahl-Heraeus 公司名称的缩写,钢水循环脱气法
RH-Injection	RH-喷吹法,日本新日铁公司大分厂开发,从 RH 的真空槽上升管下面以氩气为载气喷吹脱硫剂的方法
RH-KTB	RH-Kawasaki Top Oxygen Blowing Process,日本川崎公司的顶吹氧 RH 法
RH-MFB	RH-Multiple Function Bumer Method,日本新日铁公司具有多功能烧嘴、顶部吹氧的 RH 法
RH-OB	OB 取自 Oxygen Blowing 的首写字母,RH 加上喷射氧枪使钢水进一步脱碳
RH-PB	RH-Powder Top Blowing,日本住友公司顶部氧枪以氩气为载气,向钢液面喷吹铁矿石粉的 RH 法
SAB	Sealed Argon Bubbling,密封氩气泡法
S-EMS	连铸二次冷却区电磁搅拌
SL	取自瑞典开发公司的 Scandinavian Lancer 的第一个字母,一种钢水脱硫的炉外精炼设备
SLD	Shift Ladle Degassing,倒包真空脱气法
SRP	Sumitomo Refining Process,日本住友公司的双转炉串联脱磷工艺
SS-VOD	Strongly Stirring-VOD,强搅拌的 VOD 法
TD	Tap Degassing,出钢过程真空脱气法
TDS	Torpedo De-Sulfurizing Process,在鱼雷罐中进行铁水脱硫的工艺
TN	取自 Thyssen Niderrhein 公司名称的首字母,一种钢水喷吹粉剂脱硫及夹杂物形态控制的炉外精炼工艺
UHP-EAF	Ultra High Power-EAF,超高功率电弧炉
V-KIP	Vacuum Kimitsu Injection Process,真空条件下钢包喷吹脱硫法
VAD	Vacuum Arc Degassing,真空电弧(加热)脱气法
VAR	Vacuum Arc Remelting,真空电弧重熔(或称为真空自耗炉)
VC	Vacuum Casting,真空浇铸法
VD	Vacuum Degassing,真空去气法

VHD	Vacuum Heating Degassing,真空加热去气法(即真空电弧去气法),一种多功能的炉外精炼装置
VIM	Vacuum Induction Melting,真空感应炉熔炼法
VOD	Vacuum Oxygen Decarbuization,真空吹氧脱碳法
VSC	Vacuum Slag Cleaner,真空抽吸除渣法
VSR	Vacuum Slag Refining,真空渣洗精炼法
WF	Wire Feeding Method,喂线法

工程图例

工程图例简介

图例1　70t 康斯迪电弧炉炼钢车间工艺布置图

该图为电弧炉—连铸短流程生产线工艺平面布置，主要工艺设备由 70t 高功率（Consteel）连续加料式电弧炉、70t（LF）钢包精炼炉和 R12m 三机三流方坯连铸机组成，设计产能 42 万吨/年，适合生产合金结构钢、碳素结构钢、优质建材钢等产品。

主厂房跨距 27m，长 138m，轨面标高 24.5m。Consteel 供料厂房跨距 33m，长 120m，轨面标高 14m。浇铸跨与主厂房平行排列，跨距 21m，长 72m，轨面标高 20m。出坯跨与浇铸跨平行排列，跨距 27m，长 72m，轨面标高 12.5m。与 Consteel 供料跨并列布置两台布袋除尘设备，占地面积约 5000m²。

该工艺设计布局紧凑，生产流程合理有序。从电炉装料、电炉出钢到 LF 炉精炼结束都为在线生产，除钢水浇铸工序外，基本没有大吨位天车的辅助操作。该工艺选配的电弧炉变压器虽然还达不到超高功率的要求，但是由于采用了 Consteel 生产工艺，实际生产率基本可以满足设计要求。略有不足的是，废钢料场和钢坯存放区域的面积明显不够，难以适应年产 40 万～50 万吨钢的生产需要，须另配置场地弥补。

图例2　70t EBT 电弧炉立面总图

该图为高架式偏心底出钢三相交流电弧炉，公称容量 70t，变压器额定容量 45MV·A。钢包车轨道设在 ±0.00 位置时，天车轨面标高要求为 24.5m。该电弧炉的全部传动为液压传动。电弧炉纵向布置时，建议厂房跨距大于 26m。

图例3　70t 电弧炉液压系统图

图例 3-1 和图例 3-2 为泵站原理图，图例 3-3、图例 3-4、图例 3-5 为阀台原理图。系统工作压力为 12MPa，公称流量为 440L/min，电极升降为比例调节阀控制系统，液箱容积为 5000L，电机功率为 2×63kW（两用一备）。

图例4　70t LF 钢包精炼炉立面总图

公称容量 70t，变压器额定容量 12MV·A，炉盖升降、电极升降和电极卡紧为液压传动，该系统配有测温取样装置、喂丝装置、加料装置和吹氩装置，与 70t EBT 电弧炉配套使用。

图例5　30t EBT 电弧炉炉体结构图

它主要由上下炉体、炉门机构和 EBT 出钢机构组成，上炉体和水冷炉壁全部为管式水冷结构。

图例6　30t EBT 电弧炉短网施工布置图

它主要由空冷板式补偿器、水冷导电铜管和集成水冷母线组成，导电铜管为立三角形布置。

图例7　30t 电弧炉液压系统原理图

图例7-1 和图例7-2 为30t 电弧炉液压系统原理图，系统工作压力为 12MPa，公称流量为200L/min，电极升降为比例调节阀控制系统，液箱容积为4000L，电机功率为 $2 \times 30kW$。

图例8　20t 全液压电弧炉总图

该图为槽式出钢全液压电弧炉，采用钢渣混出操作工艺，公称容量为 20t，变压器额定功率为9000kV·A，在 20 世纪70～80 年代该炉型比较流行，适用于三期操作的特殊钢冶炼。